中国人必读的300个修身故事

李帆◎编著

中国言实出版社

图书在版编目（CIP）数据

中国人必读的300个修身故事/李帆编著. -- 北京：中国言实出版社, 2013.12
ISBN 978-7-5171-0294-6

Ⅰ. ①中… Ⅱ. ①李… Ⅲ. ①道德修养－中国－通俗读物 Ⅳ. ①B825-49

中国版本图书馆CIP数据核字(2013)第303264号

责任编辑： 郭江妮

出版发行 中国言实出版社
地　址：北京市朝阳区北苑路180号加利大厦5号楼105室
邮　编：100101
电　话：64966714（发行部）51147960（邮　购）
64924853（总编室）64963107（三编部）
网　址：www.zgyscbs.cn
E-mail：zgyscbs@263.net

经　销 新华书店
印　刷 北京紫瑞利印刷有限公司
版　次 2013年12月第1版　2013年12月第1次印刷
规　格 710毫米×1000毫米　1/16　18印张
字　数 319千字
定　价 38.00元　ISBN 978-7-5171-0294-6

序

人生看似漫长，实则短暂，当我们走在这条路上的时候，时光已经随着我们的脚步或快或慢地悄悄掠过。回望走过的路，有些人会唏嘘，有些人会庆幸；面对未来，有些人信心满满，有些人彷徨茫然。那么，不妨这个时候驻足，认真思考一下自己的人生，我们该如何才能够达到自己的目标，我们该如何才能实现自己的理想？

不可否认，许多人在实现理想的路上走了弯路，其中的大多数人都是在孤独前行。之所以会这样，是因为他们没做好自己，所谓"得道多助，失道寡助"，那么，他们的孤独也就不足为奇！所以说，修身，我们才会告别孤单，携手前行！

当我们做好了自己，我们这个时候还需要深谙处世的哲理。当我们在为有人帮助自己洋洋得意的时候，我们已经忘记了"谦虚使人进步，骄傲使人落后"的道理。可以说，生活中的每一件微不足道的小事情，都蕴含着值得我们思考的哲理，明理，我们才会把握自己前进的方向，让自己能够笑看发生在自己或者别人身上的种种不幸，亦或是种种万幸！明理，我们才能找准方向，踽踽而行！

前进的路上，没有了孤独，把握了方向，这个时候我们还需要一点智慧。所谓智慧，就是解决问题的方法。每一个人前进的过程中都会遇到这样或者那样的问题，这个时候就需要我们开动脑筋，用我们的智慧来找到打开问题之门的钥匙！拥有智慧，我们才能解决问题，前行的路上才会畅通无阻！

当我们有了别人的帮助，把握了前进的方向，又找到了解决问题的钥匙。

那么，理想对于我们而言，已经不再显得那么遥不可及！

正基于此，我们推出了《中国人必读的300个修身故事》《中国人必读的300个哲理故事》以及《中国人必读的300个智慧故事》。这三本书从三个方面为大家讲述了我们该如何修身、如何明理、如何拥有智慧，从而使我们在人生的路上能够少走弯路，使我们能够尽快到达成功的彼岸！

最后，用《大学》中的一段话与读者共勉：

古之欲明明德于天下者，先治其国；欲治其国者，先齐其家；欲齐其家者，先修其身；欲修其身者，先正其心；欲正其心者，先诚其意；欲诚其意者，先致其知，致知在格物。物格而后知至，知至而后意诚，意诚而后心正，心正而后身修，身修而后家齐，家齐而后国治，国治而后天下平。

编者

2013年10月

目录

第二篇　读懂诚信仁爱中的修身故事

《三字经》开篇有云“人之初，性本善”，这其中的“善”就包括“信”和“仁”。做人要充满仁爱、诚信。只有这样，你才能更好地跟别人交往，别人才愿意跟你交往。

第三篇　读懂廉洁慎独中的修身故事

古语有云：静坐常思己过，闲谈莫论人非。一个人的时候，我们需要慎独。做到慎独，我们才能发现自己的不足，才能更好地完善自身。

第四篇　读懂恬静俭约中的修身故事

《诫子书》中说“静以修身，俭以养德”。恬静表现的是一种安静淡泊的生活情趣，透露出那种岁月静好，现世安稳的生活态度，而俭约是一种美德，做到俭约，细水长流，那么，我们的财富就会越来越多，从而能够帮助更多的人，真正做到“俭约而不简单”。

第一篇

读懂豁达谦和中的修身故事

做人当豁达谦和。心胸豁达，才能笑看世事，不为外物所累；谦虚平和，才能受到大家的欢迎，才能使自己一天比一天进步。

绝缨会

楚庄王是春秋时期楚国国君，春秋五霸之一，我国古代著名的政治家、军事家。历史上流传着许多关于他的传奇故事，比如“三年不鸣，一鸣惊人”、“庄王葬马”等，“楚王断缨”也是一则千古传颂的历史故事。

有一次，楚庄王大宴群臣，使美人行酒。饮到傍晚，席间欢歌笑语之时，突然一阵风，吹熄了所有蜡烛。漆黑之际，楚王的爱妃许姬悄悄告诉楚王，刚才有人乘机摸了她的玉手，而她也扯断了此人的帽带，要求庄王根据这个线索查出此人是谁，然后给以严惩。

不料楚王听了之后，小声呵斥她说：“怎么能因为妇人之节而辱士呢？”说完立即大声命令不要点烛，还对众人说：“寡人今晚务必要与诸位同醉，大家也都要尽兴才是，不断缨者不能归。”于是，群臣都拉断了帽子上的缨穗。这时，庄王才命令重新点燃蜡烛，与群臣尽欢而散。这便是有名的“绝缨会”。

后来楚与郑争霸，楚王伐郑，有一健将单独率数百人，为三军开路，斩将过关，直逼郑的首都，使楚王声威大震。而且他经常奋战在前，五次战斗五次全胜敌军，终使楚军大胜。后来有人问他如何能够如此勇猛，不惧怕牺牲，原来此人就是当年在欢宴上调戏许姬的人。

修身感悟

能做到“明知故昧”，这种涵养，同那种“睚眦必报”的人比起来，自然不可同日而语。楚庄王对部下调戏自己爱妾的行为不予追究，还主动为那人解围，免得尴尬，这种豁达又细心的做法，无法使当事人不感动，无法使他不在以后的日子里拼死效命。

古人有“骂如不闻，看如不见”的“柔弱”功夫，既能避免是非，又更利于成功，有时候面对一些我们不愿看到的现象时，不妨做一下取舍，如果大度地放过，必能得到意想不到的回报。

庄子参透生死

庄子有一次到楚国去，在路上碰见一具髑髅，庄子用马鞭瞧着它问："你是因为违背自然规律而死的吗？是国破家亡，遭到刀斧之刑而死的么？是自己干了罪恶的勾当，有愧于父母妻子而死的么？你是因为贫穷冻饿而死，还是寿终正寝正常死亡的呢？"晚上，庄子就枕着髑髅睡觉。

半夜，"髑髅"在梦中对庄子说："听说话，你是个能言善辩之人，但你说的那些都是活着的人的忧患，死了之后便不存在了，你想听听死人的道理么？"庄子说："愿意。"髑髅于是说道："死了以后，上无君下无臣，也没有为生活而奔忙的四时之事，轻轻松松地以天地为春秋，快乐程度即使是世上的君主也比不上的。"庄子不相信，就说："我让掌管生死的鬼神恢复你的形貌，归还你的肌肉骨骼，送还你的父母、妻子、朋友、乡亲，你愿意么？"髑髅一听立即不高兴了，紧皱眉头反对说："我怎么会放弃比南面称王还快乐的事去到人间受那些劳体烦心的罪呢？"从此，庄子进一步悟到了死亡乃是一种至高无上的安乐之事，既然死比生还快乐，死亡还有什么可怕的呢？庄子对待死和生采取了一种"齐一生死"的态度，即生和死是一样的，死并不可怕。

庄子妻子死的时候，惠施前去参加吊唁，看到庄子叉腿坐在地上正在敲着瓦盆唱歌，实在看不下去了，就说："你的妻子跟你生活了一辈子，为你生儿育女，侍奉双亲，操持家务几十年，现在她死了，你不哭也就罢了，怎么还要敲着瓦盆唱歌，这也太过分了吧？"庄子见惠施这样说，慢慢答道："她刚死的时候，我也有些悲哀。但想了想，实际上人间本来是没有她这个生命存在的，不仅没有生命，而且也没有形体，不仅没有形体，甚至也看不到形体的物质元素——'气'，气原来是混杂在冥冥之中的，变化后成为气，之后才成形，最后才转化为生命。现在她又由生转化到死，这不是和春夏秋冬的四季交替一样吗？现在，她的尸体还躺在天地之间，我却悲伤地在她身边痛哭流涕，这是没有真正理解生命现象，没有看明白生和死，所以后来我就停下来了。"

庄子自己快要死的时候，他的弟子们准备厚葬自己的老师，庄子挥了挥手，平静地说："我死了之后，天地就是我的棺椁，日月就是我的连璧，星辰就是我的珠宝玉器，天地万物都是我的陪葬品，我的葬具难道还不够丰富吗？"学生们听了之后哭笑不得："老师啊，要是那样的话，乌鸦老鹰岂不是要把老师吃了么？我们怎么能照办呢？"庄子说："扔在野地里你们怕乌鸦、老鹰吃了我，那埋在地下就不怕蚂蚁吃了我么？你们把我从乌鸦、老鹰嘴里抢走送给蚂蚁，为什么要那么偏心呢？"学生们只好沉默。

修身感悟

人若连死都看得透，那在这人世间还有什么看不透、想不开的呢？庄子是我国古代历史上著名的哲学家、思想家，他对生和死的参悟和实践实在达到一种凡夫俗子无法企及的境界。

人一旦看透生死，也就没有什么放不下的了，心宽意大，自然活得无拘无束，自由自在。

孔子不怒议己者

儒家的创始人孔丘，处于春秋乱世，想以仁义之道来改变这个互相残杀、弱肉强食的世道，回到上古那种"大道"社会。于是，他周游列国，宣传自己的学说和主张，可是能够理解他的人不多，愿意采纳他的建议，施行仁政的君主更少，因此他到处碰壁，经常弄得狼狈不堪。人们也常在背后议论他，有同情的，有讥笑的，也有破口大骂，把他说的一文不值的，凡是说的有道理的，孔子既不恼怒也不怨恨，还称赞有些议论还是说到点子上了。

有一天，孔子到郑国时和弟子们走散了，他一个人独自站在城郭东门等候弟子们。弟子们也在打听老师的下落，有一个郑人对子贡说："在东门有个人，额头很像尧，颈项很像皋陶，肩膀像子产，腰以下还不到大禹的三寸，狼狈的样子很像丧家之犬。"他形容的这些人的特征都是当时人们熟知的最丑的，子贡听了很生气，但也没办法，等找到孔子，把原话告诉了他。孔子听了，丝毫不恼怒，笑着说："先不说外形，那都是微不足道的细节，他说像丧家之犬，倒是很对啊。”

又有一次，子路跟孔子在路上也走散了，子路遇见一个背着农具的老人，便走上前去，恭敬地问：“您看见夫子了吗？”老人不屑一顾地说：“四体不勤，五谷不分，谁是夫子啊？我从来不认识。”说完就自己忙自己的了。子路找到孔子，将老人的话转告给他，孔子感叹说：“隐者也。”便去找这个老人，却已经不见了。

孔子对别人的讥笑丑化都不放在心上，说他到处奔波像只垂头丧气的丧家之犬，他笑着说：“像啊，很像，确实是。”他认为外貌形状是细节，而他当时的本质状况就是一只丧家之犬。当有人说他“四体不勤，五谷不分”，实质上是在讥笑他只懂得大谈空头政治，却不懂得劳动生产，怎能治理好国家，算什么夫子？孔子知道说这话的人是个隐者，立即就去不耻下问地想去请教了，可惜没有如愿。

修身感悟

身为学问大家，领有弟子3000，即使当时他的学说不怎么受到重视，但终究也是有地位、讲尊严的人，却能够容忍一般凡夫俗子的言语讥讽和诋毁，不但不恼怒，反而能够及时反省自己，吸收正确的批评，也许这就是圣人吧。

圣人的学问和治国抱负也许我们很难望其项背，但他做人的态度、处世的胸怀是值得我们品味学习的。尤其是当身处逆境之时，还能平静地接受一般人的无情打击，及时反省自己，如果学到了这一点，那么我们的修行或许也可以称道了。

子产不计前仇迎丰卷

子产是春秋时期郑国卓越的政治家，被推许为“春秋第一人”。复姓公孙，名侨，出生于郑国的贵族家庭，他的父亲子国是郑穆公的儿子。公元前554年，子产任郑国卿后，实行一系列政治改革，承认私田的合法性，向土地私有者征收军赋，铸刑书于鼎，为我国最早的成文法律。他主张保留“乡校”、听取“国人”意见，善于因才任使，采用“宽孟相济”的治国方略，将郑国治理得秩序井然。

子产的政治生涯一直致力于外御晋楚、内抑强宗，匡救风雨飘摇的政治危局，披斩盘根错节的社会荆棘。他有着强烈的“人道”思想，认为人道先于天道，为人廉明奉公，豁达宽容，很得民心。

一天，从晋国来了一位说客，对郑国宰相子产说：“丰卷过去反对过你，并且曾率兵攻打过你的家，他那次失败后逃到了晋国，一直过着流浪的生活。丰卷近来悔过自新，想回到自己的祖国来，却又怕你不同意。”

子产说：“对于我这个人，丰卷是知道的呀。平时，我只嫌朋友太少，丰卷要是能成为我的好朋友，那是我求之不得的啊。”

没有多久，丰卷回到了郑国，受到子产的热情接待，还对他委以重任。子产正是凭着这样的心胸和度量得到了几乎所有人的爱戴和合作，被评价为“德过管仲”，后世的相国、辅政大臣很少有能够及得上他的。

修身感悟

如果事事斤斤计较，心胸狭小，就会使得一些小的恩怨成为仇恨。如果把一切恩恩怨怨都放置在一旁，一心扑在事业上，就很容易化敌为友。

有朋友总比没有朋友好，多交一个朋友总比多树一个仇敌好，这是不言而喻的，对有大理想、大抱负的人尤其如此。

赵襄子解衣

晋国从春秋初期开始，政权逐渐被卿大夫操纵，经过长期激烈的争斗，由智伯掌握了大权，控制朝政。公元前45年，赵襄子联合韩、魏打败智伯，分掉了智伯的土地。赵襄子十分怨恨智伯，把智伯头拿来当作盛酒器皿。智伯的势力虽被消灭，但曾在其麾下效力的豫让逃入深山之中，伺机为智伯报仇，他大声发誓：“嗟乎！女为悦己者容，士为知己者死，我之所以活命，就是要为智伯报仇的。”

豫让的朋友问豫让：“先生，你的行为多么让人感慨啊！你曾经为苑氏、中行氏做过事，诸侯早已经把他们都灭掉了，而你不曾为他们报过仇，而到了智氏，先生却一定要为他报仇，这是为什么呢？”豫让说：“我现在就告诉你原因。事奉范氏、中行氏的时候，我感到寒冷却不给我衣服，我感到饥饿却不给我吃的，让我跟上千个人一起生活，像对待一般人一样对待我，我也像对待一般众人那样对待他们。至于智氏则不然，我出门就让我乘车，在家就给我足够的给养，众人去朝拜他，必定也到我的住所行礼，以国士的礼节待我，我也会像国士那样报答他。”

为报智伯之仇，豫让改名换姓，装扮成服劳役的犯人，入赵襄子的营中整修厕所，想趁机刺杀赵襄子，后来却被赵襄子发现了，左右打算杀掉他，襄子说：“他是忠义之士，我应该对他十分尊重才是。况且智伯死了，没有后人，而他的臣子却来为他报仇，乃天下的贤人啊。”便叫人把豫让释放了。

豫让回家后，用漆涂抹了身体，吞下火红的炭使声音变哑了，装扮成乞丐，计划着下一次的行刺。赵襄子出巡，豫让预先埋伏在襄子要经过的桥底下，又被赵襄子的随从发现了，襄子当面训斥豫让说：“你不是还曾经事奉过苑氏、中行氏吗？你明知道是智伯灭掉了他们，而不为他们报仇，反而重新开始为智氏效劳。现在智伯已经死了，你为什么单单要坚持为他报仇？”豫让回答说：“臣事奉苑氏、中行氏，范氏、中行氏以众人之礼待臣，臣故以众人之礼回报他们，而智伯以国士之礼恩遇于臣，臣则必定以国士之礼回报他。”

赵襄子感慨而悲伤地说：“嗟乎！豫子！豫子为智伯报仇的名已实现，寡人现在杀了你，也是不为过的了。但我不愿杀你，你自己了断吧。”便派兵把豫让包围了起来。豫让说：“臣听说英明的君主不阻挡下人的侠义行为，忠臣也不喜欢用死来成就名节。您先前已经宽恕过我一次，天下没有不称赞您的贤明的。今天的事，是臣心甘情愿被诛杀的，但是请求您用您的外衣让我用剑刺击几下，即使死也再没有怨恨了。”

赵襄子为他的义气所感动，不顾左右的反对，坚持解下自己的外衣交给他。豫让拔出宝剑，三次跳起来，挥剑三次刺击襄子的外衣，最后说：“这样也算报答智伯了。”随即自刎而死，赵襄子命厚葬他。

修身感悟

在战乱时代，能够宽恕要取自己性命的仇人，还给予他诸多感慨和嘉奖，这并不是一般的胸怀能够容忍的。何况赵襄子身为一国之君，占据绝对上风，要处决豫让易如反掌，却一再放过他，到最后还用自己的外衣成全了义士的报仇之愿。

一般人都是无法容忍别人对自己的无礼冒犯的，尤其是对性命攸关的事情，能够做到不仅宽容，还牺牲自己的尊严成全别人的心愿，这种心胸是值得我们品评和学习的。

陶朱公三散千金

居官为政，本是关乎国计民生的事，可是古代中国的官员却不得不考虑更多的问题，那就是如何保全自己。可惜的是，能善始善终的为数不多，范蠡可以说是其中的佼佼者，进能助人兴国，退能发家致富，进退之间游刃有余，更为千古罕见。

范蠡，字少伯，春秋末期楚国宛人，年轻时师从奇人计然。越国大夫文种很赏识他的才能，便把他推荐给越王勾践。勾践和他纵论天下大事，深契于心，于是封他为大夫，成为勾践的主要谋士。后来范蠡成为辅佐勾践“卧薪尝胆”复国的主要功臣。灭吴之后，勾践封范蠡为上将军，范蠡给勾践上书说：“我听说主忧臣劳、主辱臣死。当年大王受辱于会稽，我之所以没死，只是为了今日。现在是我该为会稽之辱死的时候了。”勾践对他说：“我刚要把越国分一部分给你来酬答你的功劳，你如果不服从，我就杀了你。”范蠡知道是急流勇退的时候了，他喟然叹息说：“我从计然那里学到的本领，已经让越国富强了，我再用在我自己的家上吧。”于是在一个深夜，范蠡携带金银细软，带领家属和手下，驾一叶扁舟泛于江湖，开始了经商致富之路。

范蠡在齐，改姓换名，亲自率领儿子们耕作于海边，齐心合力，同治产业。由于经营有方，没有多久，产业竟然达数千万钱。齐国人听说了范蠡的贤明，要请他作齐相。范蠡却感叹道：“居官至于卿相，治家能致千金，这都是布衣百姓能达到的极致了。久受尊名，终不是什么好事！”于是，他把家财都分给亲友乡邻，只带着一些珍贵珠宝，从小道离开齐国，来到了定陶，变易姓名为陶朱公。

由于定陶的地理位置很好，往来贸易非常发达，范蠡便做起了买卖，没有几年，又置下了千金的产业，一时声名远扬，天下人都称赞陶朱公是最会做买卖的人。范蠡经商事业的成功，与他卓越的经商思想是分不开的。他成功地运用了计然交给他的经商原则，适时逐利，适应市场，决不错失良机，所以能够“19年之中三散千金。”最后其产业“遂至百万”，受到了当时及后世人们的钦佩。范蠡也成了千百年来商人们膜拜的祖师爷，他们家里常贴有对联：“陶朱事业，端木生涯。”范蠡在经营中强调提前准备，加强预见，运用价格，调节生产，注意质量，力戒粗滥，薄利多销，加强周转，这些都是值得我们好好研究，并在实际中加以运用的。

修身感悟

由于范蠡的出色智慧造就了春秋晚期吴越争霸的传奇，而范蠡本人也凭借自己的才能，适度掌握着进退之间的步伐，相比起来，文仲的结局就有些悲凄。

而且范蠡的智慧运用在商业中也是无人能比的，很快就能聚集大量财富，也许他的兴趣只在经营的过程，而钱财本身对他这种经历过大富贵的人来说并不重要，于是他能够轻易地分散它们，不为它们所累，这种经商、做人的豁达、胆识让人佩服不已。

君子善忘

春秋战国时期，魏国的信陵君窃符救赵之后，魏王十分恼恨，嫌恶他竟敢偷走兵符，假传命令杀死晋鄙。信陵君自己也知道这件事得罪了魏王，打退了秦国军队，保全赵国之后，便派了一个将军率领晋鄙的军队回魏国去，他本人和宾客却留在了赵国。

赵孝成王感激信陵君当机立断，率大军救赵国于危急之中，打算报答他。与平原君商议之后，决定把五个城封给他。信陵君听到这个消息之后，十分高兴，自己又有了立足之地，有了显赫的地位，心里存着骄傲自满的念头，脸上露出自以为有功的神色。

有一位门客见到之后，对信陵君说：“有的事情不可忘，有的事情不可不忘。别人有恩于公子，公子绝对不可忘记；公子有恩于人，希望公子尽快忘了吧。再说，假传魏王命令，夺取晋鄙的军队来救赵，对赵国是有功，可对于魏国就算不忠不义了，并不是一件十分光彩的事情。公子却以为这件事有功而骄傲，我认为这是不可取的，公子不应该这样。”

信陵君听了心里被触动了，立即开始责备自己，惭愧的无地自容。赵王打算打扫庭前台阶，亲自迎接信陵君，从东阶而上，用当时的最高礼节来对他进行封赏。信陵君却连称自己有罪，有负于魏国，亦无功于赵国，好像把救赵之事完全忘了。赵王更加敬佩信陵君。

后来魏王也时时挂念自己的这个兄弟，原谅了他的过错，屡次派人请他回国，但他内心非常惭愧，觉得没脸回去。几年之后，恢复了战争能力的秦国大举进攻蒸蒸日上的魏国，魏国处于下风，节节败退，形势十分不利。信陵君觉得机会到了，就带着自己的门客回到了祖国，被魏王封为上将军，抗击秦军。信陵君迸发了压抑了十年的报国激情，利用自己的影响，组成了五国合纵军，亲自率领，大败秦军。

修身感悟

欲成事者必有取舍，要能够做到不居功自傲，善于忘记自己的功劳，而常反省自己的过失，时时打算弥补。当然这并不是一般人能够做到的，非要有大度的胸怀才能如此。

如今的一些人做了贡献唯恐天下有人不知道，反复宣传，反复强调，做了坏事却要百般遮掩，为自己开脱，这样的人沉不住气，目光短浅，心胸不够宽广，很多时候像是跳梁小丑，惹人耻笑。

“管鲍”之交

“管鲍”，是指公元前 7 世纪春秋时期的政治家管仲和鲍叔牙，他们俩是好朋友。管仲家里比较穷，而鲍叔牙比较富有，但是他们之间彼此了解、相互信任。

管仲和鲍叔牙早年合伙做生意，管仲出很少的本钱，分红的时候却拿很多的钱。鲍叔牙毫不计较，他知道管仲的家庭负担大，还问管仲："这些钱够不够？"有好几次，管仲帮鲍叔牙出主意办事，反而把事情办砸了，鲍叔牙也不生气，还安慰管仲，说："事情办不成，不是因为你的主意不好，而是因为时机不好，你别介意。"管仲曾经做了三次官，但是每次都被罢免，鲍叔牙认为不是管仲没有才能，而是因为管仲没有碰到赏识他的人。管仲参军作战，临阵却逃跑了，鲍叔牙也没有嘲笑管仲怕死，他知道管仲是因为牵挂家里年老的母亲。

后来，管仲和鲍叔牙都从政做官了，但却各为其主。当时齐国朝政很乱，王子们为了避祸，纷纷逃到别的国家等待机会。管仲辅佐在鲁国居住的王子纠，而鲍叔牙则在莒国侍奉另一个齐国王子小白。不久，齐国发生暴乱，国王被杀死，国家没有了君主。王子纠和小白听到消息，急忙动身往齐国赶，想抢夺王位。两支队伍正好在路上相遇，管仲为了让纠当上国王，就向小白射了一箭，谁知却射到小白腰带上的挂钩，没有伤到小白。后来，小白当上了国王，历史上称为"齐桓公"。

齐桓公一当上国王，就让鲁国把王子纠杀死，把管仲囚禁起来。齐桓公想让鲍叔牙当丞相，帮助他治理国家。鲍叔牙却认为自己没有当丞相的能力，大力举荐被囚禁在鲁国的管仲。鲍叔牙说："治理国家，我不如管仲。管仲宽厚仁慈，忠实诚信，能制定规范的国家制度，还善于指挥军队。这都是我不具备的，所以陛下要想治理好国家，就只能请管仲当丞相。"齐桓公不同意，他说："管仲当初射我一箭，差点把我害死，我不杀他就算不错了，怎么还能让他当丞相？"鲍叔牙马上说："我听说贤明的君主是不记仇的。更何况当时管仲是为他的主子效命。一个人能忠心为主人办事，也一定能忠心地为君王效力。陛下如果想称霸天下，没有管仲就不能成功。您一定要任用他。"齐桓公终于被鲍叔牙说服了，把管仲接回齐国。

管仲回到齐国，当了丞相，而鲍叔牙却甘心做管仲的助手。在管仲和鲍叔牙的合力治理下，齐国成为诸侯国中最强大的国家，齐桓公成为诸侯王中的霸主。

鲍叔牙死后，管仲在他的墓前大哭不止，想起鲍叔牙对他的理解和支持，他感叹说："当初，我辅佐的王子纠失败了，别的大臣都以死誓忠，我却甘愿被囚困，鲍叔牙没有耻笑我没有气节，他知道我是为了图谋大业而不在乎一时之间的名声。生养我的是父母，但是真正了解我的是鲍叔牙啊！"

管仲和鲍叔牙之间深厚的友情已成为中国代代流传的佳话。在中国，人们常常用“管鲍之交”来形容自己与好朋友之间亲密无间、彼此信任的关系。

修身感悟

鲍叔牙这样的人，无论谁来评价，都无法否认他的高尚，他的宽容、无私让所有自私狭隘的小人汗颜。

做生意能忍受伙伴的贪婪，打仗能忍受兵士的胆怯，甚至能理解对方的“失节”，在关键时刻还能为他说话，推荐他为宰相，自己甘为其下，对于鲍叔牙，管仲用“知己”相称，我们也许只能说他是“圣人”了。圣人之德，我辈学其一二足矣。

梁人浇瓜

战国时，梁国与楚国为敌对国，两国在边境上各设界亭，亭卒们也都在各自的地界里种了西瓜。梁国的亭卒非常勤劳，经常锄草浇水，瓜秧长势极好，而楚国的亭卒十分懒惰，很少去管这些瓜苗，瓜秧又小又弱，与对面瓜田的长势简直不能相比。

楚亭的人觉得失了面子，有一天乘夜无月色，伸手不见五指，偷偷跑过去把梁亭的瓜秧全给扯断了。梁亭的人第二天发现后，气愤难平，报告给边县的县令宋就，说：“他们也太欺负人了，明明是向我们挑衅，我们也过去把他们的瓜秧扯断好了！”

宋就说：“这是我们都很厌恶的小人行为，我们不愿意他们扯断我们的瓜秧，那么为什么我们还要去扯断别人的呢？别人不对，我们再跟着学，那就太狭隘了。你们听我的话，从今天起，每天晚上去给他们的瓜秧浇水，让他们的瓜秧长得更好，而且你们这么做，千万不可以让他们知道。”

梁亭的人听了宋就的话，觉得有些道理，于是就照办了。楚亭的人本来料想梁人会来报复，但一直没见他们行动，但自己的瓜秧长势却一天好比一天，仔细观察，才发现每天早上瓜地都被人浇过了，而且是梁亭的人在黑夜里偷偷浇的。

楚国边县的县令听到亭卒们的报告后，感到十分惭愧，又十分敬佩，于是把这件事报告给了楚王。

楚王听说后，也感到了梁国人修睦边邻的诚心，于是备了重礼派使节送到梁国，既以示自责，亦以示酬谢，结果，这一敌对国成了友好的邻邦。

修身感悟

从这个故事可以看出，“恕”的基础是用己度人、推己及人，这样可以营造出一种重大局、尚信义、不计前嫌、不计私仇的氛围，以及双方宽广而又仁爱的胸怀。

日常生活的处理，又何尝不是这样？尤其是对涉世未深的青年来说，总是时时处处小心翼翼，总想找出人事上的参照物来规范自己，但殊不知世事万变，并没有统一的标准供人参考。所以，不妨就按照“己所不欲，勿施于人”的原则，推己及人，往往会有皆大欢喜的结果。

韩安国不计前嫌恕狱吏

韩安国是西汉时期影响较大的著名政治家之一。出生在今汝州市小屯镇，自幼博览群书，特别喜欢战国法家学说韩非子的著述，成为远近闻名的辩士与学问家，后到梁孝王幕下任中大夫，得以接触政治，成为梁孝王身边的得力谋士。

吴楚七国之乱时，梁孝王拜韩安国为将，统帅梁国兵马，协助中央王朝平息了吴楚之乱，从此，韩安国威名传播四方。后来，韩安国以自己的才华为梁孝王开脱罪名有功，被汉景帝委任为梁国内史，直接对朝廷负责。在此期间，他又帮助梁孝王和汉政权化解了几次危机，深得汉景帝的信任。

汉武帝时，韩安国任北地都尉，后任御史大夫，进入汉王朝中央政权的核心圈子。韩安国根据国家现状，提倡与匈奴和亲，使汉王朝北方多年无战事。

在韩安国还是梁国大将军的时候，曾经有一次因为意见与梁王不同，得罪了梁王，被梁王一气之下投进监狱。田甲是汉朝的狱吏，待人十分苛刻，韩安国坐牢时，常常受到他的侮辱。给他吃的食物里总是掺有砂土，很少给他水喝，所饮也都是污水，还经常用恶言恶语骂他。有一天，韩安国对田甲说：“灰烬难道不能再复燃吗，你就不怕我有一天东山再起？”田甲轻蔑地说：“要是灰烬再燃起来，我就撒一泡尿浇灭它。”

过了不久，梁国内史的职位空缺，汉朝廷派使者任命韩安国为梁国内史，从囚徒中起家担任二千石级的官员。田甲知道后，吓得浑身颤抖，急忙袒露前胸前去谢罪。韩安国说：“我不会跟你计较的，以后你要接受教训，善待他人，做一个好人。”

田甲万分感激地说：“大人不计前嫌，真是君子胸怀啊。”

修身感悟

社会是复杂的，人的处境不可能是固定不变的，应该学会正确地对待和恰当地处理个人所处的不同境地，又要善于正确对待身处逆境中的人。

人格是有品味之分的，取得成就不骄傲，身处逆境不气馁，对取得成就的人钦佩，对身处逆境的人同情，才是正确的对人态度。

爰盎赐侍得报

爰盎原是西汉景帝时楚地的一个游侠，父亲曾经为盗贼，他生来好侠义，重结交，能够宽恕人。

后来经人推荐做了吴国的相国，不久又调入朝廷为官。当时，吴楚等七个刘姓分封国以诛晁错为名发动叛乱，整个西汉王朝处于风雨飘摇之中。爰盎向汉景帝献策，建议杀了晁错，然后七国之乱可以平息。汉景帝无奈采纳了他的策略，忍痛杀掉了自己的老师，也是当时提出削弱诸侯国势力的谋臣。然后任命爰盎为泰常出使吴国劝降。

吴王想笼络爰盎，打算任他为将，爰盎不肯，吴王大怒，打算干掉他，先派了一个都尉率领五百兵把他围了起来，情况甚是危急，但爰盎自己并不知道。等到晚上，突然有个人到他的帐篷里说明情况，要救他逃命。

原来，这个人曾经受过爰盎的大恩。爰盎在任吴国相国的时候，有一个从官与他的侍儿私通，有人把这件事告诉了他，他什么也没说，装作不知道，还骂了那个搬弄是非的人，为这个从官掩盖了丑行，待他就像以前一样。后来，这个从官听说爰盎已经知道了这件事，吓得赶紧逃走。爰盎听到报告后立即策马前往追他回来，还把那个侍儿赐给了他，并让他担任旧职。

这次爰盎出使吴国被围困，有生命危险，这个人当时正在军中任司马，便买了两石醇酒，刚好天气十分寒冷，他就请围困爰盎的士兵们喝了个够，都喝醉睡熟了。他就唤醒爰盎说："先生赶快走吧，吴王等明天就要把你斩首了。"爰盎不相信，问："为什么？"司马说："我也无法解释，你相信我便是，我以前是你的从吏，受你赏赐侍儿的那个人。"爰盎明白了，连忙致谢，但是面有难色，说："你还有家人，我不能连累你呀。"司马说："你尽管去吧，我也马上就走，把我的亲人都转移藏匿起来，你不用担心。"说完便打开帐子，带领着爰盎从睡着的士兵当中出来，才和他分道逃往。爰盎终于得脱，回朝报告。

修身感悟

一个侍儿对家眷无数的相国来说并不重要，但爰盎的可贵之处在于知道了从官在他眼皮底下无礼，还能装糊涂，睁一只眼闭一只眼，丝毫不冷淡此人。在他知罪逃脱之际，还能亲自追回，加以安抚。做这件事的时候他一定不会想到将来有一天这个人会救他性命。

为领导者，如果属下的一点小小的过失都不能容忍，睚眦必报，就很难让人产生感激之情，更不用说在关键时刻助你一臂之力了。

刘秀既往不咎定人心

刘秀是东汉王朝的开国皇帝，汉高祖刘邦九世孙。王莽篡汉后，他和哥哥刘恒在家乡组织春陵军，欲恢复刘氏统治。兄弟两人刚开始的时候加入了更始政权。刘秀在昆阳以少胜多打败了王莽的40余万大军。刘恒因为功高震主，被更始帝杀害。善于韬晦的刘秀亲自向更始皇帝请罪，平息了这次危机。在消灭王莽后，刘秀自请出定河北，借机脱离了更始政权。

刘秀在河北地方势力的支持下称帝，恢复汉政权。大军在河北与自立为帝的王郎展开大战，王郎节节败退，逃入邯郸城里。经过20多天的围攻，刘秀大军攻破邯郸，杀死王郎，取得胜利。

在清点缴获来的书信文件时，发现了一大堆刘秀一方的人私通王郎的信件，有一般平民，也有一些官吏。这些信件有好几千封，内容大都是吹捧王郎，攻击刘秀的，也有一些甚至提供了刘秀一方的机密信息。

看到这些信之后，大家都很气愤，说这些人吃里爬外，应该抓起来统统处死。曾经给王郎写过信的人知道这些信件被发现后，都提心吊胆，心里十分害怕，担心受到极刑。

刘秀知道这件事后，立即召集文武百官，又叫人把那些信件取过来，好几个人一起才搬动那些信件。其中那些私通过王郎的官员都吓得两腿颤抖，以为皇帝要惩办他们了。可谁也没想到，刘秀连看也不看，就命令当众把这些信件扔到火盆里全部烧掉了。

看这些信烧完了，刘秀对百官说："有人过去写信私通王郎，做了错事。但事情已经过去了，可以既往不咎。希望那些过去做错事的人从此安下心来，努力供职。"大家先是十分惊讶，然后明白了刘秀的用意，都暗暗佩服得五体投地，那些原来心里七上八下的人也都把一颗心放回了肚子里，十分感激刘秀，甘愿为他一生效劳。

修身感悟

刘秀所用乃是大手腕，朝政新立，人心不稳，他便采用了销毁证据，宽宥以往立场不坚定的人的做法，虽然需要冒一定风险，但也为稳定局面，开创新的历史时期起到了重要作用，非具有宽广的心胸和宏大的气魄不能为。

刘秀的做法很值得现在的领导借鉴。人非圣贤，孰能无过，如果抓住别人曾经犯过的错误不放，3天一提，5天一批，怎能使人安心工作呢？气度是为人领导者所必需的素质。

马太后豁达为政

东汉光武帝时期，有一位南征北战、功勋显著的将领马援。他有个女儿，自幼聪明伶俐，然而，不幸的是母亲过早地离开了人世，马援又长年征战在外，关照弟弟、妹妹的家事，不得不过早地落在她的肩上，这也使她早早地懂事、成熟起来。

马援在刘秀建立东汉的斗争中屡建战功，最后病死军中。光武帝爱怜其后代，将马援13岁的女儿召入宫中，留在阴皇后身边使唤，后来的太子刘庄对她产生感情。公元57年刘庄继位为汉明帝，立马氏为贵人。3年之后，又立为皇后。

马皇后是个才貌双全、很有能力的女性。她在宫中熟读经史，涉及国家整体的重大政令，总是能提出自己比较高明的见解，使汉明帝很佩服。而且，马皇后能够虚心听取来自各方面反映的问题，平等宽容地待人。凡有人想要通过她向明帝反映情况，她总是能认真地听取，认真地思考、调查，以便把真实的情况搞清楚反映给明帝。

马皇后没有生子，汉明帝因见她虑事周到，自身修养非常高，就把贾妃生的儿子送到她身边，由她抚养教育。马皇后严于律己，以自己的言行教育、影响他在生活上注意节俭，爱穿粗布衣服，衣裙不饰华丽。在宫中她经常对宫妃们说，粗布衣料容易染色而又大方耐用。经她提倡，宫廷生活一度变得严谨而俭省，后宫的人们既尊敬她，又愿意接近她。汉明帝有时外出游乐，前呼后拥，声势浩大，马皇后经常推说自己身体不适，不陪伴同行。

公元75年汉明帝卒，太子刘即位，是为汉章帝，马皇后被尊为皇太后。为了辅佐刘，使其了解前朝历史，她开始撰写汉明帝起居注。马皇后的哥哥马防，曾任负责汉明帝健康以及用药方面的官吏，本应在起居注中提到一笔，但是，马皇后只字未提。章帝看了对太后说："我的舅舅在父皇身边忙碌一生，没有功劳也有苦劳，书中总该写上他。"马皇后却说："他们多尽些力是应该的。"她从不凭借自己的地位为亲戚牟取私利。反之，她对兄弟们平日的言行要求非常严格。她曾向京城官吏们表示，如果马家兄弟违反地方法令，应该坚决依法制裁并报告给她；他们若做了好事，也请大家给予表彰和赏赐；如果不称职，就应该罢官，送回老家。

汉章帝初登基时，曾打算给几位舅父加封爵位，一些拍马屁的大臣也怂恿年轻的皇帝这样做。马皇后却坚决不同意。章帝担心不封侯于众舅父，会使他们终生怀恨皇帝。马皇后经过反复认真地考虑，为章帝想了个两全其美的办法，她说："高祖时就有规定，没有军功者不能封侯，马氏兄弟目前还没有给国家立下什么军功。何况现在国家连年遭灾，谷价长了好几倍，我为这些事昼夜不安。你未成年时，一切依靠父母，现在你已成人即位了，就应该全力去实现你的志向，把国家治理好。只有这样，我才能放心。你应该鼓励你的舅舅们努力建功立业。”章帝听了这番话，深受感动，终于打消了给舅父封侯的念头。他鼓励舅舅们去沙场建立军功，公元77年 8 月，马防同耿恭率兵平定烧当羌。第二年，马防又大败西羌兵，年末，被任命为车骑大将军。

公元79年 6 月，为宫廷和国事操劳一生的马皇后得了重病，她不相信那些神巫邪术，也不欢迎人们为她而祈祷。不久，马皇后离开人世，死时才四十几岁。

修身感悟

身为皇后、太后，却不以势压人，不趁机为己家谋利，反而阻挠君主的恩遇，督促自家人努力建功。一生荣耀却不骄不躁，以平和的态度待人，有这样的人统领后宫，一定能为皇帝减少后院起火的后顾之忧。

在家庭关系中就应该提倡这种克己、绝私的精神，必须把封建专制的原则和金钱原则同时拒之于治家之道之外，唯一选择的办法就是这种克己、绝私的办法。

班超不计前嫌遣李邑

班超是东汉名将，政治活动家，今陕西咸阳人。父亲班彪、兄长班固均为著名史官。班超少时博览群书，以缮写谋生。后投笔从戎，立志效法张骞，建功西域。

西域自西汉即归附汉朝，与中原关系密切。王莽代汉，匈奴趁机进占西域。西域诸邦不堪匈奴凌虐，请求归汉。明帝永平十六年，班超随奉车都尉窦固攻北匈奴，以假司马职率军袭取伊吾后，受命率 6 人出使西域。

班超一行在西域联络了很多国家与汉朝修好，但龟兹恃强不从。班超便去结交乌孙国。乌孙国王派使者到长安来访问，受到汉朝王庭热情友好的接待。过了一段时间之后，乌孙国的使者打算返回，汉章帝便派卫侯李邑携带大量礼品同行护送。

李邑等人经天山南麓来到于阗，忽然传来龟兹攻打疏勒的消息。李邑惧怕，不敢前进，于是上书朝廷，中伤班超只顾自己在外享福，不思中原，还说班超联络乌孙牵制龟兹的计划是根本行不通的。

班超后来听说了李邑从中作梗，叹息道：“我不是曾参，被人家说了坏话，恐怕难免见疑。”便给朝廷上书申明情由。

汉章帝相信班超的忠诚，下诏责备李邑说：“即使班超自己不思中原，难道跟随他的一千多人都不想回家吗？”诏书命令李邑与班超会合，并受班超的节制，还同时诏令班超收留李邑，与他共事，继续发展与西域各国的友好关系。

李邑接到诏书，无可奈何地去疏勒见了班超。

班超不计前嫌，很好地接待李邑。他改派别人护送乌孙的使者回国，还劝乌孙王派王子去洛阳朝见汉帝。乌孙国王子启程时，班超打算派李邑陪同前往。

有人对班超说：“过去李邑诽谤将军，破坏将军的名誉。这个时候正好奉诏把他留下，另派别人执行护送任务，您怎么反倒放他回去呢？”

班超说：“如果把李邑扣下的话，气量未免太小了。正因为他曾经说过我的坏话，所以让他回去。只要一心为朝廷出力，就不怕人背后诋毁，如果为了自己一时痛快，公报私仇，把他扣留，那就不是忠臣的行为了。”

李邑知道后，对班超十分感激，从此再也不谤毁他人了。

修身感悟

生长于文明之邦，在环境、政治条件都很恶劣的条件下主动要求开通西域，恢复汉朝与西域各国的友好往来，做这样的事情很有风险，对外可能有生命危险，对内由于与中央王朝相隔甚远，缺乏通信，容易受到小人诬蔑。但是班超置这些于不顾，坚持实现自己的宏大理想，终于成为千古留名的一代外交家、政治家。

正因为面对着许多风险，才需要既敏感小心，又豁达大度，班超对李邑的宽容不仅证明了自己的心胸，还团结了人心，更加有利于共同的事业。

吕蒙豁达不计前嫌

吕蒙是三国时候吴国的著名将领。他出身贫寒，年少时读书不多，在军中虽然官品不低，但仍然遭到了豪门出身的将领的鄙视。

有一次，鲁肃领军去陆口镇守，路过吕蒙的驻军地。鲁肃一直瞧不起吕蒙，根本不打算去看望他，但有人劝他说："吕将军功名显赫，不可用以往的态度对待他呀，大将军应该去拜访他。"鲁肃听过之后心里想，既然路过此地，歇歇脚也好，于是，令所部就地休息，自己带着几个人去见吕蒙。吕蒙热情地设宴筵请鲁肃。席间，他问鲁肃："将军您受重任往镇陆口，与蜀国大将军关羽为邻，不知道将军有何计略用来对付他呢？"鲁肃没想到吕蒙会提出这样的问题，一时间也答不上来，便很不高兴地说："临时计议吧。"吕蒙已经察觉到了鲁肃的态度，但他毫不计较，仍然热情地说："关羽是一员猛降，将军您还是预先定计为妙。"接着他又献上五条策略，请鲁肃参考。鲁肃听了，喜出望外，他不但佩服吕蒙的才能，更敬佩他的度量。自此，两个人成了互助互敬的亲密朋友。

数年以后，吕蒙升任虎威将军。一天，孙权请吕蒙一起议事，谈及豫章太守病故后的补任之事，吕蒙提到了江夏太守蔡遗可任此职，大家都很吃惊。蔡遗曾是吕蒙的上级，吕蒙因文化低不会写疏章，常遭他的训斥。孙权听了吕蒙的推荐，笑着说："以前蔡遗耻笑你无能，你不记恨他吗？"吕蒙回答说："当初我确实无能，不是蔡太守的激励，我可能就不会有今天！蔡太守才德兼备，处事公正，理应得到重用。"孙权赞许说："你真像'外举不避仇，内举不避亲'的晋国大夫祁奚呀！"不久，蔡遗就任了豫章太守。

吕蒙部下有个叫甘宁的将领，武艺高强，是一员难得的猛将，但他高傲任性，时常顶撞吕蒙，有时甚至以自己的资历和功劳公开奚落吕蒙。吕蒙念他作战勇猛，只是对他进行劝导，从来没有处罚过他。

东汉建安二十年，孙权、吕蒙带着甘宁等将领进攻曹操控制的合肥。因为甘宁违抗命令，孙权一怒之下要把他推出去斩首。吕蒙得知，赶紧去劝说孙权，替甘宁求情："主帅息怒，眼下天下未定，正是用人之际，甘宁这样的猛将实在难得，就饶恕他这一次吧，我负责对他进行劝导责骂。"孙权看吕蒙替他说话，慢慢不再生气了，就准许他戴罪立功。后来当孙权攻城失利后，甘宁奋勇当先，阻截追兵，使全军安全脱险。从此，甘宁也被吕蒙感化了，一改以往的恶习，为辅佐孙权开创基业立下了赫赫战功。

修身感悟

吕蒙作为一名没有什么文化知识的武将，多为所谓的饱学之士瞧不起，但他自己虚心待人，虽屡立战功，地位显赫，也从不以此欺压人，对下属的顶撞、为难也不予计较，关键时刻还站出来为这样多的下属说话，可见度量之大。

胸怀与所掌握的文字知识并没有什么必然联系，那些满腹诗书的人如果狭隘得像块酸豆腐，就可能反倒不如阅历沧桑的乡野老农了。

蒋琬雅量待下

蒋琬是三国时蜀国的大臣，处事得体，为人宽厚豁达，很得刘备和诸葛亮的器重。诸葛亮临终前密表后主刘禅："后事宜以付琬。"诸葛亮死后，蒋琬任尚书令，领益州刺史，升为大将军，不久又加为大司马。

蒋琬执政十二年，主要的工作是稳定蜀国内部局势，并积极备战。诸葛亮执政期间，一直奉行休养生息与出兵北伐相结合的战略，量力而行，力尽则止。到蒋琬执政时，不仅是量力而行，同时也是量才而为，蒋琬知道自己的才能和诸葛亮有差距，便不肯冒险出兵。所以说，诸葛亮选蒋琬做继承人是正确的。

《三国志·蒋琬传》记录了他大度容下的两个小故事，读来耐人寻味。一个是：东曹掾杨戏素来性格简略，蒋琬跟他说话，他经常不应不答。有人在蒋琬面前说："公与杨戏说话，他都不答。杨戏轻慢上司，不也太过分了吗？"蒋琬说："人心不同，各如其面。面从后言，古人之所诫也。杨戏要是赞同我，表示肯定的话，那就违反了他的本意；要是反对我的意见，那就显扬了我的缺点，所以默然，这正是杨戏的耿直之处。"

另一个故事是：负责督察农务的杨敏曾诋毁蒋琬，说他"做事糊涂，确实赶不上以前的人"。主管官吏请求追究杨敏诋毁上司之罪。蒋琬说："我实不如前人，没有什么可追究的。"主管官员又请允许他去责问杨敏所指糊涂的具体表现何在，蒋琬说："苟其不如，则事不当理，事不当理，也就是糊涂了。还有什么可问的呢？"后来杨敏因罪被拘，众人担心他一定会被处死。蒋琬却不以个人亲疏恩怨决断，杨敏终于得免重罪。

修身感悟

大权在握的蒋琬很有自知之明与知人之明，不计个人恩怨，更不以别人对自己的态度来判断是非、定人罪责，而是宽厚待人，雅量容下，诚为可贵。

部属说话声音稍高一点，就以为是对自己不恭；或者下级一提不同意见，就认为是顶撞自己，这样的领导，照一照蒋琬这面镜子，是否该感到脸红？

朱冲放牛

晋代有一位朱冲，他在朝廷里的官职很高，可是从小到大他待人都很宽厚，从不对人发怒，更不会无端挑人的不是。

朱冲是南安人，小时候家里很穷，没有钱上学读书，只好在家里帮忙放牛、种地。有一次，他正在野外放牛，忽然看见他家邻居急匆匆地跑过来，不由分说地牵起朱冲家的牛犊就走。朱冲看见了也不着急，倒是周围一起放牛的小伙伴们看不下去了，朝他大声喊：“朱冲，朱冲，快去啊，你家的牛犊让人给牵走了，快去追呀！”朱冲憨憨一笑，说：“他这样急急忙忙把牛牵走，一定是有什么原因，等回家去问一下就清楚了，着什么急呢？”

原来，邻居家丢了一只小牛犊，看到朱冲家的小牛犊就以为是自家的，不分青红皂白就牵走。当他牵着朱家的牛犊往回走时，却发现自家的牛好好地拴在那儿正在吃草呢。他这才想起来，早上出来时，他就是把牛拴在这里让它吃草的。他看着自己手里牵着的朱冲家的小牛犊，心里十分懊悔，自己的记性怎么这么不好呢？怎么能连问都不问就牵牛呢？这下可把邻居给得罪了，以后可怎么相处呢？他惭愧而忐忑不安地把牛犊还给朱家，一边走，一边盘算着该怎么跟人家解释，可能会遇到什么样的难堪。见了朱冲，他连连说：“真对不起，真对不起，现在我把你家的牛犊牵回来了。”朱冲神态自若地听他讲清了事情的经过，仍然还是憨憨地笑笑，说：“没什么，你也是着急嘛，谁家丢了牛能不着急呢。”邻居听了心里的石头终于落下来了，也很感谢小朱冲。

村里还有一家，爱占邻居的便宜。他家平时总是把牛故意赶到别人家的田里去吃庄稼。朱冲家的地与他家的地离得最近，所以地里的庄稼被吃的最多，啃的乱七八糟。朱冲看到以后不仅不生气，还在收工回家时顺便割些野草，给那头爱吃庄稼的牛送去，并且对那家人说：“你家人多地少，牲口没有草吃，我给你家送来些草，快喂喂吧！这点草要是不够用，我再去割些来。”那家人一听，真是无地自容，又是惭愧，又是感激，他们对朱冲说：“你待人太宽厚了！你放心，以后我们再也不让牛到别人家的地里吃庄稼了。”

朱冲以他这种厚道、宽容之心度过了一生。

修身感悟

朱冲见到自家的牛被无故牵走，并不着急上去拼命，而是为别人考虑，等到误会解除，还能让别人坦然地接受他的宽容；看到别人家的牛吃自家的庄稼，他没有立即上去拦住给予惩罚，反而给它割草，送给主人家，表示愿意帮助主人家用草养牛，终于感动了这家自私霸道的村邻。

为人厚道如此，还有什么忍不了，还有什么小事能够烦扰他呢？一身轻松，做人做事都坦然，为官也有好人缘。

郗超不因怨贬贤

郗超与谢玄有怨，但当有人贬低谢玄时，他却挺身而出，如实赞赏他确实有才，支持朝廷委以重任，得到众人的称赞。

郗超年少时狂放不羁，史载“有旷世之度”，喜好交游，本性乐善好施，其家积财数千万，被他一夜之间散于乡邻故友几乎殆尽。桓温专权东晋军政的时候，郗超任中书侍郎。桓温那时已怀不轨之心，打算建立霸王之基，郗超替他谋划。当时任丞相的谢安等人与桓温谈论国事，桓温令郗超在帐中倾听，风稍微一动，郗超就会出来查看，谢安笑着说：“郗生可以说是入幕之宾啊。”因为他深得桓温的信任，谢安等大臣也多少有些畏惧他。谢玄是谢安的侄子，也曾经在桓温的麾下与郗超共事，二人因有矛盾而结下怨恨。

前秦苻坚统一了北方之后，准备南下讨伐东晋。朝廷想派一个文武良将率军抗击北方的侵略。当时谢玄正任南郡相，谢安推荐了他，但是在朝议中颇有不同意见，认为他年龄尚轻，资历不够，作战经验不足，不能担当大任。

这时，只有过去与谢玄有积怨的郗超出面夸赞谢玄的才能可以胜任，他说：“谢安违背众人举荐自己的亲人，这是高明而坦荡的，谢玄也必然不会辜负他的举荐，他是有足够的才能的。”时论不以为然，郗超再次为之争辩说：“我曾经与谢玄一起在桓公府中学习、共事，见识过他的才干，即使在极小的事情上他也能显示自己非凡的能力，所以我知道他是能胜任的。”于是，朝廷便任谢玄为建武将军，兖州刺史，领广陵相，监江北诸军事。

后来在抗击前秦军队入侵的过程中，谢玄立了大功，人们都赞叹郗超有先见之明，更敬佩他不因个人私怨而埋没别人的长处。

修身感悟

性格豪爽、嫉恶如仇的人能够放弃积怨，为仇人说话，是很不简单的，因为他必须首先有智慧分清公事与私仇，还必须有不因私仇而埋没甚至诋毁别人的修养。

大敌当前，如果众人都能胸怀大度，放下私怨，举荐贤才，不辱没人的长处，就必然会同仇敌忾，坚如磐石。

刘怀珍受马

刘怀珍，字道玉，是山东淄博人，南朝刘宋时，同萧道成一起在朝廷中担任职务。在宋孝武帝刘骏时，萧道成任舍人，刘怀珍任直阁。

有一次，刘怀珍回到家乡休假，萧道成为他送行，并且送给他一匹白马。这匹马高大雄健，非常漂亮，可惜尚没有驯服，对人又是踢又是咬，根本无法骑乘。刘怀珍收下这匹没有驯服的马之后，脸上丝毫没有不高兴的意思，反而拿出上百匹绢让人送给萧道成作为回报。

有人对刘怀珍说：“萧道成一定是因为那匹马没有办法骑了才送给您的，您却作为贵重的礼物来接受，还回赠给他那么重的礼，是不是太多了？”刘怀珍笑着摇了摇头没说什么。

萧道成见刘怀珍胸怀如此大度，暗暗佩服，对他产生了许多好感。后来，萧道成做了刘宋皇朝的辅政大臣，成为实际上的掌管权势的人。刘怀珍也官至豫州刺史。萧道成因为刘怀珍在朝廷那做官的资历不深，便征其为都官尚书，领前军将军，派自己的四儿子萧晃代替刘怀珍做豫州刺史。

有人怀疑刘怀珍可能不接受，萧道成却说："我当初还没有显亲扬名时，怀珍便对我至诚相交，更何况今天呢？"萧晃离开都城，前去就任之后，底下人仍然对刘怀珍能不能接受这样的安排怀疑不已，议论纷纷。萧道成便派军主房灵民带领百骑追送萧晃，并且对房灵民说："人们都怀疑怀珍必然不会接受，按我与他平素的交情，他一定不会这样的。因为你与怀珍是同乡，所以我派你前往，不仅是让你护送新官，也为了让你迎回故人。"果然，很快，刘怀珍便与房灵民一同还都。

萧道成更加信任、欣赏刘怀珍了，有什么重要的任务都会派给他，刘怀珍用自己的大度换来了终生的功名利禄，可谓明智。

修身感悟

刘怀珍看到别人送来的烈马，不仅没有像旁人那样生气，以为是别人欺侮他，反而对礼物赠送者表达了非常诚挚的感谢，如此豁达大度，得到了萧道成的信任，为自己以后的发展立下了政治资本。

崔暹不计个人得失为国荐才

东魏权臣高欢之弟高琛镇定州时，任崔暹为开府谘议，得到高琛的信任。后来随着高琛前往晋阳，高欢跟他交谈，非常赏识，任他为丞相长史。

后来，高欢举兵要到洛阳去，命崔暹辅佐高琛留守晋阳，对他说："大丈夫相交相知，岂在新旧。行军无小事，你留守的担子非常重啊，家弟年少，涉世未深，处事能力稍嫌不足，我离开之后的事情都拜托先生您了。"握手嘱托，十分恳切。后来，高欢长子高澄掌权，崔暹更加被信任和重用。他能言直谏，忧国如家，以天下为己任，还喜欢给国家推荐人才，所荐之人大多非常称职，世人都称赞他能知人。

崔暹举荐人才不是为培养党羽，而是为国分忧。邢邵精于诗赋，兼通经史，文章华丽，词致宏远，是当时文士之冠，为人率直真情，修行十分谨慎。崔暹了解了他的才能和为人，于是向高澄推荐，认为邢邵可任府僚，兼任机要。高澄便征召邢邵，谈论之际，邢邵提及崔暹的短处和过失，高澄听了有些不高兴，便对崔暹说："你向我论说邢邵的长处和优点，他却专门说你的短处和缺点，这人真是傻子。"崔暹笑了笑说："子言暹之短，暹言子之长，都是事实，没什么大不了的，不应该因此而嫌弃他。"

修身感悟

如果是一般人，听说自己推荐的人反倒诽谤自己，一定恨其忘恩负义，必欲除之而后快，而崔暹反为谤己者辩护，说邢邵所言的自己的短处都是事实，不应该因此而放弃对他的举荐。

可见他闻过则喜，也说明他大度能容凡人难容之事，能够实事求是，不因为个人恩怨而公报私仇。这种品质越是居高位者越应该具备，只有这样才能使真正有才能的耿直之人才有所用。

射牛不问

隋朝初年的秘书监牛弘，后来拜为吏部尚书，他年少好学，博览群书，曾对我国古籍的搜集、整理有过较大的贡献。牛弘年少生活流离，为官后依然俭朴，侍奉皇帝尽到礼节，对待下属宽容仁厚，不善言谈却恪尽职守，史载"学优而仕，有淡雅之风，怀旷远之度"，被称为"大雅君子"。

牛弘不仅在文帝一朝始终得到信任，后来的炀帝也很器重他，曾允许他与皇后同席吃饭，这在当时是了不起的礼遇，但牛弘依然车服卑俭，对人宽厚谦让。他不但官场上关系处理得好，而且家庭也搞得十分和睦。

他有一个弟弟牛弼，喜欢喝酒，而且常常喝醉。有一次喝醉后，竟射死了给牛弘驾车的牛。须知，在隋朝初年，因为此前连年战争，社会经济非常不好，很多高官平时出行就是用牛驾车的，牛弼把哥哥驾车的牛给射死，就等于把他的公务用车给砸了，闯了大祸了。

等牛弘回到家时，他的妻子就迎上去给他说："小叔子把牛射死了！"一脸的恼怒与不平。但牛弘听了，神色丝毫不变，随口说道："那就做成牛肉干吧。"妻子愕然，以为他没听清楚，等他坐定后，妻子再次说："小叔子无缘无故把牛给射杀了，这也太奇怪了，难道你不打算管吗？"不料牛弘还是若无其事地说："没什么大不了的，牛既然已经死了，正好做成牛肉干供大家食用，剩下的做汤。"过一会儿，他妻子又唠叨起杀牛的事，这时，牛弘才说道："我已经知道这件事情了。"脸色像平时一样温和，一点没有生气的样子，甚至连头也没抬，说完便不再理会妻子，接着看自己的书了。

妻子见丈夫这样大度，感到很惭愧，从此不再提杀牛这件事了。因此，牛家门内更加和气，再也听不到闲言碎语了，弟弟也收敛了许多。这就是历史上著名的"射牛不问"的故事。

修身感悟

牛弘知道弟弟射死了自己珍贵的牛，仍然面不改色，不多问，平静地交代应该做成牛肉干以便食用，对弟弟的过错并不打算追究，可见豁达宽容之心！

对妻子的告状，他顺势接过，冷然一语，省掉许多不必要的口舌，同时又为伦常之间的和睦相处添树一法，值得学习。

徐世推功

在战乱时代，荣华富贵多在一夜之间而来，一夜之间而去，尤其是对武将来说，建功沙场，然后论功领赏是很正当的。有一些人心胸豁达，眼光长远，不计较一时得失，谦虚谨慎，反复推功，反而更加得到信任。徐世就是因为推功而获得了唐朝两代在政治上的信任和重用。

徐世是今山东人，家里十分富有，积攒了大量的粮食，性格豪爽、豁达，喜好不问亲疏地救济穷人和处于困顿中的人。隋末天下大乱，刚开始他追随了翟让，后从李密起义。李密被隋朝将领王世充打败，带领众人投靠了唐军。这时，徐世仍然坚守黎阳仓，所占据的地方东至于海，南至于江，西至汝州，北至魏郡，他对长史郭孝恪说："魏公（李密）已经归顺了大唐，现在这里的人口和土地是魏公所有的。我如果上表献给唐军，就是趁着主子战败，自己居功邀赏，这是让我感到耻辱的。现在最好是准备好州县和军队的人口册子，全部交给魏公，请魏公自己抉择，这就是魏公的功劳了。于是便派使者去见李密并说明情况。

黎阳仓是隋朝重要的粮仓，虽然起义军用过一部分，但所存的粮食仍然很多，而且所占据的地方广阔，人口众多，而且此时李密对他已经没有任何的管制，如果他直接向唐献上表示降服，可以为己邀功而得到重赏的。但徐世并没有这样做，而是让李密献降，推功于故主，表现了他的谦让和忠厚。

唐高祖知道这件事后，对他非常赞赏，高兴地说：“徐世感德推功，不忘旧主，实在是纯臣、忠臣啊。”于是下诏封他为黎阳总管，加封上柱国、莱国公，后来又升为武卫大将军，改封曹国公，赐姓李。后来因为犯了唐太宗李世民的名讳，将“世”去掉，故称李渠。

后来，随唐太宗征伐多建功勋，得到恩宠，李世民曾对他说：“朕欲托孤，思来想去没有人比你更合适了。你以往能不负李密，现在怎么可能辜负朕呢？”等到太宗病危，委以托孤重任。等到高宗继位，就任尚书左仆射，官至司空，无人能够超越。

修身感悟

为人心胸豁达，不计较鸡毛小利，于有意无意间表现自己忠厚的本性，必能打动人心，尤其若为领导者所识，必有回报。

徐世推功并非惺惺作态，而是他一贯的豁达作风使然，这一作为使他失去了表功的机会，但却被明君欣赏、重用，达到了为人臣者的终极富贵。

严震慷慨解囊救国救民

“人为财死，鸟为食亡。”把钱财看得比任何东西都要重要的人往往为钱财所害，而视钱财如粪土的人，能够救人于危难之中，大多都能因此得福。但人生在滚滚红尘之中，能无视钱财，非有大度量不能为。

唐朝时的严震就是个屡次慷慨解囊，以捐财助国助人为乐的人。他家资财雄厚，富甲乡里，在代宗时曾多次出资助边。他在任凤州刺史时，为严武所赏识，升为山南西道节度使。后来严震又派人诱斩了叛贼，还在战乱之中救驾，诸功并赏，任户部尚书，封冯翊郡王，进同中书门下平章事。他不仅捐资助国，对人有所求的也无不回应。

据记载，严震镇守山南道时，有人向他乞讨三百钱以维持生活，严震叫儿子公弼等人详细问问是怎么回事，公弼说：“这是跟风的，父亲大人不必搭理他。”严震立即大怒，手指着公弼说：“你一定会败坏我家门风的！你只能劝我力行善事，怎么能劝我吝惜金帛财物呢？况且此人钱财不凑手，向我借300钱，有什么不可，这个人也是不简单的。”命左右如数给了这个人所要的钱财。

因为严震心甘情愿借钱救济素不相识的人，三川之士都很敬重他的为人，争先恐后地归附于他。冯梦龙就此事评说道：“天下无穷不肖事，皆从舍不得钱而起。天下无穷好事，皆从舍得钱而做。自古无舍不得钱之好人也。”

修身感悟

钱财乃身外之物，生不带来，死不带去，但偏偏有许多人看不透这个道理，或者看透了却无法践行，因为钱财的能量太大，几乎迷惑了凡人的大脑。

“达则兼济天下，穷则独善其身”，这是自古明智之人的上善之举。只有生性豁达，具有侠肝义胆，眼光长远，才能做到慷慨解囊，救国助人，这样的人往往能得人心，得好报。

契苾何力义释仇人

契苾何力是铁勒族的酋长。唐朝初年，铁勒族归附于唐朝中央政府，契苾何力也就成为了唐太宗手下的一员大将。

贞观后期，唐太宗率军远征辽东的高丽，命契苾何力为前军总管。唐军与高丽的军队在白严城展开激战，双方投入都很大，兵力相当，损伤都不小。契苾何力身先士卒，作战英勇，却被一位高丽将领砍伤腰部，伤势很重。回来之后，唐太宗看到，很是痛心，亲自为他换药，经常询问他的病情。

不久，白严城被唐朝的军队攻破，军士们俘虏了砍伤契苾何力的高丽将领。唐太宗把仇人交给契苾何力，让他亲自处决，以报被砍之仇。契苾何力非常感激皇帝的厚爱，行过礼后对唐太宗说：“皇帝陛下对臣的深情厚谊我很感激，但是我不愿处决他。高丽将领也是为他的国家效命，冒着被杀的危险砍伤我，这是义勇之士，我不怪罪他。”说完，就将这个高丽将领释放了。唐太宗进一步认识了契苾何力的豪爽和豁达，也更加欣赏、重用他了。

修身感悟

身为马上英雄，日日征战于沙场之上，杀敌无数，却不是无原则的，也并没有养成残忍的习惯，仍然是讲究仁义，看重勇士，在你死我亡的战争中被伤，差点搭上性命，在占上风之后并不趁机报仇，反倒对他的忠心和勇气予以肯定，放过了生死仇人，契苾何力的度量让人不得不佩服。

唐临为人掩过

唐临，京兆长安人，做官时间很长，为人仁慈大度，不论公事私事，都能为人着想，经常宽恕人。

他出任万泉县丞的时候，县里有轻囚犯数十人，赶上春暮下时雨，是耕种的好时节。他请示县令让这些人回家耕作，以不失农时，耕作完毕再回来服刑。县令不同意，唐临担保说："如果有什么差错，我自己承担罪责。"县令才勉强批准。唐临与囚犯约定回来的日期，后来，这些人回去耕种之后都能按期回狱，无一人逃窜。唐临因此而天下知名。

后来，唐临任黄门侍郎，加银青光禄大夫。虽然他的官做大了，却依然俭薄寡欲，不建新屋，服用简素，待人非常宽厚。有一天，他要去吊丧，让家童回来取白衫，家童拿错了衣服，害怕得不敢进去见他。唐临知道了，叫他进来，温和地对他说："今日气逆，不适合哀泣，本来让你去取白衫的，后来打算不去了，也没有来得及拦住你。"家童方且不再忧虑。像这样，对自己的下人，做错了事，不仅不叱骂，不追究责任，反而找理由为其开拖，安抚他们的不安，此类事情在唐临身上简直数不胜数。又比如，曾经让人煮药，那人却不小心煮坏了，唐临明明知道，却说："阴暗不宜服药，应该立即丢掉不服。"自始至终不开口说这个人的过错，对人宽恕至此。

唐高宗即位，他任大理卿，对囚犯审查非常认真，当时的冤狱很多，经过他的复审，都得到平反而被释放。等到高宗亲审死囚，却没有一人喊冤，问他们原因，死囚们说："我们确实自己犯了罪，经过唐大人审讯，现在没有冤狱了，我们也绝了再喊冤的念头了。"高宗赞叹说："做官、治理牢狱之事的人难道不应该都像这样吗？”

修身感悟

唐临对人有小过，为之掩盖而宽恕他们，尤其是对仆人总能如此；而对囚犯，则不让有冤狱存在，其为人仁慈宽厚至此。

以心换心，善于为他人着想，别人也不会陷你于不义。在日常生活中倘能原谅别人的无心之失，还能有意无意间为其开拖，则会让周围的人更加愿意亲近，身边将会是一团和气。

武则天重用仇人之后

武则天是中华帝国唯一的女皇帝，有着绝顶的才能和超人的智慧。在位期间任用酷吏以强硬的手段统治她的王朝，但并没有损伤帝国的元气，她靠着苦心经营带领着她的帝国顺利地进入了中国历史上的繁荣时代。

称帝后，武则天大开科举，破格用人；奖励农桑，发展经济；知人善任，容人纳谏。在她掌理朝政的近半个世纪里，社会稳定，经济发展，为后来的“开元盛世”打下基础。武则天为人处事，有其独断专横的一面，但也有宽宏大量、与人为善的一面，特别是为帝之后，她的大度明达、不计私愤的心怀，更给后人留下了深刻的印象，她与上官婉儿的故事就成了千古流传的人间佳话。

麟德元年，上官婉儿的祖父上官仪因替高宗起草废除皇后武则天的诏书，被武后所杀，刚刚出生的婉儿与母亲郑氏同被配没掖廷。在掖廷为奴期间，在母亲的精心培养下，上官婉儿熟读诗书，不仅能吟诗著文，而且明达吏事，聪敏异常。仪凤二年，上官婉儿曾被武则天召见宫中，当场命题，让其依题著文。上官婉儿文不加点，须臾而成，且文义通畅，词藻华丽，语言优美，真好像是自然天成。武则天看后非常高兴，当即下令免除其奴婢身份，叫到身边协助做事。

但是上官婉儿出于祖父被杀的仇恨之心，曾经当着武则天的面写了一首《剪彩花》的诗文，最后两句是“借问桃将李，相乱欲何如？”意思是说：你这个不检点的女人，夺了男人的权，乱了伦理道德，要走向何处去？很显然，这个矛头是直接指向刚登基不久的武则天的。众人看了都心惊肉跳，预料着将会有一场暴风雨降临，可怜聪慧可人的小婉儿不知天高地厚啊。

但是武则天却并没有嫉恨她，更没有迫害她，反而把这种指责视作对自己的一种警策，是一把难得的“匕首”。还进一步认为，治国非常需要这种专门找岔子的人。怀着这种心情，武则天更加重用上官婉儿，封她为婕妤宫中女官名，协助她拟敕制诏，还让她监督自己的治国之策。

武则天的这一宽宏大度，使得上官婉儿心生感激，后来她看武则天政绩显著，深得当时中下层官吏的拥护，便改变了自己的看法，成了一位衷心拥护武则天的人。作为一代女皇武则天的心腹，上官婉儿以才女著称。她不同于那些酷吏、宫廷武官和男宠，仅仅一时充当武则天镇压反对派的工具。也不同于那些治国能臣、忠勇将帅多是武则天政策的执行者。她是武则天的心腹笔杆，长期生活在武则天的身边，一面精心侍奉武则天，一面在宫中为武则天代笔草拟敕诏，活跃在政治舞台上，为唐初的政治社会繁荣做出了不可磨灭的贡献。

修身感悟

女皇武则天的一生，正如她给自己立下的无字碑一样，“功过是非，任人评说。”说她狠毒也好，说她不守妇德也罢，但是没有一个人否认她超人的智慧和才干，她这样一个女人做帝王，胜得过千千万万个须眉男子。

做皇帝不易，做女皇帝更不易，但她却坐稳了那把龙椅，纵横天下二十年，原因何在？窃以为，像她对上官婉儿的这种宽容，这种豁达的心胸是一个非常重要的法宝。

狄仁杰不记人过

狄仁杰早年在汝南任过地方官，因为政绩显赫，刚正廉洁，后来被武则天擢升为凤阁鸾台平章事（相当于宰相），权重整个朝野。

一天，武则天对他说：“你在汝南，政绩突出，很得民心，但朝中仍有人说你的坏话，你想不想知道他是谁呀？”狄仁杰当即叩头致谢，郑重地说：“陛下您认为我有错，我一定会认真改正，您直言对我讲这件事，是对我莫大的信任，我很感激，但我并不想知道是谁在背后议论我。”武则天十分奇怪，忙问这是为什么。狄仁杰回答道："假如我不知道说自己坏话的人是谁，我会与他和睦相处，如果我知道了他是谁，即使我不想，也会不自觉地在心里对他产生不好的印象，这对我们同朝共事不好，所以我不想知道。"武则天听后，对狄仁杰这种宽厚豁达的态度大为赞赏，更加看重他了。

修身感悟

自己已经位列宰相，权倾朝野，要在一般人，一定会主动找出异己者，冷落他们，甚至对他们排挤打击，以巩固自己的地位。但狄仁杰不是这样，在皇帝主动告诉他时，他仍然拒绝知道这个人是谁，以免对他产生嫌恶。

我们都不是圣人，不能保证对那些曾经诬蔑过我们的人毫无嫌弃之意，所以有时候不妨装糊涂，不要对什么事情都追究的那么清楚，放开胸怀，真诚待人，尤其是忠于职守，遵纪守法，自然会堵住某些人的口。

打金枝

郭子仪是唐朝中后期的著名大将，平安史之乱，合回纥，破吐蕃，平叛乱，对唐玄宗、肃宗、代宗三朝都是有大功的，官至太尉、中书令、汾阳王，号"尚父"，地位极其尊贵。但郭子仪行伍出身，为人豁达，不拘小节，从不计较名位这些虚幻的东西。

郭暧是郭子仪的第六子，十几岁的时候就娶了唐代宗的第四女升平公主。小夫妻十分恩爱，但因家庭琐事太多，俩人都是年少气盛，难免发生口角。"打金枝"是豫剧中的著名剧目，流传甚广，只要常听豫剧的，都知道这出戏。当然戏剧情节为了突出矛盾冲突，增强娱乐性，对历史事实有一定的夸张，但所表现的基本主题还是有历史依据的。

有一次，郭暧与升平公主闹矛盾，大声争吵，郭暧骂公主："你别仗着你父亲是天子，就以为自己有多了不起，我父亲是不想做天子才让给你父亲的。"公主听了，觉得特别委屈，就哭着跑回宫里向父皇奏明。代宗听完，语重心长地对女儿说："其实他说的有道理，的确是郭公不想做天子，如果他不嫌弃这个位子，这江山社稷应该是他家所有的。"说着就留下了眼泪，然后命令女儿赶紧回去，向郭暧道歉，两人重归于好。

郭子仪知道这件事以后，立即绑了儿子郭暧，亲自到朝堂上来谢罪。代宗满脸笑容地安慰他说："常言道'不痴不聋，不作阿家阿翁。'小儿女子闺讳之言，咱们用得着听吗？"但郭子仪还是觉得儿子竟然口出狂言，太不应该了，坚持打了他几十大板。

代宗用一句谚语就点破了做家长的原则，把应该限定在家庭范围的事情化解了，倘若遇到心胸狭隘的、爱较真的皇帝，非要把郭暧按"犯上"、"蔑君"之罪论处，恐怕他们也是没话说的，只是风雨飘摇中的大唐江山该往何处去就值得人好好思量了。

修身感悟

"不痴不聋，不作阿家阿翁。"装聋扮痴，糊涂过去，这是处理家事的好办法。皇帝也有家，难就难在很多做皇帝的以家为天下，分不清什么是闺帷之中的口角小事，动辄运用生杀大权，有的可以糊涂过去的偏要认真起来，造成多少遗憾。

可敬的是代宗能够把别人的犯上之言化解在闺帷之内，没有扩大化，反而用这个教育自己的金枝玉叶不可傲气霸道，知道这天下江山并非来得理所当然，真可谓明智豁达。

石勒雅量待下

石勒是十六国时后赵的创建者。他出身卑微，幼时家境贫寒，为人佣耕，后又当过农奴、奴隶。因为天下大乱，又为穷困所迫做了强盗，以抢掠起家，后来竟拥有了十万之众的军队，便产生了图谋天下的大志。

他虽然一字不识，但很谦虚，能听进去读书人的建议，如以张宾为谋主，言听计从，而张宾也是很有谋略的人，计不虚发，算无遗策，使石勒从只知猛冲猛杀到能以智取胜；同时他心胸宽广，性格好爽，对待部下非常宽容友好，故将士皆能归心，为他拼死效力，所以最终能够统一北方。

建立后赵，登上皇位之后，石勒对昔日仇敌能够宽恕相待，团结起来以为己用。有一次，他回到故乡，与父老乡亲们共餐对饮，十分欢快，闲聊到平生事迹。石勒在家的时候，跟李阳是邻居，为了争夺麻田，经常互相殴打。饮酒时石勒没看见李阳，便问："李阳乃是壮士，为什么不来？"又说："为麻田起冲突是布衣百姓之间的争斗，我现在得到信任，拥有天下，怎么会与百姓为仇呢？"于是派人去召唤李阳。李阳来到后，石勒与他举杯共饮，抚着李阳的手臂笑着说："我往日吃了你不少老拳，你也尝尽了我的毒手，那都是过去的事了，也算是我俩的交情啊。"赏赐给他一间住宅，任他为参军都尉。

还有一次，参军樊坦生活十分清贫，石勒升他为章武内史，樊坦入宫辞谢，石勒见到他衣服破烂，非常吃惊，问道："樊参军为何清贫至此啊？"樊坦性格质朴，照实回答道："遭遇羯贼无道，所有的家产损失殆尽。"石勒笑道："羯贼如此暴掠，现在我应该予以补偿。"樊坦这才想起石勒正是羯族，羯族在后赵被称为国人，说羯人为贼是触犯律法的事情，因此大惊失色，立即五体投地求饶。石勒赦免了他，反而安慰他说："我的律法是为了提防那些无赖的俗人，与你这样的前辈无关。"赏赐给樊坦车马和衣服，还有钱300万。

修身感悟

宽宏的度量，被称为雅量，雅量是一种美德，所以为人们所称道。心胸狭窄的人，往往计较鸡毛蒜皮的小事，眼光短视而看不远，成不了大器。

而为人君主者若能雅量待下，则天下必能归心，朝政必能日盛，对石勒来说，难能可贵的是手握生杀大权之后能够原谅原来的仇敌，更能容忍别人的无意冒犯，像这样的人，必能达到人生所能实现的顶峰。

"朕也喝醉了"

宋太宗时，为朝廷立下汗马功劳的孔守正官拜殿前都虞侯。一天，他和同为武将的王荣在北陪园侍奉太宗酒宴。

都是豪爽之人，两个人推杯换盏，大声谈论战场上的英雄之举。不一会儿，孔守正就喝得酩酊大醉，并和王荣在皇帝面前争论起守边的功劳来，二人越吵越气愤，脸红脖子粗，甚至忽略了太宗的在场，完全失去了下臣的礼节。侍臣奏请太守将二人抓起来送吏部去治罪，太宗不同意，只是让人送二人回家。

第二天，二人酒醒了，一起到大殿向皇上请罪，太宗说："朕也喝醉了，记不得有这些事。"二人感激涕零，发誓更加努力地坚守职位，誓死效命。百官也特别佩服感念皇帝的宽容。

修身感悟

身为天子，太宗面对两个大臣酒醉之后在自己面前争功的事情，必会有一些嫌恶，但是在他们醒后请罪之时托辞说自己也醉了，既没有丢失朝廷的体面，而孔守正他们也未尝不知道警惕自己，岂不是两全其美吗?

作为君主，拥有四方，要驾驭群臣，没有过人的度量是不可能做得舒心，做得成功的，现今为领导者担当着权衡大局的责任，也应该培养这样的胸怀，才能使众心归一。

吕蒙正雅量过人

吕蒙正，字圣功，河南洛阳人。太平兴国二年，考中进士第一名，也就是中了状元。因为得到宋太宗的赏识，入仕后被召为翰林学士，后升右谏议大夫，参知政事，赐第丽景门，太宗勉励他说："大凡士人未发达之时，看到当世之务违背常理，心里便怏怏不乐。等到位列众臣，有机会献计的时候，虽然不一定所言必中，但一定要知无不言、言无不尽。朕也不会以崇高自恃，使人不敢说话的。"

蒙正初入朝堂，有朝士指着他说："这个人也要参政吗？"蒙正装作听不到就走过去了。同列官僚为他鸣不平，主张查出来说这话的人是谁，蒙正急忙制止他说："不可，一旦知道他的姓名，便终生不能忘记，还不如不知道好些。"时人都佩服吕蒙正的雅量。

蒙正对涉及自己的是非也不争辩，让事实来澄清。他初为相时，蔡州知府张绅因贪赃被免职，有人反向太宗告状说是因为吕蒙正贫穷时向张绅借钱，张绅没有借给他，所以找机会报复张绅的。太宗竟然相信了他的话，下令恢复了张绅的官职，而吕蒙正并不予争辩。后来，事实证明张绅确实是贪污，太宗对蒙正说："张绅果然贪赃枉法。"蒙正还是没有为自己分辩，也没有感谢太宗，因为事实已经说明蒙正处分张绅是为公而不是为私的。

蒙正对于个人是非从不计较，但是对于有关国家和人民的大事，一直都很认真，一点也不马虎，还敢于向皇帝直言他的过失。太宗在元宵节设宴，蒙正也参加了，太宗高兴，盛言夸赞京城繁荣，蒙正当即离席，指出城外饥寒而死者甚多，要求太宗设法以苏民困。太宗脸色为之一变，默不作声，群僚一边害怕，一边在心里暗暗敬佩蒙正能够以人民利益为重，敢于触犯龙颜，敢言敢谏。

太宗打算派使者到朔方，让蒙正推荐人选，蒙正经过考虑推荐了一个人，但太宗觉得不合适，坚决不同意。后来，太宗三次问起，蒙正每次都推荐同一个人，太宗对左右的人说："蒙正的气量，我是比不上啊。"结果就任用了蒙正所推荐的人，果然很称职，圆满地完成了使命。蒙正荐人不论亲疏，决定于此人是否有才能和是否称职，他能知人，也是因为选才出于公心。

修身感悟

初入仕途之时受到讥讽，却能完全容忍，不予追究，这是一个年轻人已经具有的涵养。受到诬陷也能不慌不忙，用事实说话，这也不是一般喜欢着急上火的俗人所能做到的。

但容忍不是无原则的，遇到与国家、人民的利益密切相关的事情，即使是天子，也敢于冒犯。人一时的坦率和公正固然可佩，但如果能一生都做到公正无私就很难能可贵了。

王安石大度劝东坡

苏东坡从外任回到京城，去拜访身为太师的王安石，刚好赶上王安石正在休息，就被引到书房等候。在书房，东坡看到了王安石的《咏菊》诗，前两句是：西风昨夜过园林，吹落黄花满地金。苏东坡笑这两句诗是乱道，菊花开于深秋，其性属火，敢与秋霜鏖战，最能耐久，并不随秋风落瓣，说"吹落黄花满地金"岂不错误？苏东坡兴致所发，不能自已，举笔依韵续诗两句："秋花不比春花落，说与诗人仔细吟。"后来觉得未免过于草率，匆匆骑马离去。

苏东坡在被贬地黄州亲眼目睹了菊花落瓣之后，认识到错改了王安石的咏菊诗，想向太师赔罪，只是找不到进京机会。

冬至临近，马太守决定把派官上朝进贺表的事交给苏东坡，贺表也由苏东坡来写。东坡得到这个机会十分高兴，记起了到黄州上任时王安石嘱咐他取瞿塘峡水之事。当时因对被贬黄州心中不服，郁闷极了，竟然忘了这件事，现在想起来了，一定要办妥。

于是苏东坡决定从水路走，顺便取中峡之水。没想到船只顺流而下，一泻千里，因颠簸劳顿，身体困倦，不觉睡了过去，也没有吩咐手下打水，到醒来时，已是下峡，中峡已过了一会儿了。他赶紧吩咐拨转船头，去取中峡水，但逆水行舟，很是费劲。途中遇见一个老者，东坡问三峡哪一峡水好些，老者说："三峡水日夜不断，难分好坏。"东坡于是想："既然难以区分，何必一定要取中峡之水呢？"于是便叫水手把下峡水装满了一瓮，到京城之后便去拜访太师王安石。

苏东坡先是对错改诗句一事表示谢罪，拜伏于地。王安石和善地说："你之前没看见过，根据自己的见闻改了诗句，这不怪你，不必内疚。"然后便问起托他取中峡中水的事，东坡忙说已经带来了。王安石赶紧叫人取来瓮，命令下人生火煮水，冲泡阳羡茶，但茶色半晌方见。

王安石问："此水何处取来？"东坡答："巫峡。"王安石说："是中峡水吗？""正是。"东坡故作认真，想蒙混过去。王安石笑着说："又来欺负老夫了，此乃下峡之水，为何偏说是取自中峡？"

苏东坡大惊，说是问过了当地有经验的老者，老者说三峡水都是一样的，于是听信了他的话，顺便取了下峡之水，并急忙问："老太师是怎么辨别出来的呢？"

王安石耐心地教育他读书人不可轻举妄动，凡事要穷根究底，并向他解释："上峡水性太急，下峡太缓，只有中峡水缓急相伴，太医院的医师知道老夫患有中脘变症，故用中峡水引经。此水煮阳羡茶，上峡味浓，下峡味淡，中峡浓淡之间。今见茶色半晌方起，所以知道是下峡之水。"

东坡听后，心悦诚服，离席谢罪。王安石又宽容地说，他并没有什么罪，只是因为他过于聪明，反被聪明所误，容易忽略一些实际的东西。

修身感悟

改诗和取水这些事，苏东坡幸亏是遇见了心胸大度、不以位压人的王安石，倒也没有什么。若是遇到了什么心胸狭隘的高官或者皇帝，那他就要为自己的小聪明付出惨重的代价了。

我们做事要实事求是，凡事弄明白之后再做出判断或者下结论，以免做错事。而被无意之失伤害的人，也不妨学学王安石，豁达处之，就事论事，不要上纲上线，甚至公报私仇。

吕端不虑风波之言

吕端是北宋名相，为人旷达宽厚，对降职升官之类的事情处之泰然，别人背后议论他的长短或者说他的坏话，他都不计较，也不会影响他的情绪。

吕端年少时聪明好学，因为父亲的原因得以荫封官职。进入宋朝以后，任成都府知府，为政清廉简朴。太宗时，升为枢密直学士，不久拜参知政事。当时，赵普为中书，对吕端评价很高，说：“我看吕公奏事，受到嘉奖没有大喜过望，遇到挫折也没有丝毫畏惧，喜怒不形于色，真是台辅之器啊！”他与官位相当的人从来不争名次，甘居他人之下。左谏议大夫寇准拜为参知政事，吕端奏请居于寇准之下，太宗却以吕端为右谏议大夫，位在寇准之上，经常在便殿单独召见他，谈到日影西斜，足见太宗对他的器重。

吕端长得一表人才，有器量，为人宽厚，喜爱说笑话，是个笑口常开的乐天派，虽然屡经升降，却未尝因为这些得失而伤怀。吕端还擅长与人交往，乐善好施，很少过问家事。由于他的宽厚不计较小事，竟被人说为“糊涂”。后来，吕端代替吕蒙正为相，老成持重，识大体，以清简为务。因为他与寇准同列，却先居相位，唯恐寇准不平衡，就奏请参知政事与宰相分日值班，其谦让如此！太宗训喻：“自现在开始，中书事必须经过吕端详酌，然后再奏给朕。”吕端更加谦让了，认为自己不能胜任。

吕端对名位谦让，不计较小事，但他做大事确实不糊涂。李继迁扰乱西部边界，其母被宋军擒获，太宗经过与寇准商量，决定将她斩首，吕端立即进谏说：“不可。以前，项羽得高祖刘邦之父，欲烹之，高祖却说：‘愿分我一杯羹。’凡是举大事者皆不顾其亲，更何况继迁这类悖逆之徒呢？陛下今日杀了他的母亲，明天难道就可以擒获他了吗？如果不能，白白的结下怨仇，更加强了他的叛逆之心。”太宗听了觉得有理，接着问：“那依你之见该怎么办呢？”吕端回答说：“以臣愚见，最好把她安置在延州，派人好好奉养她，以招来李继迁，即使不当时就投降，也能牵系住他的心。而他母亲的生死之命也是由我们说了算的。”太宗听了连连点头，不高兴地对其他人说：“你们这些人，差点误了我的大事。”就采纳了吕端的策略，后来李继迁的母亲病死，不久李继迁也死了，他的儿子投降了宋朝，终于完成了太宗的一桩心愿。所以太宗说吕端是“小事糊涂，大事不糊涂。”

吕端为官清廉，家无储蓄，等他去世之后，子女竟然穷得不能婚嫁，只好将房屋典当出去，宋真宗知道这件事后，从国库里拨出五百万钱才把他家的房屋赎回来。

修身感悟

一般人中多有笑口常开的乐天派，但一旦为政，尤其是位列朝廷，便会变得整日忧心于外，谨慎小心，吕端身为宰相，竟然能够保持“小事糊涂”的本色，喜爱说笑，不计较一时得失，不虑风波之言，对升迁贬谪之事处之泰然，其修为着实令人佩服。

为官却能不计较名位，经常保持谦让的心态，不认为自己高升乃理所当然之事，能够时刻为别人着想，善于平衡别人的心理，这都是许多“身在江湖”中的人所不能及的，非要虚怀若谷不可。

宰相肚里能撑船

李沆在宋真宗时任宰相，有一天他在途中被一个儒生拦住上书，慷慨陈词，历数其短。没想到，李沆不但丝毫没有发怒，反倒向他致谢，谦逊地说：“等回家，我自己一定会慢慢看的。”儒生还以为是李沆对他怠慢，十分不满，跟随着李沆，一路斥责说：“你身居高位却不能兼济天下，还不愿意隐退，长时间地堵塞贤人上进的道路，难道你心里一点也不愧疚吗？”李沆感到十分局促不安，恭恭敬敬地答道：“我多次请求隐退，但主上都没有应允。”尽管被这样一位不知名姓的儒生当街斥责，李沆脸上始终没有一点怒色。

其实，李沆并非儒生所说的“居大位不能济天下”的宰相。宋真宗对他的评价是：“沆为大臣，忠良纯厚，始终如一。”事实的确如此，他在职期间，对国家是有贡献的。

李沆十分好学，器度宏远，中进士后，任著作郎，应试得到宋太宗的赏识，召入翰林院为学士，后来又任给事中、参知政事。到宋真宗即位，以本官平章事，兼修国史，改任中书侍郎。契丹犯边，真宗亲到前线督战，命李沆留守，后来累加门下侍郎、尚书右仆射。

李沆办事，以国家利益为重，如果真宗所为有错，敢于抗争。比如，真宗手诏欲立刘氏为贵妃，李沆认为不合适，便当着使者的面，用蜡烛焚烧了诏书，并附上奏言：“臣以为不可。”真宗果真听从了他的话，此事作罢。每当他有所奏，都是当众面奏，从来没有什么密奏，真宗对他说：“人人都有密奏，唯独你没有，这是为什么呢？”李沆答道：“臣是待罪宰相，是公事就公开来说，怎么用的上密奏？但凡人臣有密奏者，不是进谗言就是佞臣，这是我最厌恶的，怎么会效仿呢？”李沆在家时绝不跟人谈论公事。

李沆善于了解人的才能、品质，平生最恨谗佞之人。寇准开始时与丁谓交好，屡次以丁谓之才向李沆推荐，李沆却一直不用丁谓。寇准问他，他说：“看他的为人，可以让他位居人上吗？”寇准反问说：“就像丁谓这样的人，先生能压抑他让他久居人下吗？”李沆无奈地摇了摇头，笑说：“他日后悔，当思吾今日之言也。”后来，寇准果然为丁谓构陷，才开始佩服李沆有高见。李沆非常爱民，以《论语》中的“节用而爱人，使民以时”为治民指导思想。

李沆对国事、人事能坚持原则，又能爱民，很得圣心、民心，时称“圣相”。正因他为人“忠良纯厚”，对国对民无愧于心，儒生责备乃与事实不符，是狂言而已，丝毫无损于他，反而能够激励他更加严格地审视自己，鞭策自己，所以并不计较他的无礼，所以感谢他的直言，这便是世人所说的宰相的度量吧。

修身感悟

身为一人之下、万人之上的宰相，当街被一个不知名的儒生大声斥责，不仅没有丝毫怒色，反而感谢他的直言相激，决定回家好好反省，不但需要平日做事无愧于心的底气，还需要有非凡的度量。

常言道：“宰相肚里能撑船。”位极人臣，必当有超人的胸怀，能够容人，与上下和谐相处，否则难以长久，这是一种做人的修养，也是为官处世的艺术。

吕夷简荐贤不计前嫌

吕夷简，今安徽寿县人，中进士之后开始为官。宋真宗时屡次进谏奏事，要求减轻农民负担和伐木民工的劳役。仁宗初年，刘太后临朝10年，他任宰相，阻止浮费，为节省朝政开支做出很大贡献。仁宗亲政后，仍任宰相。

范仲淹对吕夷简用人和任政有不同意见，曾经指出他的短处。范仲淹向仁宗献“百官图”，就图中所列百官的调升情况进行了详细分析，还指出：进退近臣，凡是超格的，不宜全部委于宰相一个人裁决。他又上“四论”批评时政说：“汉成帝偏信张禹，不怀疑外戚舅家，所以才有新莽之祸。臣恐怕今日也有张禹，破坏陛下的家法。”吕夷简听完之后大怒，反唇攻击范仲淹说：“你这是离间陛下君臣，所用的策略都是朋党之法。”仲淹与夷简激烈争论，最后被贬到饶州。

但吕夷简可贵的是，他不因此而否定范仲淹。他知道范仲淹是个德才兼备的贤人，所以当他复任宰相的时候向仁宗推荐范仲淹说：“范仲淹乃是贤人，朝廷应该重用他，单单委以旧职恐怕是不行的。”于是，仁宗任命范仲淹为龙图阁学士、陕西经略安抚使。因此，仁宗称赞夷简有长者风度，天下士人也都敬佩吕夷简用人不计前嫌，不念旧恶。

仁宗要范仲淹与夷简冰释前嫌，仲淹顿首泣谢，并对以往的冒犯表示道歉，夷简也检讨了自己，然后说：“夷简岂敢以旧事为怨呢？”可见，两人是因政见不同而发生矛盾的，为公而非为私。两个人终于消除了以往的成见，尽心竭力为朝廷、为国家做事，晚年相处得非常融洽。

修身感悟

吕夷简能够在国家用人之际提拔自己旧日的政敌，可见其胸怀之宽广，而后同朝为官，能够放弃以往的矛盾，同心协力，可见其为人之坦荡。

其实，能够放弃旧怨，重新给异己者以机会，不但让受恩的人终身感激，也会给领导、给大家以豁达、宽容的印象，实在是大智慧之举。

德量弘宏的王旦

王旦是宋朝人，字子明，自幼沉静好学，其父曾说："此子将来必定官至三公宰相。"宋太宗时中举进士，起初任平江知县，廉洁奉公，政绩显赫。

真宗时王旦累升知枢密院，又任宰相，进封太保。受朝廷重用，居相位最久，凡事不固执己见，受人诽谤不与计较，军国大事都参与决策，常为国家荐引贤才，却不让其人知道。

当王旦任宰相时，寇准屡次在皇上面前说王旦的短处，然而王旦却极力称赞寇准的长处。有一天真宗笑着对王旦说："卿虽然常称赞寇准的长处，但是寇准却专说卿的短处呢！"王旦回答说："臣居相位参与国政年久，必然难免有许多缺失，寇准事奉陛下无所隐瞒，由此更见他的忠直，臣所以一再保荐。"真宗由此更赏识王旦。当寇准任枢密院直学士时，王旦在中书有事送枢密院，偶尔不合诏令格式，寇准便上奏皇帝，王旦因而受到责问，但是王旦并不介意，只是再三拜谢而已。不到一个月，枢密院有事送中书，也不合诏令格式，堂吏发现很高兴地呈给王旦，认为这下逮到机会了，可是王旦却命送回枢密院更正，并不上奏。寇准大为惭愧，见王旦说："同年怎么有这样大度量呢？"王旦不答。

当寇准免去枢密职位后，曾私下求王旦提拔他为相，王旦惊异地回答说："国家将相重任，怎可用求来的呢？"寇准心中很不愉快。其后皇上果然授予寇准节度使同平章事。寇准入朝拜谢说："臣若不是承蒙陛下知遇提拔，哪有今日？"皇上便将王旦一再推荐之事告知，寇准非常惭愧，自觉德量远不及王旦。后来寇准终于不负王旦，成为宋朝贤相。

王旦居家，也未曾发过脾气，家人要试验他，在他食用的肉羹内投入尘灰，王旦只吃饭而已，家人问他何以不吃肉羹，旦说："偶尔不想吃肉。"其后连饭也将它弄脏，王旦也不责问，只说："今天不想吃饭，可以另外弄些稀饭来。"家中不购置田宅，说："子孙应当自立，何必田宅，田宅会让子孙因争财而做出不义之事呢！"临终时召集子弟到跟前咐嘱说："我们家世清白，不要遗忘往日槐庭阴德，今后大家应当守持勤俭朴素的美德，共同保持我王家的门楣。我死后，可为我削发，披穿缁衣，依照僧道例殓葬即可。”说完便瞑目而逝。真宗临丧哀恸。追赠为尚书令魏国公，赐谥号文正。

修身感悟

掌管朝政，公忠体国，正直无私，举荐贤能，而不使其人自知，容人所不能容之度，行人所不能行之事。至于居家，尘灰污其羹饭，也不动恼怒之心，临终犹不忘教诲子弟俭素持家，勤修阴德。

观此数事，非圣贤胸怀，何能如此？所以他一生恩宠无比，人民钦敬，鬼神护持，生荣死哀。所谓世间大福德之人，必有过人之德量，由此可以证实。

虞允文为劾己者求情

虞允文，南宋高宗绍兴二十三年中进士，绍兴三十年奉命出使金国。他看见金人运粮造船的人很多，忙忙碌碌一幅备战的情景。等他告辞回归南宋的时候，金主完颜亮用马鞭指着南方，踌躇满志地说：“我将看花洛阳。”虞允文回到京都杭州，向高宗禀奏了所见的情况和完颜亮的话，轻奏加强防御。

次年，完颜亮果然率大军南下入侵南宋。虞允文以中书舍人的官职参谋军事，到采石犒赏军队。正好赶上主将王权罢职，三军无主，他毅然督战，率领众军士大破金军。后来，南宋朝廷与金议和，他坚决反对。

虞允文在采石之战中立了大功，而且他一直主张抗金。但御史肖敏之却弹劾允文，他也不争辩，上章待罪。这时已经是太上皇的宋高宗到德寿宫，对虞允文被弹劾的事愤愤不平地说：“采石之功，肖敏之何在？不要听他瞎说。”而且他认为肖敏之弹劾不当应该免职，宋孝宗只好照办。但虞允文却认为肖敏之为人端方正直，不应该受这样的责罚。于是虞允文上书请将他召回官复原职，以广开言路。宋孝宗赞许虞允文所言宽厚，准奏了。

作为御史的肖敏之，其职责在于纠察百官，有时弹劾有错在所难免，如果因为稍微出了一两次失误就丢了官，将使以后的御史闭上嘴巴，再不敢监督、弹劾什么人了，就会导致言路堵塞。而在这次冲突中，挽留肖敏之的不是别人，恰恰是被他弹劾的虞允文，这足以显示虞允文为公而忘私怨，不但不趁机报复，反而挺身而出，请求召肖敏之回来复职。虞允文以国家大事为重，看到的是肖敏之的长处和对其他御史的影响，放下了私人的恩怨，才会极力挽留，倘若他有一点私心，必将会袖手旁观了。

修身感悟

受冤枉、被弹劾而不予争辩，相信世间自有公道，这是何等的坦然与大气。在弹劾自己的人受到惩罚时，不仅不落井下石，趁机报仇，反而挺身而出，站在国家的角度说公道话，这又是何等的胸怀。

如今的大多数人，恐怕能够做到不记恨曾经给自己使绊子的人已经很难得了，更别提及时去挽救他们了。但是，倘若要做大事，必要从大处着眼，要有大胸怀，个人一时的恩怨有时候放在国家、集体，甚至自己漫长的一生里面都显得微不足道，根本不值得去过多计较。

于谦笑劝谤己者

于谦，明代政治家、诗文家，浙江杭州人。为官公正，敢言敢谏，对当时的朝政起了很大作用。他还经常向朝廷举荐人才。

他推荐王伟，使他从户部主事提升到兵部右侍郎。王伟这人虽然很有才干，但是私心杂念非常多，还喜欢自作聪明。他害怕嫉妒于谦的人把他看作同党，就向明代宗密奏了于谦的失误，以向皇帝表明自己的立场，标榜自己的“清白”。

代宗后来把王伟的奏书拿给于谦，于谦认真地看完，向代宗叩头道谢，并进行了自我检讨，代宗笑笑说：“你这个人我是知道的，你不必惊慌，也不用谢我，我从来没有动摇过对你的信心。”于谦再拜，退出去了。

于谦刚出来就一头撞见了等在殿外的王伟，王伟看见皇帝召见了于谦，立即上前问：“皇上跟您说了些什么啊？”于谦脸色温和，笑着说：“也没什么。以后呢，如果我有什么过失，还希望先生能够给我当面指出来，我一定好好反省。”王伟看到了自己上给皇上的密奏，感到十分惭愧。

于谦能宽容王伟，而权奸却诬陷于谦，尽管他忠心耿耿地为明王朝立下了不朽的功勋，还是以令人寒心的方式收场。明英宗在土木堡被瓦剌军俘虏，于谦与难逃派坚决斗争，勇敢地担负起兵部尚书的重任，拥立明景帝，调集重兵击退瓦剌军，迫使瓦剌贵族释放了明英宗，对保卫摇摇欲坠的明政权立下了无与伦比的大功。但由于于谦忧国如家，为人刚直，不善巴结权贵，看不起一些佞臣和难逃派，引起了他们的仇恨。这些小人便支持被释放回来的英宗发动政变，废除景帝，按照"谋逆罪"把于谦杀了。当时，不少尚有良知的人留下了热泪。明宪宗时为于谦平反，万历年间追谥忠肃。

于谦曾经做了一首诗表明了自己甘愿为国家鞠躬尽瘁、死而后已的决心，即《石灰吟》："千锤万炼出深山，烈火焚烧若等闲。粉身碎骨浑不怕，只留清白在人间。"他用一生实践了他对天地许下的诺言，历史也终于还他以清白。

修身感悟

王伟被恕和于谦受诬害说明，凡有公心之人，一切以大局为重而不计私怨，于谦对于诽谤自己的人笑而劝之，希望其改过，更好地发挥作用；凡私心重的人，必不顾大局，挟着私怨以诬害人，于谦受佞臣、权奸陷害便是典型的例子。

历史是公正的，虽然有时沉默，但最终都会以超强的声音宣告一个人的忠奸、大小，那些一心为公、胸怀宽广、不计私人恩怨的人终会被历史、被人民授予勋章。

让他一墙又何妨

郑板桥，名燮，康熙秀才、雍正举人、乾隆进士，曾做过七品县官，"扬州八怪"之一。"难得糊涂"是他的传世名言，也是他为人处世的原则，"聪明难，糊涂难，由聪明而转入糊涂更难。放一著，退一步，当下心安，非图后来福报也。"他的糊涂观对后世影响甚广，他的"糊涂事"也为人津津乐道。

清乾隆年间，郑板桥正在外地做官。忽然有一天，收到在家务农的弟弟郑墨的一封来信，兄弟俩经常通信，互报相安，然而这一次却与以往不同。

原来郑墨想让哥哥出面到当地县令那里说情，一下子弄得郑板桥很不自在。弟弟郑墨粗通文墨，不是个好惹是生非的人，只是这次明显是受人欺负，心里实在咽不下这口气。原来，郑家与邻居的房屋共用一墙。郑家想翻修旧屋，邻居却跳出来干预，说那堵墙是他们祖上传下来的，郑家无权拆掉。其实房契上写得明明白白，那墙是郑家的，邻居借光盖了房子。这官司打到县里，还没有结果，双方都难免找人说情。郑墨自然想到了做官的哥哥，这下子不但有契约在，再加上哥哥出面说情，官官相护嘛，这官司就必赢无疑了。

郑板桥考虑再三，给弟弟回了封信，劝他息事宁人，同时寄去一个条幅，上写“吃亏是福”四个大字。同时另附上一首打油诗：

千里告状为一墙，让他一墙又何妨。

万里长城今犹在，不见当年秦始皇。

郑墨接到信，羞愧不已，当即撤回了上诉，向邻居表示不再相争。那邻居也被郑氏兄弟的一片至诚和大度为人所感动，表示也不愿再闹下去，于是两家重归于好，仍然共用一墙。这在当地一直被传为佳话。

大凡平民百姓，最难得吃亏的是财，最难得忍受的是气，很多人往往被财所迷，被气所激，做出傻事，制造出不可收拾的局面来，闹到必须打官司，两方相争必相伤。郑板桥做这首诗的意思无非是钱财乃身外之物，根本不值得争。像长城那样雄伟的工程，秦始皇死后尚不能拥有，将国比家，道理不是一样吗？人赤条条来到世上，又赤条条复归黄土，争来争去其实没什么意思，更何况还要惊动官府，伤害邻居呢？

修身感悟

“让他一墙又何妨！”表现了郑板桥的宽容大度，认定了吃亏是福，让了一墙，免去了诉讼之累，使得自己心安，也保持了邻里之间的融洽关系，实在是有好处的。

“满者损之机，亏者盈之渐，损于己则盈于彼，各得心情之半，而得心安既平，且安福即在是矣。”此为同时期的大学士张英所作，是吃亏是福的最佳注解，也可以在一定程度上解释郑板桥的糊涂了。

曾国藩作“不求诗”

曾国藩在我国近代历史上是个举足轻重的人物，我们暂且抛开他的功过得失不谈，说说他的为人处世、家教家训。

曾国藩身居要职而能保持心静，深谙人情世故，而且善于教子，家教甚严。他曾写过一首《不求诗》，是于同治九年六月赴天津之前写给两个儿子的，带有“以备不虞”的遗嘱性质，反映了作者知足勿贪、于世少求、豁达宽容的人生观。在他的教育下，这两个孩子都各有所成。长子曾纪泽后来成为一名学贯中西的外交官，为了祖国的利益与俄国人力争，对保持新疆的领土完整做出了很大贡献。次子曾纪鸿精通数学，为同辈人所折服。我们读这首《不求诗》，也可以从中汲取有益的成分。

“知足天地宽，贪得宇宙隘。岂无过人质，多欲为患害。在约每思丰，居困常求泰。富求千乘车，贵求万钉带。未得求速偿，既得求勿坏。芬馨比椒兰，磐固方泰岱。求荣不知厌，志亢神愈敝。岁燠有时寒，日明有时晦。时来多善缘，运去生灾怪。诸福不可期，百殃纷来会。片言慎招尤，举足便有碍。戚戚抱殷忧，精爽日凋瘵。翘首望八荒，乾坤一何大。安荣无遽欣，患难无遽憝。君看十人中，八九无倚赖。人穷多过我，我穷犹可耐。而况处夷途，奚事生嗟忾。于世少所求，俯仰有余快。俟命堪终古，曾不愿乎外。”

前四句总括个人应该持有得人生态度：人要知足，这样就会觉得周围的空间十分广阔。如果对周围的一切都很贪婪，那么你就会感到世间是多么狭小。每个人当然都有各自的长处，但欲望太多对个人来说确实是个祸害。接下来作者叙述了贪婪的各种表现：一个人在生活简单的时候总想着日子要过得丰盛些，家庭在拮据的时候总是希求宽裕一些，当然，这些想法倒还情有可原，但人的欲求并非到此为止，因为富裕了就进一步企望更多的荣华富贵，在没有满足要求之前只想快快得到，在满足了欲望之后又想长久保持。如此这般，一个人的欲望永远都是无法完全满足的，好了还想更好，芬芳香馨要用椒兰来比，牢固坚实就与泰山相比，追求荣华富贵从不知道满足，贪婪日益增多，越来越追求奢侈。所有这些都满足了之后，人生就能一帆风顺、风平浪静了吗？实际上并非如此，作者笔锋一转，着力叙述人生道路之坎坷不平、艰险莫测。季节温暖的时候也会出现寒冷，太阳明媚的时候也会产生黄昏。大自然的规律与人生道路也差不多，时运降临到你头上时就会有很多好事，而不走运的时候到处都是灾难。倒霉之时，一句话、一个举动都可能招致灾祸，这样一来，就会整天满怀忧虑，无比痛苦，精神若失，变得凋敝不堪、日久生病了。

由此可见，欲望过多不仅不可能完全实现，而且危害不浅，很有可能招来灾祸，实在是很不值得。然而，人世遭际纷繁复杂，用什么样的态度来看待其中的得失呢？

曾国藩告诫两个儿子：一个人的心胸一定要宽大，抬头看看世界，多么广阔，何必把自己的眼光停留、局限在狭小的细枝末节上去呢？有了荣华富贵不要高兴得不得了，艰难困苦也不必怨恨得受不住，因为我看十个人有八九个比我还穷。最后，作者用几句话表达自己的人生态度，同时也是对上面的观点进行总结："于世少所求，俯仰有余快。俟命堪终古，曾不愿乎外。"对世上的东西不是要求太多，一举一动都会感觉到活得很愉快，随遇而安，就能永葆安乐。我也不希望你们例外。

曾国藩不仅自己善于做人，人生态度非常明确，而且能够精当地表达出来，教导家人，他留下的大量家书已经成为后人学习的范本。这首不求诗表现了他善于克制自己的欲望，心胸宽广，豁达从事的风格，值得我们学习。

修身感悟

曾国藩是中国近代史上的一个举足轻重的人物。一个普通的农家子弟，以并不超绝的资质，竟能力挽狂澜，扶大厦于将倾，平定大乱，再造"中兴"的不世伟业，即使一百多年过去，仍令人回想无穷。是什么使他取得如此辉煌的成就？是天资？是努力？还是机运？

很多人都想从他身上学到成功的黄金定律，修身处世，立于不败。因此，曾国藩的文集一出版，就成了当时人的必读书。他的家书、日记、书信、文章，影响了一代又一代人，这首"不求诗"或许也能给人一些启发。

退避三舍

春秋五霸之一的晋文公，名重耳，原是晋献公的公子，因晋献公后来改立幼子为嗣，重耳不得不带着一批家臣逃离晋国，在国外过了十九年颠沛流离的流亡生活。一次，重耳一行投奔楚国，楚成王设宴招待他们。酒过三巡之后，楚成王带着酒兴，不无得意地问重耳："公子有朝一日回到晋国当国君，将用什么财物来报答我呢？"

重耳的回答不卑不亢："美女和玉帛之类，您都已拥有；皮革和象牙之类，您的土地上应有尽有。晋国所有的，楚国哪一样也不缺。我能用什么来报答呢？"

楚成王追问一句："您说的话虽是事实，但您总该用某种方式来报答我对您的款待之恩呀！"

重耳想了一下，说："这样吧，如果我托您的福能回到晋国，一旦晋楚两国交战，我将下令晋军后退三舍（古时行军以三十里为一舍），用这种方式来报答您吧。如果退避三舍还得不到您的原谅，那我只能跟您交战了。"

后来重耳回到晋国当国君，称晋文公。公元前62年农历 4 月，晋楚两国在城濮进行了一场决战。宋、齐、秦三国都派兵支持晋国，陈、蔡两小国则支持楚国。交战前，晋文公果真下令全军退避三舍，而楚将子玉却把晋军的后撤看作是害怕楚军的表现，便挥军紧紧追击。到交战时，晋军已避开了楚军的锋芒，而楚军的士气则已大打折扣了。

晋军分为上、中、下三军，分别跟楚军的左、中、右三军对阵。晋下军副将胥臣把战马都披上虎皮。当这些"虎视眈眈"的战车冲向楚右军时，陈蔡联军的战马惊恐倒地，士兵弃阵而逃。与此同时，晋上军主将狐毛冒充中军竖起两面大旗，只有中军才可竖旗并向后撤，下军主将栾枝令士兵用战车拖着树枝跑，扬起满天飞尘，都制造晋军溃败的假象。楚左军主将子西中计，率军追击。晋中军主帅先轸率领精兵拦腰冲杀，狐毛率领的晋上军此时狠杀回头枪。楚左军一下崩溃。楚中军主将子玉见左右两军已被彻底打垮，急忙收兵。这样，晋军虽退避三舍，却最终取得大胜。

后来，“退避三舍”这个典故用来比喻对人让步或回避。

修身感悟

中华民族五千年的文明历史积淀了中国人优良的传统美德，在现实生活中，对别人有所容忍是必需的，但不可太过。如何才能做到，既不“退避三舍”，又不让人觉得你高傲、目中无人。海尔集团总裁张锐敏堪称继承和发扬中华民族传统美德的典范，他在修身练业之中敬仰“中正”之道，他对人生的态度为：阿谀嫌太过，轻视又不及，友爱最合乎中正。在社交中他认为，傲慢嫌太过，卑屈又不及，诚实最合乎中正；在处事上他感觉，粗鲁嫌太过，怯懦又不及，勇敢最合乎中正。也许这才是我们共同追求的生活真谛，希望每一个像我一样善良的朋友，早日走出“退避三舍”的尴尬，堂堂正正做人，清清白白处世，潇潇洒洒生活。

鲜明的对照

人越谦虚越受人敬服，人越骄傲越被人厌弃。春秋时齐相晏子的谦虚和他的车夫的自满形成了鲜明的对照。

有一天，齐国丞相晏子乘车出外，他的车夫的妻子从门缝窥看，见她的丈夫给丞相驾驶盖有大罗伞的车，鞭策拉车的四匹骏马，显得神气得很。

及丈夫驾车回家，她对他说要离开他，他问其故，说：“晏子长不满六尺，相齐国，名显诸侯，今者妾观其出，志念深矣，常有以自下者。今子长八尺，乃为人仆御，然子之意，自以为足，妾是以求去也。”意思是说，晏子长得矮，当上齐国丞相，名声显赫于诸侯，我看他为人有志气，谦下待人。而你虽长得高，只是驾车的仆人，而你却如此自满，洋洋得意，所以我要离开你。

妻子的批评，使他认识了自己的缺点，从此，态度变得谦逊了，晏子问其故，车夫如实相告，晏子就推荐他为大夫。

晏子确是个最谦虚的人，不只车夫的妻子敬佩他，时人也都是有口皆碑的。他的谦虚主要表现在：一是在生活上知足，始终保持俭朴，对封邑赏赐都坚决拒绝。如有一次晏子奉命出使到晋国，齐景公因晏子住宅简陋，便拆邻居住宅以扩建晏子住宅，晏子回时住宅已建好了，晏子先拜谢景公所赐，然后拆掉新宅，重新照原样修建邻居的住宅，请邻居都搬回来住。可见晏子是多么谦虚，决不干损人利己之事，正因此，他得到人们的敬服。如果住拆掉邻居的住宅所扩建的新宅，邻居的人将会永远怨恨他。二是谦卑待人。有一次，晏子出使晋国时到巾牟邑，遇见囚犯越石父，知他贤便赎其身并载之归。到家忘记跟越石父打招呼便进去了，越石父怒其非礼，请跟晏子绝交。晏子谦卑地向他谢罪，待之为上宾。本来有恩于人就会骄傲，而晏子施恩于越石父却得不到他的感激，反而因一时疏忽而挨批评，他不仅不发火，却能屈己礼下之，如非谦虚的人是不能如此待人的。三是在功业上常自谦永远不满足。梁丘曾说他至死也赶不上晏子的功业，晏子说："婴闻之，为者常成，行者常至。婴非有异于人也，常为而不置，常行而不休者，故难及也。"意思是说，他听说，肯干就有成，常走就能到达目的地。他没有什么不同人的地方，只是不断干而不放弃，经常走而不休息罢了。

晏子虽贵为丞相而不自满，坚持"常为常行"，故有大成就，使上下佩服，誉满诸侯。

修身感悟

历史上以个子矮小而闻名者，西方有拿破仑，中国则有晏子。拿破仑以军事天才留名青史，晏子则以处世智能供人玩味。若谈思辨上的机巧，晏子当更胜于拿破仑一筹。但是晏子敢于挑战迷信，更敢于"谏说犯君之颜"，这都看得出他的智能与勇气。怪不得个子矮小的晏子，连司马迁都以为其执鞭而忻慕焉。

三人行必有我师

《论语·述而》记载："三人行，必有我师焉。择其善者而从之，其不善者而改之。"意思是说，几个人在一块走路，其中必有我可以学习的人，我学习好的方面，见到不良的方面则警惕改正。反映了孔子治学严谨、虚心好学的态度。

孔子是我国古代伟大的思想家、政治家、教育家，儒家学派的创始人。他是我国古代文化的先进代表，传统教育的奠基人。他的思想已成为炎黄子孙潜在的道德意识和传统风习。他被列为世界古代文化名人，他的学说在世界文明史上也具有重要地位。

孔子幼年孤苦，3岁丧父，16岁时母亲又过早地离开了人世，他不得不做杂活以养家糊口，所以，他自称“吾少也贱，故多能鄙事”。孔子从少年时起便勤奋学习，他说：“吾十有五而志于学。”他曾问礼于老聃，问乐于苌弘，学琴于师襄，当他年近半百的时候还说：“加我数年，五十以学《易》，可以无大过矣。”由于他刻苦学习，所以成为博学多能的人。在中国被尊为“圣人”，西汉平帝称孔子为“褒成宣尼公”，北魏称孔子“文圣尼父”，唐代封孔子为“文宣王”，元代封孔子“大成至圣文宣王”，明代封孔子为“大成至圣先师”。孔子在国际上也享有盛名，为世界文化名人之一。他的学说是由十六七世纪来华的耶稣会传教士开始介绍到欧洲的。如启铎泽等人合编的《中国之哲人孔子》，内附孔子传及周易64卦，并有孔子画像，上书“国家仲尼，天下先师”，给欧洲以极大的影响。

孔子自称“述而不作”，没有留下什么专著，仅有其弟子记录他的言论的《论语》一书。不过他曾大量搜集、整理、订定过六部书，即六经或称六艺。这就是《诗经》、《尚书》、《周易》、《春秋》，三礼中的《礼仪》，还有一部《乐》，并把它们作为教材传授给他的学生。

孔子认为，仁人君子必须具备完美的道德品质，即一要“修己”，二要“安人”。君子怎样修养自己的仁德，孔子说：“能行五者于天下，为仁矣。”在《论语·阳货》中，孔子论述了这五种美德，即：“恭则不侮，宽则待众，信则人任焉，敏则有功，惠则足以使人。”大意是：庄矜郑重则不致遭受侮辱，宽厚待人就会得到大众的拥护，诚实谨慎就会得到别人的信任，勤奋工作就会取得事业成功，慈惠和平就易于指使别人。做到恭、宽、信、敏、惠，不仅能处理好人与人之间的关系，而且有利于安定社会秩序，实现长治久安。在这五种美德里面，“恭”、“信”讲的都是谦逊的意思，它们作为君子应具备的仁德品质，作为待人、行事、居家、为官的主要行为准则，这在孔子看来是至关重要的内容。

孔子认为，人不学习就无从获得知识，因而他要求学生应有“学如不及，犹恐失之”的紧迫感。但同时，他又强调，谦逊是学习的前提，为了探求知识，要坚持“百事问”，具有“敏而好学，不耻下问”的态度，坚信“三人行，必有我师焉”，并能“择善而从”，真正做到“以能问于不能，以多问于寡；有若无，实若虚。犯而不校”。这是要求知识丰富的人也有必要向知识缺少的人请教，有学问应当像没有学问一样虚心学习。正因为孔子时时谦逊，他受到学生们的崇敬。子贡说：“学不厌，智也；教不倦，仁也。仁且智，夫子即圣矣。”

孔子提倡“学而不厌”的治学精神，所以，他非常鄙视自满自诩的人。他说：“亡而为有，虚而为盈，约而为泰，难乎有恒矣。”意思是说，本来没有却装作有，本来空虚却装作充实，本来穷困却表现豪华，这样的人是很难保持节操的。因此，他对学生的缺点毫不留情地给予批评。他发现宰予昼寝，便严厉批评：“朽木不可雕也，粪土之墙不可杇也。”他对“巧言令色”、“匿怨而友人”的作风十分厌恶，要求学生自学“改过迁善”。

孔子一生虚心向学，谦虚谨慎，学而不厌，诲人不倦，改过迁善，善与人交，受到世人称赞：“夫子圣者与？何其多能也。”孔子谦逊地说：“我非生而知之者，好古，敏以求之者也。”又说：“盖有不知而作之者，我无是也。多闻，择其善者而从之”。

修身感悟

中华民族作为一个善于学习的民族，在历史上留下了无数学习道理和格言。如“独学而无友，则孤陋而寡闻”，再如“不学不成，不问不知”，都能够给人以启迪和思考。而“三人行必有我师焉”这句朴实的话语中却包含着一种对学术认识的境界。它充分体现了孔子的人生境界和对知识的领悟。

秦始皇参拜荆条，跪拜恩师

公元前215年的秋天，秦始皇乘着车从碣石向东北前进，这是他统一后的第四次出巡。

随着细碎的马蹄声，秦始皇沉浸在思索中。他回想起自己年幼时的老师，真使人难忘。那位严厉的老人，第一次讲课讲的就是舜赐给嬴家的姓，老师先讲亡、口、月、贝、凡，然后，再合成一个“嬴”字。第二天就要背、要写。

“老师，太难了。”

“什么，一个赢字就太难了？将来秦国要靠你去治理，能难而不进吗？”老师举起了荆条棍，后来，这位可敬的老师去世了。

突然，车马停了，前卫来到秦始皇面前奏道“仙岛不远，请万岁乘马。”于是，秦始皇上了有金佩饰的白马，又行不多时，便到了岛上，他环视渤海，豪情满怀，低头看马前，忽然下马，撩衣跪拜。随从的大臣们不知道怎么回事，也只好跟着参拜。等秦始皇起来，李斯才问为何参拜？秦始皇深情地说：“众卿，此岛所生荆条，正是朕在邯郸时老师所用的荆条，见了这荆条，如见恩师，焉能不拜？”后人把这个岛改称为秦皇岛。

修身感悟

“成身莫大于学。身成则为人子弗使而孝矣，为人臣弗令而忠矣，为人君弗强而平矣。有大势，可以为天下正矣。”这是从知识传授的角度讲的。受人滴水之恩，当以涌泉相报。而对于老师，中华民族自古以来就有“天地君亲师”之谓，可见老师在整个国人心目中的地位。秦始皇的尊师也可以算作天下之一绝。

佯装有病让相位

公元前176年的一天，长安城未央宫里，庄严肃穆。昨天刚刚举行完登基仪式的汉文帝，不顾旅途疲劳，一清早便来到未央宫，准备早朝。

汉文帝是汉高祖的庶子，被封为代王。他的母亲薄姬不受汉高祖的宠幸，因此，在汉宗室与吕氏家族的殊死搏斗中，免遭迫害。吕氏死后，诸吕的反叛阴谋被粉碎，臣民因他仁慈宽厚而拥戴他继位。君临天下，是多少人梦寐以求，甚至不惜骨肉相残而争夺的目标，而代王刘恒不费吹灰之力便得到了。然而，他也深知这副担子有多沉重。近年来，由于宫廷内部的争权夺利，使民风日下，生产遭到破坏，内忧外患不断。大汉江山需要一个贤明的君主来拯救它。汉文帝相信自己会励精图治，有所作为。他如此自信还有另一个原因，就是他手下有父亲留下的两个心腹老臣，丞相陈平和太尉周勃。他们一文一武，对汉室忠贞不二，定会像辅佐父皇一样辅佐自己。

群臣陆续进宫，侍立在正殿的两侧，汉文帝升殿，各大臣一一叩见之后，汉文帝发现丞相陈平没有站立在群臣之列，文帝问道："丞相陈平为何不来？"

站在下面的太尉周勃站出来说道："丞相陈平正在生病，体力不支，不能来叩见皇上，请皇上原谅。"

汉文帝心里暗自纳闷，昨天陈平还好好的，并没有见他有什么病状呀？不过，他仍然不动声色，只是说："好，知道了。"

退朝以后，汉文帝派人去请陈平。人刚走，汉文帝又觉得这样做有些不当。陈平是开国老臣，自己应当把他当作父亲一样对待，父亲有病，儿子只能前去探望，哪有召见之理。于是文帝便到后宫换上平日穿的家常便服，到陈平家去探视。

陈平躺在床上，头缠白绸巾，手里捧着一本书在读。见到汉文帝来了，慌忙翻身下地行礼。汉文帝急忙把他扶起，说道："不敢，朕视卿如同父亲，以后除了在朝廷上以外，一律免除君臣之礼。"

汉文帝扫视一下屋里的陈设，又说："今天听太尉说您病了，特地前来探望，不知是否请过御医诊视？您年岁大了，有病可不要耽搁呀！"

陈平听了文帝那仁慈联怀的话语，感动得热泪盈眶，他对文帝说："皇上太仁慈了，可我对不起您的一片爱臣之心，我犯了欺君之罪呀！"

原来陈平并没有病，是在装病。他为什么要装病呢？这话就得从高祖去世说起了。

汉高祖刘邦在世时，为了保证汉宗室的传承，规定"非刘氏者不得为王。"但由于他晚年体弱多病，实权已经由吕后执掌。高祖死后，惠帝懦弱，吕后便不顾高家的遗训，大立吕家子弟为王，使得诸吕的势力越来越大，刘家的势力却日益衰微。

满朝文武，对这种情况只敢怒不敢言。太尉周勃有原是高家的同乡，秦末跟高祖起义屡建战功，封为绛候。他对吕后的肆无忌惮实在看不下去了，就告病还乡。而高家的另一个心腹之臣陈平，这时被吕后封为丞相，他也看不过吕家的猖狂，可又投鼠忌器，只能装聋作哑，暗自等时机。

吕后死后，诸吕结党，欲谋叛乱。陈平认为铲除诸吕的时机已到，立刻去找太尉周勃，共商大计。周勃本以为陈平与诸吕同流合污，很看不起他，没想到陈平当时不过是保存实力，心中竟有如此大志，非常钦佩，立即同意，并且亲自设计，说服驻扎在长安城的警卫部队——北军拥刘反吕，然后又坐镇北军，争取到了南军的支持，以武力为后盾，对抗吕氏，最后将吕氏家族一网打尽。

在这次行动中，陈平是主谋，但周勃是直接率兵诛灭诸吕的人，显得功劳比陈平大。陈平自己也这样认为。他想，新帝继位，应论功晋爵，自己应当主动把丞相的位置让给周勃，但又怕周勃不肯接受，便假称有病，不能上朝，使文帝有理由任命周勃为丞相。

陈平把这一切都对文帝说清之后，又诚恳地说道："高帝在世时，周勃的功劳不如我；诛灭诸吕时，我的功劳不如太尉。所以我愿意把相位让给他，请皇上恩准。"

文帝将本来不知诛灭诸吕的细节，他是在诸吕倒台以后，才被陈平和周勃接到长安的。听了陈平的解释，才知周勃立下了大功，便同意陈平的请求，发布诏书，任周勃为右丞相，位居第一，任陈平为左丞相，位居第二。

文帝既然想做一个有所作为的君主，便用心研究治国之道。

一天上朝时，他问右丞相周勃："现在一天的时间里，全部被判刑的有多少人？"

周勃谢罪，回答说："臣不知道。"

汉文帝又问："全国一年的钱粮有多少？收入有多少？支出有多少？"

周勃仍然回答不出。周勃平日统兵，从未过问财政、刑狱之事，此时汗流浃背，惭愧至极，真恨不得有个地缝钻进去。

文帝看周勃回答不出，又问站在文帝旁边的陈平："陈丞相，那你说呢？"

陈平不慌不忙地回答说："您要想了解这些情况，可以给您找来掌管这些事的人。"

"那么谁负责管理这些事呢？"文帝问。

"陛下要向被判刑的人数，我可以去找迁廷尉，要问钱粮的出入，我可以找治粟内史。他们会告诉您详细的数字。"

文帝的心里有些不高兴，脸色也沉了下来，说道："既然什么事都各有主管，那丞相就座管什么呢？"

陈平毫不犹豫地回答道："每个人的能力都是有限的，不能事无巨细，样样躬亲，丞相的职责，上能辅佐皇帝，下能调理万事，对外能镇抚四夷、诸侯，对内能安下百姓。丞相还要管理大臣，使每个大臣都能尽到自己的责任。”

陈平回答得有条不紊，文帝听了，觉得很有道理，脸色缓和了下来。

站在一边的周勃也如释重负，暗暗佩服陈平能言善辩，辅政有方。

这件事对周勃的影响很大。回到家里，他还久久不能平静。他想，自己虽说为诛灭诸吕立了大功，但是辅佐皇帝，处理国政方面的才能与陈平相差太远了，为汉朝社稷百姓着想，还是应该让陈平做丞相。于是周勃也假称有病，向汉文帝提出辞呈。

汉文帝非帝理解周勃的心情，立即同意，陈平便成了文帝唯一的丞相，辅佐文帝中兴汉业。

修身感悟

陈平与周勃为铲除诸吕，匡扶汉室立下了汗马功劳，而相位只有一个，假如这二位没有很好的道德修养的话，便会为争宠而打得两败俱伤。但是陈平和周勃却用另一种方法，妥善处理了这个问题，这就是“虚己盈人”，两个人都看自己的缺点和不足，看别人的优点和特长，“谦让则人不争”，互相谦让，并没有发生争执。

当然谦让并不是没有原则。谦让为按原则办事提供了良好的环境和心理准备。当实践证明周勃多武略而乏文才时，便自觉地称病告退。这时，为了国家社稷，善于处理国政的陈平就得当仁不让了。

霍去病拒受府第

霍去病是西汉武帝时期的著名军事将领，累官至骠骑将军，封冠军侯。24岁时，由于劳累过度，病逝于军中。

霍去病是河东郡平阳县人，父亲在平阳县衙供役，母亲则做平阳公主的侍婢。他虽出身贫寒，却聪明好学，精于骑射。后来他的姨母卫子夫成为武帝的皇后，霍去病随其来到长安，从此，改变了他的命运。

18岁时，他曾跟随舅父卫青北击匈奴，独军北上，荣立战功，深得武帝的重用。此后，又先后五次率军北击匈奴，大获全胜，立下了不朽的功勋。

元狩二年，汉武帝为了截断匈奴与羌、氐等族的联系，打开汉朝通往西域的道路，解除北部边患，拜霍去病为骠骑将军，率兵万余骑，发动了河西战役。他率军深入匈奴境内千余里，直捣小月氏，征服祁连山的匈奴部，斩敌三万生俘数千，基本上控制了河西地区，使汉朝在西北方面的形势发生了根本性的变化。

早在大军出征后，汉武帝为了表彰那些长年在外征战的将军，派京城中最有名的工匠修造了几座府第，其中最考究的一座就是准备赐给霍去病的。飞檐碧瓦的高楼大院簇拥在绿树垂柳之中，里面楼台亭榭、曲径通幽。武帝知道霍去病酷爱牡丹，又命人种植了数十种稀有牡丹，赐名为“牡丹园”。

河西战役结束不久，霍去病受命班师回朝，武帝特意为他准备了隆重的祝捷仪式。然后，又将“牡丹园”赐给霍去病，并要宦官带他亲自去看一看是否中意。去病闻听立即跪拜说：“陛下深恩厚泽，赐臣以府第，臣真是感恩不尽，然而这座府第，臣实在不能接受，望陛下宽恕！”武帝没想到去病竟然拒绝所赐，心里有些不高兴，问道：“这是为何呢？”去病慷慨地说：“臣本出身微贱，自从戎驰骋沙场以来，屡受陛下恩赐，心中早已不安，今日怎敢再受陛下如此重赐况丘，今日河西大捷靠的是陛下的卓见和将士的死力拼搏，我本人岂能独取首功！匈奴未灭，何以家为？陛下还是让我重返军营，为剪灭寇仇，解除边患效命吧！”

武帝被去病的一番话感动了，不再计较去病不受府第的态度，而且还接受了他的建议，将这座府第改作了迎宾馆，专门接待那些来长安访问或贸易的外国使节，并妥善地安排了北边防务。

修身感悟

嫉贤妒能，几乎是人的本性，所以有才华的人会遭受更多的不幸和磨难。《庄子》中有一句话叫“直木先伐，甘井先竭”。有一些才华横溢、锋芒太露的人，虽然容易受到重用提拔，可是也容易遭人暗算。作为年轻的将领，独自接受皇帝的封赏，显然不是一件明智的事情。做人必须谦恭为怀，如果一意包揽善行和功劳，就会有树大招风的危险，替自己平添许多困扰，所以，我们应该意识到，美名来自于他人的赐予，自己没有独占的权利，而让旁人分享荣耀，这样别人才不会太妒忌。

事实上凡事具有谦让美德的人，即使不权衡利害得失，也会自然而然地采取这种作风。

辞相以让贤

公孙弘坚辞相位以让贤，为后人称道。

公孙弘为汉武帝丞相，养病在家，适淮南、衡山诸侯谋反，弘很为不安，自以为无功而封侯居宰相位，应当佐明主镇抚国家，才是臣之道，而今诸侯有叛逆之计，乃是自己不称职的表现。于是，上书辞去丞相的职务，他说：“臣闻天下通道五，所以行之者三。君臣、父子、夫妇、长幼、朋友之交，五者天下之通道也；仁、知、勇三者，所以行之也。故曰‘好问近乎知，力行近乎仁，知耻近乎勇；知此三者，知所以自治；知所以自治，然后知所以治人。’未有不能自治而能治人者也。陛下躬孝弟，临三王，建周道，兼文武，招徕四方之士，任贤序位，量能授官，将以厉百姓劝贤才也。今臣愚驽无犬马之劳，陛下过意擢臣弘卒伍之中，封为列侯，致位三公。臣弘行能不足称，加有负薪之疾，恐先狗马填沟壑，终无以德塞者，愿归侯，乞骸骨，避坚者路。”

公孙弘在辞呈中说：“未有不能自治而能治人者”，这是反省自己不称职，因而要求“避贤者路”。他的态度是诚恳且值得称道的。

修身感悟

谦让是中华民族的传统美德，是学识的积淀，是道德的表达，是修养的展示，是人性的闪光。谦让是福。邻里之间、同事之间、路人之间遇到矛盾，即使“有理”，让一让也会海阔天空，春风拂面。乘公交车时，给老、弱、孕、幼者让个座，愉悦会在你的心中油然而生，美好一瞬也会在他人心间永驻；开车能让一让，平安吉祥会一直陪伴身边……

孔融让梨

孔融10岁那年随父亲来到洛阳。他是个聪明好学的孩子，听说洛阳有个名人叫李元礼，便决定自己去登门拜访。这天，孔融来到李家大宅门口，很有礼貌地向看门人行了礼，说："我是李大人的亲戚，请帮我通报一下！"守门人见这孩子知书达理，便告诉孔融说李大人正在里屋。孔融从容不迫地进屋拜见了李元礼。李元礼见来了个自称是亲戚的小孩子，觉得很面生，就问他："你和我是什么亲戚关系呀？"孔融不慌不忙地答道："大人，过去您的祖先老子和我的祖先孔子有师生关系，所以，我和您应当算是老世交了。"他的话音刚落，在座的宾客无不拍手称道。李元礼对小孔融的聪明赞不绝口，连声称赞："好口才！好口才！"老少两人十分融洽地交谈起来。正在此时，大夫陈韪前来拜访，他见大家围绕一个孩子赞扬有加，问明缘由后却不以为然地说："小时候聪明机灵，长大后未必有出息。"说完，他有意盯着孔融，看会有什么反应。谁知孔融站起来，从容地走到陈韪跟前先作揖施礼，然后道："陈大人，我想您小时候一定是很聪明机灵的！"听出弦外之音的李元礼和宾客都显得有些尴尬，此时的陈韪满脸通红，禁不住竖起拇指。

其实，孔融不仅从小聪明机灵，而且人品也很好。有一天，孔融家的客厅大桌上堆着一些金灿灿的嫩梨。孔融和五个哥哥、姐姐来到桌前，面对香味扑鼻的蜜梨，孩子们个个馋得直咽口水。母亲笑着对孩子们说："这梨是你们父亲的学生刚送来的，你们喜欢就拿着吃吧。"一听母亲让拿了，早就忍耐不住的哥哥、姐姐们一哄而上，有的还边争边嚷着："这个大的是我先拿到的！"有的梨子在争抢中掉落在地，站在一旁的孔融就把它捡起来放回桌子上。看着孩子们争抢又大又好的梨子，父亲终于忍不住大怒了。听到父亲的呵斥声，孩子们都惊呆了。父亲责备说："看到有吃的就争先恐后地抢大的、好的，这成何体统？大家把手上拿的梨放回桌上。"哥哥、姐姐们看着手中抢到的梨，很不情愿地放回桌上。父亲看看站在一旁始终未动的孔融，说："融儿，今天这梨由你来分。"

孔融在桌上拣了个最大的梨，转身走到父亲面前："父亲，请您先尝尝这个梨。"接着，他又双手捧着个大蜜梨走到母亲面前："母亲，您为大家操劳很辛苦，这个大的您吃。"就这样，孔融把桌上大的、好的梨依次再分给哥哥、姐姐们，回头看看桌上只剩下一只最小的梨，他留给了自己。坐在一旁观察的父亲终于开口了："融儿，你为啥留最小的给自己？我也没有这样要求啊？"孔融思索片刻，笑着对父亲说："因为我年纪最小，理应吃最小的。"听到孔融这么说，母亲激动地一把将他搂在怀里……哥哥、姐姐们拿着分到的梨惭愧地低下了头。

修身感悟

“三岁看到大”，这是中国的一句老话，说的是一个人的早期教育对他一生具有重要的影响。这个观点并不是唯心主义的，它强调的是后天教育实践。孔融从小就勤学好问，知书达理，长大以后人品、学问都不错。“孔融让梨”的故事讲的就是这样一个道理。早期教育对儿童的知、情、意结构的发育都有深刻的作用，通过行为操作开发，“内化”为心理智结构，从而对认知、审美与判断力都发生持久的影响。现在问题是如何创造家庭早期教育的较佳环境，提高儿童的品德素质，而不是一味注重对儿童的知识灌输。

仲景访医

东汉的时候，河南南阳有一位非常有名的医生，名叫张仲景。他一生为民治病，救死扶伤，深受老百姓的爱戴。据说，他年轻的时候虽然已有了名气，但还是勤奋好学，四年寻访名医，虚心求教。

有一年，张仲景的弟弟要外出做生意，临走时，对哥哥张仲景说：“哥哥，我这次出远门，很长时间回不了家，你给我看看，在外面我会不会得什么大病。”

张仲景细心地给弟弟抚了脉，说：“哎呀，明年只怕你要长个瘩背疮。”

弟弟着急地说：“这怎么办！瘩背疮长在背上，我看不见，摸不着，又回不了家，怎么办呢？”

张仲景安慰弟弟：“不要紧，我给你开药方，到时候，服了这药，可以把瘩背疮挪到屁股的软肉上，日后，谁认识这瘩背疮，就叫谁医治，治好了别忘了给我来个信。”

弟弟告辞了张仲景，放心地走了。

张仲景的弟弟到湖北襄阳做了一年生意。一天，突然觉得脊背疼背难忍，忙找出哥哥开的药方，照方取药吃了。没几天，疮真的从屁股上长出来。

张仲景的弟弟找了很多医生，这个说是疖子，那个说是毒疮，没有一个人认识。后来，他来到一个名叫“同济堂”的药店，这儿的老师，人称“王神仙”。他看了看疮，笑了，“这是个瘩背疮嘛。怎么挪到屁股上了？”

弟弟说：“是我哥哥挪的。”

王神仙说："他既然能挪，也就能治，为什么不去找他？"

弟弟解释说："我哥哥远在南阳，路途遥远，无法回去，还是请先生给治治吧！"

王神仙听罢，很快开了药方。弟弟吃了几副药，又贴了几张膏药，没多久，瘩背疮就好了。他随即给哥哥写了封信。

张仲景接到弟弟的信，十分高兴，"王神仙的医术一定很高明，我应该去向他学习讨教。"

说走就走，张仲景马上准备盘缠，打点行装，步行到襄阳。

一天清早，襄阳同济堂的大管家刚走出店门，就看见一个身背行李，手拿雨伞的年轻人。这个年轻人迎上前来，深施一个礼，然后说："我从河南来，生活没有着落，望贵店收留我当个伙计吧！"

王神仙闻声也从药店走出来，他见小伙子年轻利落，面貌聪慧，询问了一番，就说："好吧，就收你当个炮制药剂的伙计吧！"年轻人一听，连声道谢。这个年轻人就是张仲景。

从此，张仲景就在同济堂住了下来。他虚心好学，勤快能干，伙计们有个头疼脑热，他也给看看。没几天，王神仙就让他当司药。

日子一天天过去了，王神仙对张仲景越来越器重，常常让他做帮手。王神仙看病，张仲景抄药方遇到疑难病症，王神仙抚了脉，也让张仲景看看，教他如何医治。张仲景把这些医理深深记在心里，写在本子上。就这样度过了一年。

一天，一位老大爷骑着小毛驴匆匆来到药店，说他儿子得了急症，请王神仙去诊治。

没一会儿，老大爷拿着王神仙的药方来药店取药，张仲景接过药方一看，里面有毒药藤黄，便知道病人是肚里有虫。又见藤黄只开了五钱，"药量太小了，"张仲景迟疑一下，还是让老大爷把药带走了。

不一会儿，王神仙回来了，他下了驴，准备到后院歇息一下，张仲景忙走上前来，说："先生，病人也许还会来。"

"还来做什么？"

"恕学生直言，藤黄能毒死病人体内的虫，便需要一两的量才行，先生只开了五钱，只能把虫毒昏，等它返醒过来，会更凶恶，再用药就不灵了，只怕病人还有生命危险哩！”

正说着，只见那个老大爷又慌慌张张地跑来，连声呼叫：“王先生，不得了啦，我儿疼得满地打滚儿，你快去看看吧！”

王神仙也慌了神，不知如何是好，张仲景上前，沉着地说：“我愿替先生去一趟！”

张仲景随老大爷回到家，一看便知是虫在作怪，他掏出银针，看准穴位，捻动手指，照病人的腹内刺去。病人大叫一声，昏了过去。老大爷吓得面如死灰。张仲景松了一口气，他笑着对老汉说：“别害怕，虫已经被刺死了。”果然，只见病人慢慢地睁开双眼。张仲景又开了副泄药，让病人吃下，不多时，一根一尺多长的大虫被排泄出来，病人完全好了。王神仙知道后，又惊又喜，忙问张仲景：“你到底是什么人？”张仲景说：“我叫张仲景，到这里是拜师学医的。谢谢老师一年多来的教诲。”

王神仙被张仲景虚心好学的精神感动了，立刻摆酒款待他。后来，他们两人成了医学上的好朋友。

修身感悟

求师学习不是轻而易举的事，要付出很多的代价，而谦虚是最起码的。有了谦虚的精神，便知道自己的不足，产生求师的愿望；有了谦虚的精神，才能虚己盈人，尊敬老师；老师受到感动，才会传授给你他苦心积累的学问。古人如此，今人亦如此。

诸葛恪骄傲杀身

诸葛恪是三国时吴国大臣诸葛瑾的儿子，蜀国丞相诸葛亮的侄子。他自幼聪慧过人，很有才名，特别是他的随机应变的辩才，颇得孙权的欢心和信任。

一次，孙权宴集群臣，他想让众人高兴一下，便想了一个恶作剧。命人牵一头驴到庭院，众人一看，驴脖子上挂着“诸葛子瑜”的牌子，子瑜是诸葛瑾的字。诸葛瑾感到受到了戏弄，拉长了脸，恰似驴脸，众人不免哄堂大笑。其实，三国时人好学驴叫，这种恶作剧也不算过分。这时诸葛恪跪在孙权面前，请求加上两个字，得到允许后，他添写了“之驴”二字，这样，就成了“诸葛子瑜之驴”了。这一改使举座皆笑，孙权也顺水推舟，把驴奖给了诸葛恪。

不久，孙权宴请蜀国使者费，在请客前预先告诉部下说：“使者来吃饭的时候，你们只管低头吃不要抬头。”费来赴宴了，孙权吃到中途放下筷子不吃，而群臣仍在低头进食。费看到这样，就带嘲谑的口气吟诵：“凤凰回旋而飞，麒麟停止吃食，只有驴骡无知，仍是低头咀嚼。”诸葛恪答道：“种植梧桐之树，为了等待凤凰，何方飞来燕雀，自称凤凰飞翔？何不弹射一弓，叫他飞还故乡！”孙权听了大笑不已，对他更加器重。

然而，知子莫过父，诸葛瑾却感到儿子那闪烁的才华是非常危险的，因为他知道儿子恃才傲物，必兴败端，并经常为此忧郁。

不久，吴国重臣陆逊病故，孙权任命诸葛恪为大将军，掌握军事大权。七年后，孙权病故，遗诏诸葛恪辅国，此时，他已处于吴国最重要的地位。这时，魏国利用吴主新丧，举国哀痛之机，兴兵伐吴。诸葛恪亲率大军迎击魏军于东兴，结果，大败魏军。他因这次功绩而声望扶摇直上，深得人心。当时人们一看到诸葛恪外出远行，就群集在他周围送行。为此，诸葛恪非常得意。

沉浸在胜利中的诸葛恪，认为魏国不堪一击，准备出兵伐魏。但是，这次出战，遭到了吴国大臣的一致反对。他们认为吴国屡次用兵，军队疲劳，不能久战，且魏国强大，不能取胜。急于求成的诸葛恪认为凭他的才干，足以扫平中原，统一宇内，不顾众人反对，而下了全国总动员令。

骄兵必败。诸葛恪率20万大军包围魏的新城，两个月也没有攻下。这期间，士卒困乏，又值天气炎热，军中瘟疫流行，士兵多数病倒。部下天天报告士兵病倒的情况，但诸葛恪却认为是胡说八道，甚至将报告者斩首。以20万大军，攻一小城而不下，诸葛恪感到大伤体面，常常满面怒气申斥部下，当然这也挽救不了败局。在无计可施的情况下，只好下令撤退。撤退之时，伤病兵东倒西歪堵住道路，或倒在沟里，或给敌人当俘虏，到处是呻吟、哭救之声，惨不忍睹。而诸葛恪却是衣冠整齐，仪仗威严，一副满不在乎的神气。随军众将，心中暗自愤恨。

这个战败的结局使诸葛恪大失人心，并且处在朝廷内外的严厉批评声中。控制近卫军的武卫将军孙峻看到诸葛恪的失败，燃起了夺权的野心。他强迫皇帝孙亮设宴招待诸葛恪，暗中伏下刀斧手，在席间杀了诸葛恪，并灭其家族。诸葛瑾的担忧竟成为事实。

以诸葛恪的才干，确实可以成就一番大事，但骄傲却使他自掘坟墓。

修身感悟

骄傲之心得时时处处保护自己，为自己辩护。他在看不起别人、指责他人的同时，必定也会招来许多不愉快的回报。这种骄傲之心，在统帅和政治人物身上不仅是吃败仗，而且还有性命之忧。在普通人的身上也往往会碰到意想不到的麻烦。为什么有的人做事总是一顺百顺，而有的人做事却是处处碰壁，个中恐怕骄傲之心也是一个不容忽视的问题。

诸葛亮自降三级

诸葛亮辅助蜀王刘禅时，就决心实现早已有的愿望，出兵北伐，统一中原。他做了充分的准备，并写了著名的《出师表》，表示了自己“鞠躬尽瘁，死而后已”的决心。

街亭是蜀军与魏军必争之地。这个要道派谁去守呢？他思来想去，选中了马谡。他对马谡说：“街亭地处要道，你一定要驻军路口，阻挡魏兵，千万不可将军营安置在山上。”

谁知，诸葛亮的叮嘱，马谡根本没有放在心上，来到街亭就对副将王平说：“我看丞相说得不对！”“为什么？”王平问。“你看，这路旁有些小山，在山上扎营，居高临下，真是太好了！”王平和马谡争执半天不管用，马谡还是把军营扎在山坡上。

魏军大将张郃见蜀军扎营在山上，大喜，迅速将山包围个水泄不通，切断了马谡的粮道和水路。没有水，没有粮，军心大乱。几天后，张郃放火烧山，街亭终于丢失了。

街亭丢失，马谡自然被杀。诸葛亮忍不住流下眼泪。他说：“马谡被杀，是军法难容，罪有应得，我只恨自己看错了人，用错了人，这次惨败全是我的责任，我应该受惩罚！”于是，他上书蜀后主刘禅，要求把自己的官职降三级。

修身感悟

在碰到事情没有办好、办成的情况时，有“和而不同”风范的人，都能够严于律己，宽以待人。他们不怨天尤人，首先从自身寻找原因，检讨自己的不足，并从中汲取教训，避免今后重蹈覆辙。他们不争功诿过，勇于实事求是地承担责任。对于别人的缺点、错误以及应该承担的责任，他们也能实事求是地提出，但是与人为善，出于爱护，并宽大为怀，只要别人认识了，改正了，便既往不咎。遇到分歧和矛盾，他们能保持冷静和理智，求同存异，妥善处理；允许别人保留自己的观点和行为，留给他人认识和改正缺点错误、战胜挫折失败的时间和机会，耐心等待，努力不使与别人友好合作的纽带撕裂。

曹操三下求贤令

建安十五年春天的一个深夜，军营中一片寂静。在军帐中，烛火摇曳不定。曹操放下手中的笔，看着案上刚刚写成的新诗《短歌行》：

月明星稀，乌鹊南飞，

绕树三匝，何枝可依。

山不厌高，水不厌深，

周公吐哺，天下归心。

“月夜的乌鹊在寻找着归宿，当世的人才在寻找依托：山越高，越显得雄伟挺拔；海越深，越显得浩瀚无边，贤才越多事业就越兴旺。昔日的周公，一听说有贤才来访，即使正在吃饭，也要把食物吐出，接待访者，我为什么不能向他学习呢？”

曹操起身，在军帐中踱来踱去，吟诵着这渴求贤才的诗篇。人才，人才，他的事业太需要人才了。

猛然间，曹操的脑海中浮现出一个年轻英俊的面庞。郭嘉，这位军中谋士，正是因为遇到了他，才充分展示出自己的聪明才智。

那还是在11年前，曹操手下的谋下领来一位年轻人。只见这个年轻人英俊挺拔，明亮的眼睛中闪着聪慧的光芒。这个人就是郭嘉，年仅20岁。他从袁绍处逃出，投奔曹操。

曹操热情地接待了郭嘉。他问郭嘉："你刚从袁绍那里来，听人说他招纳了很多贤士，是真的？"

郭嘉回答："这看怎么说了。袁绍对投奔他的人，讲门第，论资历，重用的全是自己的亲戚子弟，或是他家的门生故吏。像我这样出身卑贱的人，他根本看不上眼。所以，我再也不愿意呆在他那里了。"

随后，郭嘉和曹操畅谈国家大事，特别谈了他对统一中国的想法。曹操被他独到的见解和精辟的分析吸引了。他为得到这样一位年轻的贤士而高兴，破格提拔郭嘉为司空军祭酒。

不料，曹操的这项任命在士族出身的官员中引起了轩然大波。

一天，世代在朝中做官的陈群怒气冲冲地找到曹操，他质问道："郭嘉这小子是什么人，值得您这样重用他！"

"我只知道他是一个精通兵法的谋士，"曹操又不慌不忙地反问道："你说他是什么人？"

陈群凭空诬蔑说："听人说，他的品质很糟糕，比如……比如……"他结结巴巴地说不出话来了。

曹操逼视着陈群："你说他品质不好，有什么证据吗？没有证据，就是诬陷。"

陈群继续狡辩说："他出身贫贱，既不是'秀才'，也不是'孝廉'。凭什么重用他！"

原来，东汉王朝委任官吏，实行的是所谓"察举"、"征辟"制。做官的先要由地方上名门豪族提名，补提名的人，或者称为"秀才"，或者称为"孝廉"，然后再由朝廷和官府加以任用。就这样，提来提去，能当官的大都是那些皇亲国戚、豪强官僚的亲朋子弟。这种选官制度不过是他们保持和扩大世袭特权的一块遮羞布而已。

曹操把脸一沉，斩钉截铁地说："请回去吧，我唯才是举，量才录用，这和出身没关系。郭嘉我是用定了！"

陈群白费了半天气力，结果碰了一鼻子灰，只得狼狈地走了。

过了几天，曹操同郭嘉谈起这件事，郭嘉笑了，他对曹操说："我们家乡流传这样一首民谣：'举秀才，不知书；举孝廉，父别居；寒素清白浊如泥，高第良将怯如鸡'。"

"哈哈哈哈！"曹操开心地笑了起来："好！这首民谣揭得透！骂得好！"

从这以后，曹操对郭嘉更信任了。他们俩常常同席而坐，并马而行。每当有重大的军事行动，曹操都要反复征询郭嘉的意见，请他出谋划策。

郭嘉随军11年，在曹操北方的几次重大战役中，都起到了决策取胜的高参作用。曹操多次赞扬郭嘉说："能帮我建立大业的，必定是这个小伙子啊！"

不幸的是，这位年轻有为的谋士不久病故了。郭嘉的夭亡，使曹操悲痛欲绝，他顿足长叹说："可惜！可惜！"

后来曹操在赤壁之战中惨败，他看着剩下的残兵败将，更加怀念郭嘉。他痛哭失声："要是郭嘉还在，这一仗也不至于败得这样惨啊！"

帐外的更鼓一声接着一声，打断了曹操的凝神沉思。他抚案自问：难道就没有像郭嘉一样的人才被埋没于草莽之中吗？他们也许像郭嘉最初一样，被排斥官场之外。

于是，曹操铺开纸笔满怀激情，挥笔写下了《求贤令》。

"天下尚未平定，目前是迫切需要人才的时候……天下还有没有穿着粗布短衣，却才能出众之人？像姜太公那样在渭水河边钓鱼的贤才呢？还有没有像陈平那样蒙受着'盗嫂受金'的坏名声，却没有遇到魏无知那样保举他的谋士呢？各级官吏一定要努力发掘并向我推荐这种被埋没的人才，我一定根据他们的才能，恰当地任用他们。"

建安十九年十二月，曹操又下《敕有司取士毋废偏短令》，令中提出对于有某些缺点的贤能之士，也要同样予以任用，并强调说："人有某些缺点，在所难免，能因此就不用他们吗？选官的人员如果明白了这一点，那以后有才之士被埋没的可能性就会大大减小了。"

又过了3年，曹操63岁了，他更加思贤若渴。第三道求贤令——《举贤勿拘品行令》下达了。

这项指令说："对那些确实英勇果敢，能够舍生忘死与敌人拼死战斗的人，对那些屈居下僚而本领高强，能够胜任将军、郡守职务的人，对那些即使有不光彩的声名，有过被人耻笑的行为，或者不仁不孝而有治国用兵之术的人，各级官吏一定要把自己所知道的推荐上来，不得把他们遗漏了。"

三次求贤令的颁布，使曹操手下聚集了很多人才，形成了猛将如云、谋臣如雨的局面。他们在曹操的统一事业中，都做出了各自的贡献。

修身感悟

曹操自从举兵开始，就注意招揽人才。他有"周公吐哺"的谦逊，有"天下归心”的气魄，有破除门阀观念的胆量和“唯才是举”的决断。正是由于他雅量容人，广开贤路，才使自己手下积聚起一大批能人，才使他的雄心壮志得以实现。

受吊不受贺

岑文本被唐太宗拜为中书令，回家后，面有忧色，他母亲感到很奇怪，问他为什么如此不高兴。岑文本说：“无功受禄，深感不安，责任重大，忧虑不已。”亲朋好友来庆贺，并劝其营造自己的产业。岑文本叹息道：“我南方一布衣，徒步入关，以前只不过一县令而已，无汗马之功劳，靠文墨官至中书令，俸禄如此之多，已使我很危惧，怎能再谈营造产业呢？”劝说者叹息而退。

唐太宗对他比较敬重，曾说其“弘厚忠谨，吾亲之信之。”及晋王立为皇太子，当时名士多兼任宫官，太宗欲使文本兼任，文本一再拜谢说：“臣以庸才，久逾涯分，守此一职，犹惧满盈，岂宜更忝春妨，以速时谤。臣请一心以事陛下，不愿更命东宫恩泽。”

太宗便作罢，但仍令他五日一参见东宫，皇太子待以宾友之礼。

不久任中书令，他回家有忧色，其母怪而问之，文本说：“非勋非旧，滥荷宠荣，责重位高，所以忧惧。”亲朋有来庆贺，都说：“今受吊，不受贺也。”

又有人劝他经营产业，文本叹气说：“南方一布衣，徒步入关，畴昔之望，不过秘书郎，一县令耳。而无汗马功劳，徒以文墨致位中书令，斯亦极矣。荷俸禄之重，为惧已多，何得更信产业乎？”建议者敬服而退。

文本因忠于职守，为人谦逊而知足，始终得到唐太宗的充分信任。

修身感悟

在为人处世方面的低调，会让别人觉得不会对其造成威胁，自然自己可能遭遇到的困难相对的少些。为官之道自古以来为人们所重视。战国时的荀况说，执政者手中握有很大的权力，但仅凭权力并不能使天下自行安定，“安之者必将有道也”。升高官，得殊荣，是人之所喜，但智者都惊满盈，得高官、殊荣反而忧虑。正是基于上述道理，才更应该夹起尾巴做人。

第二篇

读懂诚信仁爱中的修身故事

《三字经》开篇有云“人之初，性本善”，这其中的“善”就包括“信”和“仁”。做人要充满仁爱、诚信。只有这样，你才能更好地跟别人交往，别人才愿意跟你交往。

齐桓公称霸

齐桓公，姓姜，名小白，是春秋时期齐国人。宋襄公的弟弟，后来他做了齐国的国君，在他统治期间，齐国成为春秋各诸侯国中最强大的国家，齐桓公也被后世列为春秋五霸之一。

齐襄公做太子的时候，曾经和堂弟无知发生了争执，以至二人大打出手，伤了兄弟间的和气，二人也从此结下了仇恨。无知是个睚眦必报的人，他对齐襄公耿耿于怀，后来，就找了个机会把齐襄公给杀了，自己做了国君。齐襄公的亲生弟弟们怕因此而受到牵连，纷纷逃到别的国家避难。其中公子纠逃到了鲁国，因为他的母亲是鲁国人，到鲁国肯定会受到厚待，公子纠的谋士管仲跟随他。同时公子小白则逃到了莒国，鲍叔牙辅佐他。

一天，刚刚登上君位的无知到齐国的一个封地雍林去游玩，因为无知曾经和雍林人结下了仇怨，所以这里的人们很恨他，这次无知竟然来到雍林，雍林人就趁他在郊外游玩的时候，给他一个突然袭击，将他杀死了。然后，雍林人就告诉齐国的士大夫们说："无知是个犯上作乱的小人，他杀了襄公自立为王，这是要遭到天诛的，我们替天行道将他给杀死了，请你们在诸位公子中再找一位贤德的人，重新立为王吧！"

士大夫高傒从小就与公子小白关系很好，无知死后，高傒等人就秘密的将这个消息告诉给了小白，让他尽快回国继承王位。与此同时，鲁国的国君也听说了无知被杀的消息，他就赶快派人送公子纠回国。同时还派管仲带兵在莒国至齐国的必经之路上设下了埋伏，拦截公子小白，让他不能先期回国。当公子小白一行人来到管仲等人埋伏的地点时，管仲一箭射去，正好打中小白身上的衣带钩。小白急中生智，马上跌落马下，闭上双眼装死。跟随小白的人也都停下脚步，放声号哭。由于管仲距离小白一行人较远，不知道小白在使诈，以为他真的死了，于是就立刻派人去禀报公子纠说公子小白已经死了。公子纠听到这个消息，顿时轻松了许多，于是就放慢了前进的速度，一路悠闲的往齐国方向走。与此同时，公子小白则快马加鞭，绕路而行，六天以后他率先赶到齐国，顺利当上了国君，也就是齐桓公。

齐桓公继位后的第一件事情，就是派人去抵御护送公子纠的鲁国军队。公子纠没有办法，只好又逃回鲁国。但他不死心，当年秋天，又与齐军在乾时展开大战，但是鲁军大败而逃，齐军则乘胜追击，截住了鲁军的退路。这时，齐桓公写信给鲁国国君，说：“公子纠是我的同胞兄弟，我不忍心杀他，但是他为了与我争夺王位，竟然派人杀我，与我为敌，请您把他杀了吧。而他的谋臣召忽、管仲则是我的仇人，请您把他们遣送回齐国，我要亲自把他们剁成肉酱！如果您不同意，我就派人攻打您的都城！”鲁国国君没有办法，只好按照齐桓公的意思办。召忽听到这个消息，心想与其被剁成肉酱，不如自杀，还能留个全尸，便刎颈而死。管仲则束手就擒，被送回了齐国。

齐桓公的确想杀死管仲，以报那一箭之仇。但是他的大臣鲍叔牙对他说：“我三生有幸，得以追随您左右，如今您已经登上王位，而我再也没有能力帮助您成就更大的霸业了。您要想把齐国治理好，有我和高傒就可以了。但是我知道您的志向远大，您要在诸侯中称霸，那么就非用管仲不可啊。管仲被哪个国家重用，哪个国家就能强盛，他是个不可多得的奇才啊！您一定要争取他为齐国所用啊！”于是，齐桓公决定不杀管仲，并重用他。

管仲与鲍叔牙是多年的好友，他深知鲍叔牙一定会向齐桓公推荐自己，所以才敢束手就擒。管仲的囚车还没有到齐国的都城，鲍叔牙就去迎接管仲，让士兵给他去了枷锁、脚镣。到了都城后，鲍叔牙又安排他沐浴更衣，并以好酒好菜招待他。第二天，齐桓公以隆重的仪式拜管仲为大夫，请他主持国政。

在此之后，鲁国又派大将军曹沫三次领军攻打齐国，但是每次都是大败而归，被齐国夺去了大片的领土。鲁庄王害怕齐国乘胜追击，把鲁国的都城也给占领了，于是就打算与齐国求和，并献出遂邑这个地方。齐桓公答应了鲁庄王的请求，两国决定在柯地这个地方举行签约仪式。可是两国国君把盟约刚刚签完，曹沫就冲上前去，用匕首抵住了齐桓公的脖子，并威吓说：“谁也不要上前，否则我就杀了他。”齐国的谋士和将官们都害怕齐桓公有什么不测，不敢上前，只好问：“你想干什么？”曹沫激动地说：“齐国强大、鲁国弱小这是事实。但是齐国侵占鲁国的领土也太多了，以至于齐国的边境已经延伸到了鲁国的城墙下。鲁国的城墙一倒塌，就会压着齐国的领土。请你们考虑一下吧！”言下之意就是，你们把侵占鲁国的土地都还给鲁国，否则就对你们国君不利。

齐桓公被曹沫胁持，刀子架在自己脖子上，他知道如果不答应曹沫的要求，自己肯定活不成，于是就急忙对曹沫说："好好好，我答应你把侵占鲁国的土地都还给你们。”此话一出，曹沫果然放下了手中匕首，放开齐桓公将他推到齐国臣子的行列中。

齐桓公对此恼羞成怒，脱险后就想违背信约。这时，管仲对他说："您这样做不妥，人家劫持您是不想和您订立盟约，您事先没有料到这件事，这说明您并不聪明；您面临危险，不得不听从人家的威胁，这说明您不是十分勇敢；您答应了人家却又不想兑现承诺，这说明您不讲信用。作为一国的国君，您既不勇敢，又不聪明，现在您又想不讲信用，失去了这三点，还会有谁会真心服您呢？而如果您如约还给鲁国土地，这样世人就会给您诚信的美名，这比起鲁国的土地要有价值得多啊。”齐桓公听了，觉得管仲说得很有道理，就如约把侵占鲁国的土地还给了鲁国。

诸侯们听说了齐桓公信守诺言的这件事情，都觉得齐桓公是个值得信赖的人，因而都纷纷依附齐国。两年以后，诸侯接受齐桓公的邀请，到甄地聚会，他们心悦诚服地请齐桓公主持大会。从此，齐桓公成为诸侯公认的霸主，开始号令天下，创设了“九合诸侯，一匡天下”的辉煌业绩。

修身感悟

“人而无信，不知其可也”。作为一国之君，是否守信，不仅关系其个人的威望和功业，也关系到国家的形象和兴衰。所以说，很多时候，你的所作所为并不仅仅代表你自己，而是代表你所处的集体，对于你个人的不守信，在别人看来其实就是你的集体不守信，要想维护集体的利益，就必须尽量完善自己。

故事中齐桓公听从管仲的劝谏，信守诺言，归还了鲁国的土地，赢得了各国诸侯的信赖，这不能不说是他成为春秋五霸之首的重要原因。

董狐书法不隐

董狐，春秋时期晋国的史官。春秋时期晋国有位臭名昭著的昏君，就是晋灵公。他在位的时候，不但搜刮民财，增加苛捐杂税，还时常在城楼上，用弹弓射街上来往的行人以取乐。有一次，他的厨师为他炖熊掌，因为没有炖烂，他一怒之下竟然把厨师给杀了。

晋国有个大臣叫赵盾，看到晋灵公这样的残忍昏庸，担心晋国将来会毁在他手里，于是就劝他不要再这样。可是晋灵公不但不听，反而对赵盾耿耿于怀，心里算计着一定要杀了赵盾，除掉这个让他不高兴的人。一天，晋灵公请赵盾喝酒。其实他是想趁此将他杀了，他早就安排十几个士兵埋伏在屋子周围，一旦晋灵公发出命令，这些人就会一起出来，杀了赵盾。晋灵公和赵盾喝酒，当两人喝到酒足饭饱之后，晋灵公就大喝一声，要士兵们出来，一起围攻赵盾。幸亏赵盾武艺高强，又得到一个他曾经周济过的人的帮助，才逃了出来。

后来，赵盾的一个族弟找了个机会把晋灵公给杀了，为赵盾报了仇，并且立了新的国君，重新把在外逃难的赵盾接了回来，官复原职。

那时候，君主再昏庸也是不能杀的，作为臣子的杀害君王是不忠不义的表现。无论如何谁也不想承担杀君弑主的罪名，于是，赵盾就想看一看，史官是如何记载这件事情的。

一天下午，赵盾来到当时负责编写晋国国史的太史官董狐那里。他看了记录那段历史的竹简后，很是生气地对董狐说："晋灵公死的时候我并不在朝中，怎么能说是我杀的呢？你这样胡乱给我安插罪名，不是污蔑朝廷命官吗，你这是要被杀头的！"

董狐不慌不忙地说："您是正卿，逃亡却不出国境，回朝后又不讨伐国家的乱臣，您说在这件事情上，您是不是主谋呢？"

赵盾一听，觉得这件事的确因已而起，但他还是说："还是修改一下吧，改了对大家都好。您看如何？"董狐则严肃地说："作为一个史官，最重要的就是实事求是，黑就是黑，白就是白，来不得半点虚假，否则就是对后代人的欺骗。作为史官，我的职责就是记录真实的历史，让我为了个人私利改写历史，是无论如何也做不到的。"赵盾听到这里脸色变得异常难看，真想杀了董狐，可是董狐却面不改色，接着说："作为一个史官，丢了脑袋对我而言是件小事，丢掉了作为一个史官应有的节操可是大事。"赵盾听了董狐的话，虽然心中还是有气，但是觉得他说得也有道理，被他的这种诚实的品德感动，也就没有再说什么，而且此后也没有再难为董狐。

修身感悟

所谓的诚信，也就是诚实守信，首要的一点就是诚实，一是一，二是二，不能自欺，也不能欺人。正如董狐所言，作为一个史官，最重要的就是诚信，黑就是黑，白就是白，来不得半点虚假，否则就是对后代人的欺骗。

董狐宁放弃官位，愿丢掉脑袋也不愿丢掉作为一个史官应有的节操，的确令人肃然起敬，正是因为有了董狐这样宁死也要尊重事实的史官，我们才得以对历史的事实进行考查和研究。

季札挂剑践诺言

春秋时期，吴国国君寿梦膝下有四个儿子，在吴王的这四个儿子中，以小儿子季札最为聪明。因此，吴王很是喜欢他，并希望将来把王位传给他。

但季札听说父王打算把王位传给自己后，并没有表现出一丝的兴奋，反而坚决不肯接受。他对吴王说：“父王，您还是把王位传给大哥吧。您与其把王位传给我，不如让我为吴国四处拜访邻国，这样，对吴国更好啊。”吴王听到儿子这样为大局着想，不禁拍拍他的肩膀说：“嗯，你真的是我的好儿子啊。这样吧，我现在就赐予你一把代表吴国的宝剑，让你代表吴国出访。”

这样，季札就遵从父王的命令，出使各诸侯国。他第一站来到了徐国，受到徐国国君的热情款待。季札和徐国国君很谈得来，很快就成了无话不谈的好朋友。季札在徐国国君的盛情邀请下，在徐国多呆了几天。

一天，徐王正在与季札促膝长谈，说话间，季札忽然发现徐王有点分神，他的视线总是时不时的落在自己佩戴的宝剑上，眼神中透出几许欣赏、几许爱慕。季札看在眼里，记在心中。几天后，季札就要离开徐国了，徐王为他设宴送行。宴席上不但有美酒佳肴，还有优美动听的音乐，季札为这一切美好的东西陶醉。当酒喝到尽兴的时候，季札起身，抽出佩剑，一边唱歌，一边舞剑，以助酒兴，也表示对徐王盛情款待的感谢。

季札的这把剑可不是一般的剑，它的剑鞘精美大方，上面雕刻着蛟龙戏珠的图案，镶嵌着上等的宝石，在灯光照耀下显得尤其漂亮。这剑的剑锋犀利，是用上好的钢制成的，看起来寒光闪闪，令人不寒而栗，挥舞起来更是银光万道，威力无穷。吴王禁不住连声称好。季札早就看出徐王喜欢这把宝剑，就打算把这宝剑送给徐王以作纪念。但是这把剑是父王赐给他的，是他作为吴国使节的一个信物，他到各诸侯国去必须带着他，才能被各诸侯国接待。现在自己的任务还没完成，怎么能把它送给别人呢？

俗话说“君子不夺人之爱”。徐王心里明白季札的苦衷，尽管十分喜欢这宝剑，但是也没有说出口要季札送给自己。季札也知道徐王是个正人君子，是决不会提出这样的要求的。这样一来，季札就更欣赏徐王这个朋友了。临分手的时候，徐王又送给季札很多礼物以作纪念，季札被徐王的热情和体谅深深感动，于是在心中许下诺言：等我出使各国归来，一定要把这宝剑送给徐王。

几个月后，季札完成使命，踏上了回国的旅程。刚到徐国，他不顾旅途劳累，直接去拜见徐王。然而，出乎意料的是，徐王已于不久前去世，季札痛苦万分。他怀着悲痛的心情来到徐王墓前，跪在地上，深情地对徐王的墓说：“徐王，自从上次分别后，我一直盼着早些与您重逢。我知道您很喜欢我这把宝剑，每天我都精心把他擦拭一遍，想着再见面的时候，亲手把他送给您。现在我的任务已经完成了，不想您却先走了。我来晚了……”说着就呜呜的哭了起来。哭了一会儿，就把宝剑从腰间摘了下来，双手捧到徐王墓前，然后郑重地把剑挂在徐王墓前的松树上。

跟随季札的随从们见到这情景，都说：“既然徐王已经不在人世了，您把宝剑挂在他墓前他也不会知道，您这样做还有什么用处呢？再者说，您当初也没说要把这宝剑送给徐王啊。”

季札擦擦泪水，严肃地说：“在离开徐国之前，我就在心里许下诺言，等我出访任务完成后，我就把宝剑送给徐王。君子要讲信用。如今，徐王虽然去世了，但是我还是要履行我的诺言！”

大家被季札的诚信感动了，默默地站在徐王的墓前，心中无限感慨。

修身感悟

虽然逝者长已矣，虽然并不曾当众许下诺言要赠送宝剑，但即使是自己在心中许下的诺言，季札仍然坚守没有丝毫马虎，他履行诺言的诚意感动了所有的人，这样就更加树立了自己的威信。

诚贵在于心，信贵在于行，口头说出的是承诺，心里默许的也是承诺，兑现说出的诺言是守信，践行默许的承诺更是守信。

石奢以身殉法

春秋时期，楚国有个大臣名叫石奢。一天，石奢奉命巡视全国。临行前，楚昭王对他说："这几年你忙于国事，都没有回家乡省亲，这次你可以顺路回去看看，与家人小聚几天。"石奢听了楚昭王的话，心里很高兴。其实，石奢很想回家看看，家乡的一草一木、一山一水都让他感到亲切，每次在梦中他都会梦到家乡的人和事。尤其是过年过节的时候，就更加思念家乡的亲人。只是他在朝中，公务繁忙，再加上家乡位于偏僻的山野之地，路途遥远，交通不便，回一次家很不容易。

这一次，楚昭王主动提出让他回家探亲，石奢自然是十分感激和兴奋。离开都城后石奢严格按照楚昭王的旨意，认真地巡视。巡视完毕后，石奢让随从们先回都城，自己则踏上了回乡的小路。

眼看就要到了自己日思夜想、魂牵梦绕的家乡了，忽然听到不远处的树林里传来吵架和呼救的声音。石奢便急忙奔了过去，他看到一个人正举着刀向另外一个人砍去。说时迟，那时快，石奢一个箭步冲上前去，紧紧地抓住了那个杀人的凶犯。可就在这个时候，他一下子惊呆了，那个手拿凶器要杀人的不是别人，正是自己的父亲。石奢牢牢抓住他父亲的领口，非常气愤地说："父亲，您怎么能随便杀人呢？这可是犯死罪的啊。"石奢的父亲一看是自己在朝中为官的儿子回来了，顿时松了口气，接着说道："这件事情只有天知、地知，你知我知，只要你不对外人说，就不会有人知道。如果你还是我的儿子，那你就放我走。"

石奢的内心矛盾极了，多年来对父母的思念与维护国法公正的信念不断在内心冲突，他真是痛苦极了。不知不觉中，他的手渐渐放松了。于是，他的父亲就趁机逃走了。此时的石奢再也没有刚才那种浓烈的思乡之情了，父亲的作为让他难以平静。他调转马头，日夜兼程地返回了都城，并把路上遇见自己父亲杀人和自己放走父亲的事情一五一十地禀告给楚昭王。他说："杀人的凶犯是我的父亲，如果我把他抓住并判他死刑，是违背孝道的，所以我不忍心这么做；但是我把父亲放走了，我就是纵容了杀人犯，这是有罪的。我作为大臣，知法犯法，是应该判处死刑的。请求大王将我处死吧。"

楚昭王是个十分爱惜人才的君主，他觉得石奢年轻有为，廉洁公正，办事得力，实在是国家的栋梁。如今出了这样一件事，如果按照法律把石奢处死了，真是可惜啊，于是，他想了想说："在这件事情上，你并没有责任，因为并不是你故意放走杀人犯的，而是你父亲自己趁机逃走的。我看这件事情就不要再追究了，你就安心料理政事吧。"可是，石奢却说："大王，您的恩典我非常感激。但是对我来说，不偏袒自己的父亲，就不是孝子；不按国家的法律办事，就不是忠臣。我做了孝子，却违背了国法。因此，即使大王赦免了我，我当臣子的也有责任维护国家法律的尊严。"说完，他就向楚昭王拜谢离开王宫。可是他刚走出宫门，就立刻拔出宝剑，自刎而死。楚昭王和大臣们看了，都惊叹不已，都为楚国失去这样一个奉公守法的好官而感到可惜。

修身感悟

古人认为，信是统治者、执政者有效治理国家、维护统治的根本保证，厉行法制，坚持有法必依、执法必严、违法必究，是最高的诚信。

石奢发现自己的父亲行凶杀人，并使得父亲得以逃脱，这件事虽然只有天知地知，但是他却如实向国君做了报告，说明他是诚信之人，而他婉拒赦免选择自刎，说明他又是守信之人，石奢以死维护了国家法律的尊严，维护了人们对法律的信任。

曾子立信杀猪

曾子，名参，字子舆，春秋末期鲁国人，是孔子的得意门生。他博学多才，诚实守信，因此人们都尊称他为曾子。

有一天，曾子的儿子正在和小伙伴们玩耍，其中一个孩子耍赖，说话不算数，结果孩子们闹得不欢而散。曾子的儿子就把这件事情告诉给了父亲，曾子教育孩子说："小孩子说话应该算数，要说到做到。做不到的时候千万不能轻易答应，不然，别人会以为你说谎，不讲信用。"儿子听了父亲的话，点点头。

第二天上午，曾子的妻子要到集市上买东西。曾子的儿子哭闹着要和母亲一起去。那个时候去趟集市，对于孩子们来说是一件非常兴奋的事情，因为集市上有他们喜欢的糖果，更重要的是他们可以趁此到外面看看这花花世界。曾妻劝儿子说："乖孩子，娘到集市上要买好多东西，那里的人太多，路又远，娘一个人带着你实在不方便，你老老实实在家呆着和小朋友们玩吧！"可是儿子就是不肯撒手，依旧拉着母亲的衣服，哭哭啼啼的。正在屋里读书的曾子听到儿子的哭声，连忙出来帮助妻子劝儿子，说要给孩子讲故事，或者去野外捉蝴蝶。孩子哭着说："爹爹的故事都听腻了，蝴蝶也不稀罕。"曾子也没办法，只好劝老婆带孩子去。可是老婆仍旧不肯同意。孩子哭得更伤心了。

眼看日头就要到中午了，再不出发，今天就赶不回来了。正当妻子无计可施的时候，她突然看到了猪圈里的猪正乐呵呵地吃食呢。她想儿子最爱吃红烧肉了，于是就对儿子说："乖乖儿，只要你安心在家，等我赶集回来，我把咱家的猪杀了，给你做红烧肉。"孩子一听让人流口水的红烧肉，顿时来了精神。自已才吃过一次，而且还是那么小小的一块，今天母亲要杀了一头猪做那么多红烧肉，心里不禁乐开了花，不哭了，也不闹了，高兴地放母亲走了。

太阳快落山的时候，曾妻从集市上买完东西回来了，只见家里养的那头小猪已经被捆了起来，在那里大声号叫。曾子正在磨刀，准备杀猪。儿子也站在父亲的身边，高兴得手舞足蹈。儿子看到母亲回来了，就蹦蹦跳跳地迎上去说："爹爹要给我杀猪了，我要吃肉了。"曾妻见此情景，急得大声尖叫了一声，赶紧过来阻止。她气冲冲地质问曾子："你疯了，今天既不是过年又不是过节，也没有贵客临门，你杀猪干什么？"曾子反问说："你临走的时候，不是对儿子说只要他不哭，晚上就给他杀猪做红烧肉吗？"曾妻这才想起来上午哄骗儿子的话，忙说："我那是骗他呢，怎么你也当真了。"孩子听到母亲这样说，小嘴一撇，眼泪哗哗地流下来。

这时，曾子语重心长地对妻子说："你要知道，孩子是哄骗不得的。儿子年幼，什么都不懂，只会学父母的样子，相信父母的话。父母的一言一行，都会在儿子的脑海里打下深深的烙印。因此，做父母的一定要言而有信，说话算数。怎么能哄骗他呢？俗话说‘有其父必有其子’。如果父母不诚实，孩子就会撒谎；如果父母不守信用，孩子便会经常骗人。难道你愿意让我们的儿子养成说话不诚实，经常骗人的坏习惯吗？你现在想想，这猪到底该不该杀？”

曾妻觉得曾子的话有道理。她当然不想让儿子养成说谎的坏毛病，而是像曾子一样，成为一个“言必信，行必果”，有着高尚情操的人。于是，她就挽起袖子，帮助曾子把猪给杀了，晚上儿子高高兴兴地吃了一顿红烧肉。

修身感悟

曾子的家里并不富有，一头小猪可以说是家里很重要的财富，可是为了兑现对儿子许下的诺言，曾子不惜磨刀杀猪，而且借此机会和妻子讲解诚信对教育孩子的重要性，最后终于让妻子心悦诚服。

诚信是做人立身之根本，也是人际交往中的一个重要原则，其基本要求就是诚实守信，要做到言必信，行必果。父母是孩子最好的老师，有什么样的父母就有什么样的孩子，曾子杀猪立信以教育孩子，非常值得称道。

魏文侯冒雨期猎

魏文侯，名斯，战国时期魏国的创立者。有一次，魏文侯与掌管山泽园圃和田猎的官员虞人约定，将于某一天一同去附近的一个山上打猎。二人说好不见不散。

这一天到了，几个大臣在宫里陪着魏文侯，一边饮酒，一边欣赏歌舞。文侯很高兴，大臣们看到文侯高兴，自然也很愉快。正在这个时候，突然下起雨来，文侯也突然想起来，今天是他与虞人约好打猎的日子。于是他就命令下人赶快为他准备马和弓箭，准备去打猎。

左右的官员们都非常不解，问道：“主公，刚才我们一起喝酒，欣赏歌舞，大家都很高兴，何不继续呢？更何况现在下起雨来，您这要去哪里啊？”文侯说：“刚才我忽然想起来，今天是我和虞人约好去打猎的日子。我不能违约啊，虽然刚才我们在一起喝酒、欣赏歌舞，也很快乐，但是既然我和人家约好了，而且说定不见不散，那么我就一定要去的。”大臣们都劝他说：“主公，现在下雨了，您不去的话，虞人不会有什么意见的。更何况您是主，他是臣子，主人做什么都是对的，臣子不能给主人挑毛病。您还是不要去了。”

魏文侯不肯，仍旧让下人们赶快准备马匹、弓箭，自己到内堂换上了打猎的行装，准备出发。大臣们还想说什么，可是魏文侯一句都不听，坚持去履约打猎。此时，虞人正在他和魏文侯约定的地点等候，看到突然下起雨来，他想，文侯肯定不会来了，下这么大的雨，万一淋病了怎么办，他想等等看，文侯不来自己也回去吧。可是就在这时，他听到远处有马蹄的声音，接着就看到文侯骑着马向自己跑来。虞人感动得热泪盈眶，赶忙上前给文侯行礼，对他说：“主公，下雨了，您不必来赴约啊。”文侯却说：“我和你约好的，即使下再大的雨我也得来啊，否则就是不讲信用啊。”说着就拍拍马屁股，往树林中打猎去了。

修身感悟

与别人做个简单的约定，只不过是张张口的事情，十分简单，但是真正做到守信就不那么简单了，只有真正的诚信之人，才能够在任何条件下都不爽约。

守信践约是诚信的具体要求和表现，魏文侯作为一国之君，什么事情全凭他一个人说了算，可是他并不倚仗自己的权力而随便失信于臣子，即使大雨如注也坚决赴约，这就是真正的诚信之人。

樊於期舍生守信

樊於期，战国时期秦国人，是秦国的大臣。他生活期间，秦国的国君是秦始皇嬴政。大家都知道“奇货可居”的故事，当年嬴政的父亲异人，是秦国的皇子，年轻的时候被派往赵国做人质。赵国当时有个富商叫吕不韦，虽然他很富有，甚至比许多王侯还要富有，但是，当时商人被人们看作最没有地位的，人们往往称商人为“奸商”。

吕不韦是个野心很大的人，钱财对他来说已经不能满足他内心的要求了，他要改变自己目前低微的社会地位。于是他看到了秦国的异人，虽然贵为皇子，但是因为在赵国做人质，所以生活很简单，住着最一般的房子，吃着最普通的饭菜，出门还坐着破旧的车子。吕不韦觉得异人将来很可能成为秦国的国君，所以他要帮助异人。于是，他就给异人送来了金银珠宝，送来了锦衣玉食，更重要的是他还把自己已经怀有身孕的爱妾送给了异人。他要让自己的儿子将来能够继承秦国的王位，而那时自己就成了太上皇，自己的地位就贵不可言了。

后来，在吕不韦的帮助之下，异人回到了秦国，做了秦国的国君，立嬴政为太子，封吕不韦为丞相。

异人死后，嬴政即位当了国君，可是他发现自己并非是异人的亲生儿子，他的生父是吕不韦。按照当时的规定，嬴政不是皇室的子孙，不是真龙天子，是不能继承王位的，而且这还犯了欺君的大罪，是要被处死的。嬴政为了保住自己的王位，保守这个秘密，就找借口把所有知道这件事情的人都给杀了。最后剩下的只有大臣樊於期。樊於期知道嬴政肯定会杀他，于是就跑到了燕国去避难，住在他的朋友荆轲家里。

樊於期是个以大局为重的人，他知道如果自己把这个秘密说出去，就会引起秦国的骚乱，为了争夺这个王位，不知道有多少人已经丢了性命。于是，他决心保守这个秘密，尽管嬴政一再派人追杀他。后来，嬴政逼燕国交出樊於期的人头，不然的话就派兵攻打燕国。燕国当时的实力比秦国弱，如果打仗的话，肯定会吃亏。樊於期知道这件事情后，就主动找到荆轲，要献出自己的人头，以免因为自己而使燕国陷入战争。他在荆轲面前拔刀自刎，在死前他对荆轲说："将来您见到秦王，告诉他，大后宫的秘密我对谁也没有说。"

秦王嬴政也是个野心很大的人，他想统一华夏，因而对燕国发动战争是迟早的事，只不过要燕国交出樊於期的人头是个借口罢了。为了阻止秦国发动战争，燕国太子丹决定以送樊於期的人头为借口派人刺杀嬴政，这个任务就交给了荆轲。

荆轲刺杀秦王失败，被嬴政用剑刺穿了胸膛，在临死的时候他鼓足全身的力气对嬴政说："樊於期让我告诉您，大后宫的秘密他对谁也没说。"接着又断断续续地说："想不到秦国是这么不讲信用的国家，竟然还有樊於期这样舍生守信的人！"说完，就咽气了。秦王听了之后，非常震惊，后悔当初不应该迫害樊於期这样一个真正的正人君子。

修身感悟

信是一个人立身处世的根本，人能守信才能立足于社会。同时守信也应该有一定的原则，不能无原则的守信。故事中的樊於期就是以大局为重，舍生取信，真的是难能可贵。

樊於期宁肯选择自刎也要保守嬴政的秘密，并且托付给他的朋友荆轲，这就是真正的诚信所为，而荆轲也坚守了承诺，将樊於期所说的话转告给了不讲诚信的嬴政，为诚信献出了自己的生命。虽然樊於期和荆轲最终的结局非常悲壮，但是他们的诚信所为是非常值得我们学习和景仰的。

韩信千金报饭恩

韩信，淮阴人，汉初著名将军。他从小喜欢读兵书，有着满腹的学识，一心想着能披挂上阵，在战场上建立自己的功业，当个大将军。可是在他年轻的时候，没有人赏识他的才华，因而他总是郁郁不得志。

那时候，韩信很穷，日子过得很清苦。为了糊口，他经常到江边钓鱼，如果运气好的话，一天能钓上几条鱼，这样不但能够解决自己的肚子问题，还能换几个钱补贴日子。可是，钓鱼也不是一件容易的事情，并不是天天都能钓到鱼的，如果钓不到，他就只能饿肚子了。

有一天，韩信又到江边去钓鱼，眼看着已经晌午了，可是自己却连一条鱼都没有钓上来。韩信又饿又累，没有办法，就在那里坐着，望着自己的鱼竿发呆。江边有一个洗衣服的老大娘，看到韩信一个人坐在江边发呆，垂头丧气的，就十分关心地走过来，问道："年轻人，你怎么了，有什么不开心的事情吗？"韩信抬起头，见是一位和蔼可亲的老大娘，就如实告诉她说："大娘，我家里没有吃的了，想到这里钓几条鱼换钱买吃的，可是我钓了一上午了也没有钓到一条鱼，我现在饿得不行了。"

老大娘听了，不由得心中生起怜悯之心，就对他说："年轻人，如果你不嫌弃，就到我家先吃点东西，填填肚子吧。"韩信当时饿得快要发疯了，哪里还管什么好坏，只要有吃的就成，因此，他非常高兴地收起鱼竿，和大娘一同回家吃饭去了。

韩信和老大娘一边走一边说话。老大娘从韩信的口中了解到韩信的家世和自己的抱负，从心里喜欢这个虽然生活贫困，但是却很有理想的年轻人。从此以后，老大娘经常送给韩信一些饭菜以接济他。韩信对此感激不已。

一天，老大娘又给韩信送来一些饭菜，韩信很感动，对老大娘说："大娘，您对我真好，总是接济我，等以后我做了大事，一定要好好报答您老人家！"老大娘听后，却生气了，说："你以为我是为了让你报答我才帮助你的吗？你错了，我看你是个堂堂大丈夫却不能养活自己，因为同情你我才帮助你的。"韩信听了老大娘的话，默默地吃着饭，心里却不停地泛起了波澜。不久，韩信就告别了老大娘，离开了家乡，出外去闯荡了。

很多年过去了，韩信成了刘邦军中有名的将军，帮助刘邦打天下，建立了汉朝。刘邦封他做了楚王，他也获得了很高的声望。但是，在他心中一直惦记着那个曾经接济过他的老大娘。于是，韩信就派人打听老大娘的近况，得知老大娘仍旧在家乡过着清贫的日子，韩信就派人给她送去各种物品，让老大娘不再过那种劳碌贫困的生活，而且还特意回家乡看望老大娘，并给老大娘送去了1000两黄金。

老大娘说："你不要把这些黄金给我，一来我已经老了，活不了多少天了，要这么多钱也没有用，将来我也不能把它们带到棺材里；二来我也没有为你做过什么大不了的事，哪能要你这么多钱呢？"韩信恳切地说："当年我肚子饿的时候，您给我的虽然是粗茶淡饭，但对我来说这帮助是很可贵的，更何况您那时生活也很艰难，即使在这种情况下，您还是来帮助我。现在我有地位，有钱了，理应报答您。而且当年我也说过，等我以后做了大事，一定要好好地报答您！"老大娘感动得热泪盈眶。韩信接着说："我知道，当年您并不是为了要我报恩才帮助我的。也正因如此，我才更感到您是真心对我好，所以，我就更该好好地感谢您、报答您啊！"

修身感悟

俗话说"滴水之恩，当涌泉相报"。中华民族自古就有济困、报恩的传统美德。韩信在困顿的时候得到那位老大娘的接济，度过了生命中最难熬的时光，韩信深受感动，并声称将来一定要报答她老人家，这自然是常理。韩信做了大将军，帮助刘邦打了天下后，仍旧没有忘记当年对那位老大娘的承诺，这就是践诺，这是守信的表现啊。

自己许过的诺言，无论过了多长时间，都应该记得，也许你的不经意间的一句诺言，对你来说早已忘记，但是对别人来说却铭刻在心，说许出的诺言就一定要兑现。

张良纳履获兵书

张良，字子房，汉初刘邦的重要谋士，被封为留侯。张良从小就是个尊敬长者、信守约定的好孩子。有一天，张良打柴回来的路上路过一座小桥时，看到一位身穿粗布短衣的老人走到张良跟前，故意把穿在脚上的草鞋丢到了桥下，并且看着张良说：“小子，去把鞋给我捡回来。”

张良愣了一下，心想明明是这个老人家故意把鞋丢到桥下的，可是转念一想，老人家年纪大了，我就帮他吧。于是，他放下手中的柴担，到桥下取回鞋子递给老人。老人坐在桥头，眼皮也不抬一下，就说：“给我穿上！”于是，张良就跪在地上，把鞋子给老人穿上，然后老人笑呵呵地离开了。

张良非常不解地望着老人的身影。谁知，那个老人走了几步，又转过身来，对张良招招手，示意张良到他那里去。张良乖乖地走山前去，老头和蔼地对他说：“我看你这娃子很不错，值得教导，五天以后天一亮，你就来这和我见面。”张良听老人夸自己，还是要教自己，当然非常高兴，他给老人家行了礼说：“是！”

五天后，天刚刚亮，张良就来到了桥上，谁知那个老人已经坐在桥上等着张良了。老人很生气地说：“现在天已经亮了，年轻人这么不守信用，和长辈约会还迟到，长大后还能有什么作为呢。五天以后，鸡叫的时候，再来见我。”说完，转身就走了。

过了五天，鸡刚叫，张良就去了，老人又已经先到那里了。老人十分生气地说：“我已经听见三遍鸡叫了，你怎么才来？五天以后再早一点来见我！”

又过了五天，张良半夜就从床上爬起来，到桥头去等着那个老人。不一会儿，那个老人也来了，他高高兴兴地说：“年轻人您要成就大事业，就要信守约定，说什么时候到就什么时候到。”

接着老人又从怀里掏出一本又薄又破的书，说：“读了这本书，就可以成为皇上的老师。这话会在以后应验。”说完，老头就离开了，以后再也没有出现过。天亮的时候，张良看清老人送的那本书，原来是本《太公兵法》（又叫《黄石兵法》）。张良非常珍惜这本书，认真学习，从中学到了很多知识。并且还时刻遵守老人的教诲，严格要求自己，立志永远做一个信守诺言的人，这样才能让别人信任自己，从而成就一番大事。

果真，张良后来成了汉高祖刘邦的重要谋士。在楚汉战争期间，他提出了不立六国后代，联结英布、彭越，重用韩信等策略，又主张追击项羽，歼灭楚军，都为刘邦所采纳，从而帮助刘邦完成了统一大业。

修身感悟

张良为老者纳履，是尊重老人的表现；老者几次“捉弄”张良，其实是在考验他。最终张良通过了老人的考验，老者报之以兵书和教诲“年轻人要成大事，就要信守约定”。

现代社会，许多年轻人多了几分轻狂和事故，而少了几分成熟和诚信，其实无论在什么时代，踏踏实实做人，老老实实做事，诚实为本，才是一个人取得成功的关键，通向成功的路上没有捷径可寻。这是亘古不变的真理。

季布一诺千金

季布，秦朝末年楚国人，此人性情耿直，乐于助人，最可贵的是他特别讲信用，凡是他许诺过别人的事情，无论如何他都会想方设法办到，兑现承诺，从不食言，哪怕是赴汤蹈火，也在所不辞。当时楚地流传着这样一种说法：“得黄金百斤，不如得季布一诺。”意思是说如果能够得到季布的一句应诺，比得到什么都宝贵。

楚汉战争时，季布和他的舅舅丁公都是楚军将领。季布骁勇善战，曾多次奉西楚霸王项羽的命令围困汉军，迫使汉王刘邦一退再退，险些丢了性命。及至项羽乌江自刎之后，其舅舅定公归顺了刘邦，季布不愿意投降，不得不落荒而逃。

刘邦在楚汉战争中获得胜利，建立了汉王朝，当上了皇帝，即汉高祖。刘邦对季布恨之入骨，于是发出诏令，一定要捉住季布，并以黄金千两作为赏金。诏令中还写道："谁要是胆敢窝藏季布，不但本人要格杀勿论，还要罪及三族，满门抄斩。"季布只得东躲西藏，四处逃命。

俗话说："善有善报，恶有恶报"。季布生平取信于人，做了那么多侠义的事情，在他危难的时候，当然会有人救他。一天，季布躲到了濮阳一个姓周的人家。周氏知道他是季布，就非常诚恳地对他说："汉朝捉拿将军，马上就要搜到我家了。不是我不愿意帮助将军，实在是迫不得已，不便让您在我家躲藏啊。将军如果愿意听我一句劝告，我就给您献上一计，如果您不愿意听，我情愿先自杀，以报答将军对我的恩德。"

季布没有别的办法，只好答应周氏。周氏便让季布剃掉头发，带上颈圈，穿上粗布衣服，打扮成一个奴隶的样子。然后把他放到装有柳条的车中，送到原来的鲁国，改名换姓，卖给了一个叫朱家的义士。

朱家知道这个人就是季布，有心要保护他。买下他后便让他去管理田园，并不让他做苦重的活计。同时还嘱咐儿子说："田园的事情就让他做主，吃饭的时候他要和我们同桌，不能把他当作奴隶看待。他曾经有恩于我，你要好好地待他！"然后，自己则采办了许多礼物，驾车赶到洛阳，去见汝阴侯滕公。

朱家和滕公早就相识，二人好久不见，当然有很多话说。两个人喝了几天的酒，在席间，朱家问滕公说："季布犯了什么罪，陛下这么急于抓他？"滕公说："季布曾经帮助项羽围困陛下，害得陛下差点丧了性命。所以陛下非常恼恨他，恨不得将他碎尸万段。"朱家又问："您知道季布是个什么样的人吗？"滕公回答说："这个我当然知道了，而且天下人都知道，季布是个有名的诚信之士，而且是个不可多得的人才呢！"朱家见滕公这样说，就趁机给季布说情。说："作为臣子，当然要为自己的主人效力。季布当年是项羽的臣下，围困陛下那也是为主效力，并没有什么错啊。难道做过项羽的下属，就一定要杀吗？现在汉朝刚刚建立，陛下正是需要用人之际，却偏偏因为个人恩怨而杀了这样一个有才德的人，岂不是很可惜吗？这样不但显得陛下小肚鸡肠，而且对于季布这样一个难得的人才，如果你把他逼急了，他投靠了胡人，或者投奔南越人，那么这岂不是对汉朝形成很大的威胁吗？您何不找个机会把这些道理奏明陛下呢？"

滕公听朱家这么说，就明白季布很可能藏在朱家的家里。他其实也很赞赏季布的为人和学识，如果季布真的能为汉王朝效力，那么大汉天下真的可以稳固了。于是，他就答应了朱家的请求。

过了不久，滕公借故去面见汉高祖刘邦，并对他说："皇上刚得天下不久，正是用人之际，然而您却因为个人恩怨下令捉拿季布，这恐怕不是什么高明的做法。况且季布是个侠义之士，国人都知道'得黄金百斤，不如得季布一诺'，因而天下的人都很敬重他，受过季布恩惠的人、季布的朋友们都愿意以死保护他。如今皇上追捕的紧，说不定他已经逃到北匈奴或者南越那里了，如果将来他投到敌国那里再来和您作对，那您不是更头疼？皇上何不赦免季布，使天下人都知道皇上珍爱贤才？"

滕公的一番话，说得汉高祖刘邦不住的点头称是。于是，他下令特赦季布，并下诏召回季布，封季布为郎中，为朝廷效力。

修身感悟

季布生平言而有信，从不食言，做了很多侠义的事情，对他侠义诚信的品行，人们莫不称赞。所以，季布的侠义和诚信也换来了人们在危难之际，对他的帮助。我们应该学习季布，做一个重承诺、讲信用的人。

一个讲诚信的人，一定会得到好报，就像故事中的季布一样。俗话说好人有好报，你对社会对别人的付出就一定会有回报。当然我们做什么事情，并不是想要得到什么回报，但是只要你有一颗善良的心，你就会获得快乐的人生。

宋弘不弃糟糠妻

宋弘，东汉大臣，光武帝时期，曾任太中大夫、大司空等职务，并受封为郇邑侯。宋弘早年娶妻，但却一直没有生育。在古代有"不孝有三，无后为大"的说法。因而亲戚朋友们都劝宋弘"你已经到了中年了，可是还是没有个儿子，这后嗣的问题不解决，就断了祖宗的香火。将来你如何对祖宗交代，还是趁早娶个二房，早点继承香火吧！"

宋弘却一脸严肃地说："我的妻子从小就和我在一起，她宁可自己受苦受累，也要让我安心读书上进。作为一个男人是不该喜新厌旧的，否则，为君者必殆于政事，为臣者将难于守职。我处世光明磊落，绝对不会做忘恩负义的事情。如果上天注定我今生没有子嗣，那我也不会怪罪谁，只能怪我自己！"

当时，光武帝刘秀的姐姐湖阳公主刚刚守了寡。她还很年轻，很想再找个丈夫。光武帝就试探着问她："在我朝文武百官中，您觉得哪一个比较好呢？"湖阳公主毫不避讳地说："大司空宋弘才貌出众，人品高尚，在群臣中，是个出类拔萃的人物。"言下之意，光武帝当然十分清楚——姐姐愿意嫁给宋弘。

其实，光武帝也很赏识宋弘，如果宋弘能够和姐姐结合，那么皇家又多了一个人才。于是，光武帝就想从中撮合他们，给他们保媒。有一天，光武帝把宋弘诏进宫来，并让湖阳公主坐在屏风后面观察动静。

当宋弘坐定后，光武帝就开口说："俗话说，地位高了换朋友，钱财多了换老婆。这合乎不合乎人情呢？在我朝中，像您这样还守着一个老婆过的大人已经不多了，难道您就不想换个妻子吗？"宋弘不假思索地说："我觉得，作为一个诚实守信的正派人，在处理个人生活问题的时候，应该是'贫贱之交不可忘，糟糠之妻不下堂'，同过甘苦、共过患难的人是应该始终相守在一起的。有钱有势后就喜新厌旧，那是势力小人所为，我是看不起这些人的。"

宋弘已经把话说到这个份上，光武帝也就不好再张口提湖阳公主的事情了。宋弘走后，光武帝对湖阳公主说："宋弘的话，您都听见了，看来他是不会弃妻另娶了。姐姐还是另做考虑吧。"湖阳公主点点头，情不自禁地赞叹说："我没有看错，宋弘是个真君子啊！"

修身感悟

夫妻之间、父子之间、母子之间其实也存在着诚信的问题，男女之间，一旦缔结了婚约，成为夫妻，也就等于相互做出了承诺——携手而行，同甘共苦，共同创造美好生活。故事中，虽然宋弘的妻子不能生育，但是宋弘并不因此而休掉妻子，而是认为"贫贱之交不可忘，糟糠之妻不下堂"。

同甘共苦、共过患难的人应该始终相守在一起，这也是一种守信。

陈君贤教子不昧金

东汉明帝期间，在庐州府的陈家村，住着陈君贤一家人。有一天，陈君贤12岁的小儿子陈爵和好朋友陈挺在湖边玩耍。他们玩累了，陈挺就对陈爵说："我带着钓鱼竿呢，咱们去钓鱼吧。如果钓到大鱼，今晚让你爹给咱们烧着吃！"

陈爵这个孩子比较倔强，就说："不用你给我钓，我自己来钓！可是我没有带鱼竿，你等着我，我这就回家拿去！"说完，飞快地跑回家拿鱼竿去了。不一会儿，陈爵气喘吁吁地回来了，忙问陈挺："你钓到鱼没有？"陈挺说："你看，我钓到好几条了，又肥又大。你赶快过来吧，到我这边来钓，这边鱼多！"

陈爵却说："谁挨着你啊，挨着你钓到了不就抢了你的福气？我自己找地方去。"说着，就跑到离陈挺大约40米的地方去下钩。陈爵正聚精会神地等着鱼儿上钩。忽然，看到湖边的水中，影影绰绰好像有1个黄色的杯子。这时，陈爵就像把它捞出来看个究竟。于是，他就用一块大石头压住鱼竿，然后脱下鞋子，挽起裤管，下到水里捞。他发现，这杯子又重又滑，还有半截埋在土里。

陈挺在那边看到了，就大声地喊叫："喂，陈爵，你不好好的钓鱼，下到水里干什么呢？捞鱼啊！"陈爵听到陈挺的喊声，就说："快来帮忙啊！这里有个大杯子，沉着呢！"陈挺跑过来一看，水里果然有个黄色的大杯子，而且旁边还有一个盘子呢。于是就赶忙下去帮陈爵打捞。

他俩捞起了杯子和盘子，正要上岸，不料手一滑，杯子和盘子又掉进水里了。水被搅混了，什么也看不见了。陈爵和陈挺站在水里一动不动。等水澄清了，他们再也没有看到杯子和盘子，却又看到水底铺着一层五铢钱，少说也有好几百枚，金灿灿的很招人喜欢。

于是他俩不再钓鱼了，都弯下腰去摸那五铢钱。他们捡啊，摸啊……然后他们一人双手捧着一捧五铢钱，高高兴兴地回家了。

陈爵一回到家，就对爹爹说："爹，我捡到钱啦！"说完就把那些五铢钱拿给陈君贤看。陈君贤一看，吃惊地问儿子："你是从哪里弄来的这些东西？这可是黄金啊！”陈爵就把刚才的经过原原本本的和爹爹说了一遍。陈君贤忙说：“快带我去看看！”

父子俩跑到湖边一看，发现水中还有很多金器，就又下水去捞。不一会儿，陈挺也带着他的家人来了，邻居们听说湖里有黄金也都跑来了。大伙儿在水中捞啊，捞啊，一共捞出了十几斤。一下子捞出这么多金子该怎么办呢？陈君贤先把儿子叫到跟前，问道：“儿子，你可知道这湖是公家的还是咱们自家的？”儿子说：“那还用问吗，当然是公家的！”陈君贤接着又问：“既然湖是公家的，那么，在湖里捞到的金子是该给官府呢，还是应该自家藏起来呢？”陈爵想了一下，很懂事地说：“不应该自家藏起来，应该交给官府。”

陈君贤高兴地说：“你真是个懂事的好孩子，是我的好儿子。做人就该诚诚实实，再好、再贵重的东西，是自家的就是自家的，不是自家的就不能要。咱可不能为了这些黄金而忘掉了比黄金还重要的做人的道理啊！”

接着，陈君贤又说服了陈挺及其家人和各位乡亲，把从湖里捞出的金子全部交给了官府。当地官府又把这件事情报告给上级官府。最后连汉明帝也知道了。汉明帝知道了陈君贤和陈家村村民拾金不昧的事迹后，非常高兴，特别下了一道诏书，表彰并且奖励了他们。

修身感悟

做人就应该诚实，再好、再贵重的东西，是自己的就是自己的，不是自己的就不能要，这是比黄金还重要的做人的道理。

就是这样一个简单的道理，也许每个人都懂得，但是要真正做到这一点，恐怕不是那么容易的事情。面对金钱和利益，人们往往就失去了诚实的本性，从而陷入了错误的深渊。在当今世界，人们往往更多的看到的是金钱和利益，而丧失了做人的根本，这实在是人们的悲哀。所以，大力宣传诚信教育，培养人们的诚信意识，是目前社会最为重要的事情。

周举弹劾恩人

周举，东汉大臣。汉顺帝时，历任并州刺史、冀州刺史、尚书等职务。有一天，在金銮殿上，顺帝下令，要求各位大臣每人都要举荐刚毅猛进、富于谋略、能胜任将帅的人才。顺帝的话音刚落，担任司隶校尉的左雄就立即上前，举荐曾任冀州刺史的冯直。尚书周举一听，立即表示反对，于是，二人在朝廷之上当面争执起来，场面非常尴尬。

满朝文武对此议论纷纷。很多人说周举忘恩负义，以怨报德，因为当年左雄担任尚书时，曾极力举荐周举，所以周举才有今天；也有人说周举秉公办事，不阿谀奉承，因为左雄举荐冯直确实不妥，冯直曾经因为贪污受贿而受到朝廷的责罚。两派各执己见，争论不休。顺帝一怒之下，宣布退朝，大家不欢而散。

当晚，周举写了一份奏折，恳请顺帝弹劾左雄，因为他作为朝廷命官，保举人才不当，将受过惩处的贪污犯举荐为将帅。顺帝看了奏章后，虽然同意周举的观点，但是却对周举弹劾恩人的做法非常不满，认为他忘恩负义，不懂得仁义道德。

周举弹劾恩人的事情很快就传开了。朝中文武百官，只要对周举有过恩情的，都非常气愤。他们说："唉，如果当初知道他是这样的人，肯定不会帮他，这种卑鄙小人，哼！今天左雄被弹劾，说不定明天就要弹劾我们了！"

左雄听说周举弹劾自己，更是气得要命，大骂自己当年瞎了眼睛，养虎遗患。就在这时，冯直的父亲登门拜访。他告诉左雄：周举此次弹劾左大人只是一个开头，后头还有更大的阴谋——结党营私，独霸朝政。左雄将信将疑，冯父说："不信，您去查一查，周举这几天正在四处游说，拜访各位大臣。"

左雄听了冯父的话，便派下属去打探，发现周举果然在四处游说，拜访各位大臣。左雄怒气冲天，心想周举怎么就堕落到这个地步了。盛怒之下，他立即写奏章给顺帝，将自己的所见所闻和周举结党营私的罪行一一列出。

左雄的奏章刚刚送出，周举就登门拜访。左雄对他非常冷淡，但周举却异常镇定地说："您是最后一个，也是最难说服的一个。"左雄莫名其妙。周举开门见山地说："我知道我这次上书弹劾您，您可能会觉得不合情理，您当初对我有大恩，我不该忘恩负义！"左雄心里一怔，但仍旧不理不睬。

周举在左雄身边坐下，给他讲了一个故事：战国时期，赵国的赵盾起用韩厥担任司马，但是韩厥却在上任的第一天，就把赵盾一个犯了法的仆人给处决了。这件事传开后，很多人为赵盾鸣不平，认为韩厥忘恩负义。但赵盾却不这么认为，他对同僚们说：“韩厥不是忘恩负义，而是在报恩。我所以举荐他，是因为我相信他会恪守职责，不负我望。现在他果然是一个好司马，他用自己的刚正不阿报答了我的举荐之恩！”

周举接着说：“您也是因为我有才干才举荐我的，所以我决不敢盲目阿附您，使您蒙羞。但想不到您的见解却和赵盾不一样。”

左雄被周举的一番话深深打动了。面露愧色，直像周举赔不是，同时又告诉周举：自己曾是冯直父亲的部下，又和冯直是好朋友，所以才举荐他，自己确实有私心。面对左雄的坦诚，两人冰释前嫌。

后来，左雄病重，顺帝前去探望，问他有什么心愿，左雄诚恳地说：“周举诚实耿直，清廉忠心，正直无私，是个不可多得的人才，可以委以重任！”他把当年自己的错误行为和盘托出，恳请皇帝原谅。顺帝终于明白了其中的原委，回宫后立即召见周举，并委以重任。

修身感悟

诚实耿直，公正无私，光明磊落，这是一种可贵的品格和高尚的情操。周举正直坦诚，无私无畏，不惜背负“忘恩负义，以德报怨”的骂名，上奏皇帝，弹劾当年举荐自己的恩人，确实达到了一种正直无私的道德境界。值得庆幸的是，这种坦诚虽然遭到了一时的误解，但最终还是得以消除，周举也终因诚实耿直、公正无私而被委以重任，这也证明了一个道理——诚信者终成事。

保持自己的诚实本性，不要管别人说什么，只要坚定自己的做法是正确的，就迟早会得到人们的认可。

孔僖上书自讼

孔僖，字仲和，东汉时期鲁国人，曾任兰台令史。汉章帝时期，孔僖与涿郡人崔哲同在太学学习。有一次，他们二人在一起谈论孝武皇帝，即汉武帝，说孝武皇帝刘彻开始做天子的时候，尊崇信仰圣人的治道，五六年间，声誉超过了汉文帝刘恒、汉景帝刘启，后来他放任自己，忘了自己以前的优点。

不想这些话被隔壁一个叫梁郁的学生听到了，他把孔僖和崔哲的这些话上书给皇帝，说他们诽谤先皇，讥讽当今皇上。汉章帝知道这件事情后，很是生气，就派人去查办这件事情。崔哲去见官接受审问，孔僖则上书皇帝为自己辩护。

孔僖写道："一般所谓诽谤，就是说实际没有这事而凭空污蔑他人。至于像孝武皇帝，他政绩好坏，明确地记载在汉史上，清楚得如同明月。我们的那种谈论，是直说史书上的事实，不是凭空诽谤。当皇帝的，做好事做坏事，天下人没有不知道的，这都是有来由的，所以是不能够责备别人的。

"再说陛下您做皇帝以来，政教方面没有什么过失，对人民有恩惠，这是天下人都知道的事情，小臣我们需要讥讽什么呢？假使我们批评的是实际情况，那么您本就应该改正。倘若我们说的不妥当，您也应该宽容，又有什么罪呢？

"陛下您不推寻根本大计，自己作个深远的打算，竟纵容个人憎恶来大快自己的心意。我们被杀，死就死吧，不足为惜；可是天下的人一定会转移视线，改变想法，从我们这件事中，窥测到陛下您的心思，从今以后，假如见到什么不对的事情，再也没有人敢去说了。

"陛下应该听说过，春秋时代，齐桓公俘获了管仲，听说他有治国之才，便盛情款待。谈话间，齐桓公指出襄公在世的时候，筑高台，好狩猎，贪女色、侮贤士，国政搞得很糟糕，问以后该怎么办。管仲就接着提出了一套治国的办法。此后，齐桓公就按照管仲提出的办法来治理国家，群臣也都能够为国尽心尽力。现在陛下您居然打算为距今十代之远的武帝隐晦事实，难道不是跟齐桓公的做法相反吗？

"这一次，恐怕会被主管官员一下子给定成罪状，我被屈喊冤，不能自己申诉；假使后代评论者根据此擅自将陛下您比作什么样的君主，又怎么可以再让您的子孙皇帝来掩盖事实呢？我小心谨慎地来到皇宫门前，恭敬地等待您的处罚。"章帝看了孔僖的奏折后，立刻下令不许再追究这件事，并命孔僖为兰台令史。

修身感悟

诚是真实不欺的品格，孔僖与同学谈论孝武皇帝，直说史书上的事实，并没有凭虚诽谤。遭到诬陷后，孔僖上书皇帝，为自己辩护，陈述了事实，讲明了利害，这是诚的表现。

很多时候，人们为了取悦于人，往往会违背自己的诚的品格，而说一些另对方高兴的话，做一些另对方高兴的事，其实这是"助纣为虐"，不但不利于对方的成长，而且对自己也不利。事实求是的做人处世，这才是做人的根本。

韩康卖药不二价

韩康，字伯休，一名恬休，东汉京兆霸陵人，东汉名医。韩康生性淡泊，不爱出风头，医术高明且诚实不欺。他经常上山采药，并在长安的大街旁摆个小摊子，出售各种药品。

韩康卖药实行明码标价，每种药材上都标明了价格，而且还在自己的药摊子旁边挂上了块布，上面写着“不二价”三个大字。

一天，一个牙疼不止的老太婆前来买药。韩康虽然已经写明了“牙疼药一个钱两包”，然而，平常就爱精打细算、占小便宜的老太婆还是忍不住在已经标明“不二价”的药摊前与韩康讨价还价：“一个钱卖给我三包药好吧！”

只见韩康摆了摆手，严肃认真地说：“做生意，靠的是‘信用’。所以，我从不虚报价格占人家的便宜，也从不接受客人的砍价。我的药，全是货真价实的，绝对童叟无欺！”

老太婆见韩康的口气这么坚决，知道再讲也不会有什么好结果，就悻悻地拿着一钱的牙疼药走了。

日复一日，韩康的这个药摊“不二价”的消息就渐渐传开了。城里的居民经过仔细打听，才知道这个摆药摊的人，原来就是赫赫有名的韩康啊！

韩康的诚实，先前在城中是出了名的。如今，大家既然知道了这个摆药摊卖药的人就是韩康，于是，大家一有什么病就到药摊来买药，而且，再也没有人试图和他讲价钱了。

修身感悟

这个故事表明：只要做个诚实守信的人，无论身在何处，总能赢得最多的瞩目。服膺于真实的诚信之道，将会拥有难以抗拒的魅力，从而能为自己实实在在地聚拢人气、创造声誉。因此，众多商家总是以“货真价实、童叟无欺”作为标榜，以获得顾客对自己的信任。

光说还不是最重要的，重要的是要真正做到，只有如此，才能为自己做最便宜的广告，迎来更多的顾客。这是商人应该最重视的一点。做人也是如此，只要你是个诚实守信的人，大家就会发现你的高尚品德，给你最高的尊重。

阎敞诚信无私

东汉时期，有一对好朋友，一个叫阎敞，一个叫第五常。两人来往密切，交情深厚。特别是阎敞，为人端正，诚信无私，深得第五常敬佩。

一天，第五常到阎敞家里做客，说到自己即将到京城任职，路途遥远，且限日到京，行程匆忙，钱物携带很不方便，想在阎敞这里寄存一百三十万贯钱，等安顿好了，再来取。阎敞非常愉快地答应了，还说："我一定会为你妥善保管的，你放心去吧。你什么时候来取都成。"于是，第五常就把一百三十万贯钱送到阎敞家中。阎敞当面把钱封存起来。

临别的那天，阎敞亲自去送第五常，送了一程又一程。第五常再三劝他留步，两人才依依惜别。临走前，第五常对阎敞说："我那笔钱，兄长如果有需要，尽管用就是了。"

第五常到京后不久，京城突然爆发了瘟疫，第五常全家都不幸染上了病症，先后死去，只留下他的一个小孙子。第五常在临终的时候拉着小孙子的手，断断续续地说："你……如果能够……活下来，年纪……那么……小，将来……怎么……生活啊？我有……三十万贯钱……寄存在……家乡你……阎敞爷爷的家中，你……可以取来……维持生计……"说完，就咽气了。

第五常死后，他的小孙子牢牢记住了爷爷的话，知道他在家乡的阎敞爷爷家中寄存了三十万贯钱，但当年小孙子年幼，路途遥远，根本无法取回这笔钱，只能靠他家在京城的亲戚朋友接济度日。

十几年过去了，小孙子长大成人了，这才准备回乡。为了安置家业，他想去找阎敞爷爷取回爷爷生前寄存在他那里的钱，但是又觉得心里不踏实，这么多年过去了，人家还会承认吗？况且当年爷爷也没有和人家签订任何字据，空口无凭，人家会给我钱吗？

虽然忐忑不安，小孙子还是来拜见阎敞。那天，阎敞正在书房看书，忽然家里人进来说，有一位年轻的公子来拜访。阎敞到客厅一看，觉得这个公子似曾相识，只是一时又想不起在什么地方见过。那个公子见了阎敞，说起自己的爷爷第五常，阎敞才知道原来他是第五常兄弟的孙子。

阎敞闻听了第五常一家的不幸，回想起过去两个人的友情，百感交集，为朋友而悲伤。第五常的孙子还没有开口提钱的事情，阎敞就说："你的生计暂时不要发愁，你爷爷当年在我这里存了一百三十万贯钱，你现在拿回去用吧。"

第五常的孙子一听，顿时愣住了，说："爷爷说在您这里存了三十万，不是一百三十万啊！"于是，他就把爷爷临死前的话又说了一遍，问阎敞："您是不是记错了？没有那么多吧？"

阎敞忙说："没有错，没有错！孩子，我琢磨肯定是你爷爷在重病之中，头脑不清醒了，把话说错了。"说着，忙到储藏室中把第五常存放的一百三十万贯钱搬了出来，亲手交给第五常的孙子。

第五常的孙子接过钱来，含泪告辞。他想：阎敞爷爷不愧是我爷爷的好朋友。这真是钱财有数，诚信无价啊！

修身感悟

交友要交心，待人贵在诚，真诚地对待朋友，应该讲信用，守诺言，言必信，行必果。第五常奉命去京城任职，之所以把一百三十万贯钱交给阎敞保管，就是因为他相信朋友，知道他是个人品端正、诚信无私的人，而且后来发生的事情也证实了这一点。正所谓"钱财有数，诚信无价"啊。

现代社会，人们往往抱怨知心朋友太少，人与人之间多了冷漠而少了热心。其实，要想交到真正的朋友，最重要的是首先自己要待人真诚，只有你真心付出，才会赢得别人的好感。

范式守信不负约

范式，字巨卿，东汉山阳郡金乡人，曾任荆州刺史、泸江太守等职。范式小的时候，家里比较穷。有一次，范式穿着一身破旧的衣服，背着一个旧布包，到一所学堂去上学。老师把他介绍给全班同学，几个富家子弟见范式穿着破旧，就私底下“嘿嘿”地窃笑，并故意刁难他，一个同学还脚下使绊，将他绊倒在地上。这时，一个叫张劭的同学忙上前去，扶起了范式。

放学后，范式感到很孤单，一个人跑到附近的树林去，衔着一片树叶，吹出悠扬而悲伤的曲子。这时，张劭又来到他身边，给他带来了快乐。张劭想学吹树叶，范式就不厌其烦地教他，两个人玩得很开心。但过了一会儿，那几个富家子弟也来了，他们再次嘲笑范式的破旧衣服，还有几个人上前扯范式的破衣服，张劭顿时火冒三丈，把他们痛打了一顿。

那几个富家子弟挨了打，心里当然不服气，就去到老师那里告状。老师知道后，就罚张劭跪两炷香。范式觉得张劭是为了他才被罚的，不忍心看着张劭一个人被罚，就也跪在旁边，同他一起受罚。从此，两个人成了无话不谈的好朋友。

一天，范式把张劭叫到小树林，郑重地向他告别。范式家里生活拮据，已经无法支付他的学费了。张劭想出各种办法帮助范式，但范式都一一谢绝了。范式没有什么特别贵重的礼物送给张劭，就把自己一直吹的那片树叶送给了他。张劭则把自己的玉佩送给了范式。两个人约定：10年后的今天再在这个小树林见面。

一晃10年过去了。范式已经当上了刺史。新官上任伊始，范式就遇上了当年欺负自己的富家子弟李廷——他本来想巴结新来的官员的，不想这个新官竟然是当年被自己欺负的人。见到范式，他不免有些尴尬，但很快就恢复了常态，与范式称兄道弟，露出一副媚态，还送上了丰厚的礼物。范式断然拒绝了，李廷只好灰溜溜地拿着礼物回去了。他愤愤地说：“不就是一个小小的刺史吗，有什么了不起的？京城再大的官我都见过，给你送礼是看得起你，哼，咱们走着瞧！”

夜晚，范式坐在桌边，抚摸着张劭送给他的玉佩，喃喃自语：“我和张兄约好相见的日子就快到了，不知道他这10年过得怎么样啊！”正想着，忽然听到大门外有人击鼓鸣冤。原来是一个老妇人的女儿在客栈被人给杀了，“凶手”被人当场抓住。范式命人把“凶手”带上公堂，他万万没有想到，这个“凶手”不是别人，正是自己惦念多年的好兄弟张劭。

其实，那个老妇人的女儿并不是张劭杀的，而是李廷害的。出事后，张劭刚好路过，理所当然张劭就成了替罪羊。可怜他一介书生，纵然有百口也说不清楚。范式虽然觉察到这件事情有些蹊跷，但一时无法定案，只好将张劭押入大牢，改日再审问。

真凶李廷担心夜长梦多，真相败露，于是想出了一条毒计，要让张劭把黑锅背到底。他买通了牢房的牢头，让他们故意以范式之名，对张劭施以酷刑，把他折磨得死去活来。张劭信以为真，当下肝胆俱裂，心灰意冷。此时范式还被蒙在鼓里。

一天夜里，范式换上便服去探监。张劭一见范式，怒发冲冠，大骂他假仁假义，并发誓要与他恩断义绝。范式一头雾水，隐约感到事情有些不对劲，却又摸不着头脑。

范式决心把这件事情查个水落石出。李廷知道这件事后，立即招来替身自首，并买通京城的大官，诬陷范式办案不力，渎职失守，将他贬为平民。直到一年以后，新任刺史重审此案，才将李廷缉拿归案。

被革职的范式一身布衣，带着行李返回故乡。途中，他突然想起了十年之约，于是便转身往回走。这时，老管家拦住了他，对他说："您为张劭丢了官，他又对您满腔愤恨，您还去干什么呢？再说，张劭早就回家乡了，您又去会谁呢？"但是范式还是坚持去。

傍晚时分，范式来到那片树林，当年的小树而今已经长成苍天大树。他随手捡起一片树叶，放在嘴边吹了起来，悠扬而伤感的乐声回荡在树林里。

天色渐渐的暗了，范式见没有等到张劭，心里很是难过。就在他放下树叶准备离开树林的时候，身后忽然传来悠扬的乐声——张劭正坐在一棵大树下，嘴里衔着一片枯黄的树叶在吹着……

修身感悟

朋友相交，重在义气，贵在诚信，范式与张劭之交，就是这样的君子之交。他们交以义气，所以张劭能在范式受困之时出手相助；范式能为朋友的清白不顾自己的前程。虽然二人之间阴差阳错存在误会，但他们交以诚信，都不忘十年之约，最终二人之间的误会烟消云散。

朋友之间要讲诚信，这是建立在双方相互信任的基础上的。但是要真正了解一个人，并不是一朝一夕就能实现的。你需要多方观察，仔细考虑再做决定。尤其是现代社会，人与人之间的关系变得错综复杂，这就需要你擦亮眼睛，细细观察对方，既不要轻信对方，也不要对任何人都不信任，孤独一生。

范巨卿千里践双约

范巨卿，即范式。东汉时期做过荆州刺史。关于他以诚信交友的故事有很多。据说，范巨卿在太学读书时与同学劭元伯真诚相待，是无话不谈的好朋友。他们两个人都知道，朋友之间最要紧的就是以诚相待、信守诺言。

范巨卿是山阳郡人，劭元伯是汝南郡人。太学结业后，他俩结伴回故乡。一路上，他们谈论着在一起读书时的点点滴滴，真的是难舍难分。终于要分开了，两人依依不舍，劭元伯留着眼泪说："我们兄弟一场，今日一别，不知道何时才能再见啊？"说着说着，便伏在范巨卿的肩头抽泣起来。

范巨卿安慰他说："不要紧，我们是生死之交，我们一定会再见面的。今天是七月十六，两年后的今天，我一定到汝阳郡来与你欢聚。"听范巨卿这么说，劭元伯停止了抽泣，说："一言为定，我们两年后再见！"说完，他们挥泪而别，各自踏上了回乡的路。

劭元伯回到家乡，一直记着范巨卿离别时说的话。一晃两年过去了，离他们约定的日子越来越近了，劭元伯开始忙着准备酒菜，收拾房间。劭元伯的母亲不知道儿子的用意，觉得有些奇怪，于是就问儿子："元伯啊，你这样忙着准备酒菜收拾房间，难道是有贵客要到吗？"劭元伯回答说："是啊，娘，我忘记和您老说了，我与在太学读书时的好友山阳郡的范巨卿在两年前分手的时候约好，他在今年的七月十六要来咱家。眼看日子就要到了，所以我得赶紧准备啊！"

母亲听后笑笑说："你真是个傻孩子！山阳到汝南，有千里之遥。同学两年前分别的时候说的一句话，你怎么还真的当真了呢？"劭元伯说："娘，我是认真的。因为我和范巨卿是同学，我了解他，他是一个非常讲信用的人。两年前他说今年的七月十六要来，就一定回来。他是绝对不会失约的。"

母亲看儿子这么认真，就说："既然这样，咱们就赶快准备吧。"于是，也帮助儿子忙乎起来。很快，七月十六到了。天刚蒙蒙亮，劭元伯就起床跑到村头去等。在太阳刚一出来的时候，范巨卿就风尘仆仆地赶来了。久别重逢，二人的手紧紧地握在一起，一时间双眼噙泪，不知道该说什么。

过了一会儿，范巨卿才说：“我这次晓行夜宿，走了半个多月，可总算在约定之日赶到了。咱们别在这儿站着了，赶快到家里拜见伯母吧！”劭元伯和范巨卿手牵手走进家门，劭元伯高兴地喊道：“娘，我的好朋友范巨卿来了，我说过他不会失约的，这回您该相信了吧！”劭母赶紧出来把范巨卿迎进屋里，一边问寒问暖，一边高兴地说：“巨卿啊，我儿子有你这样的好朋友，是他的福气啊！你赶紧梳洗一下，马上就摆酒席为你接风。”

范巨卿在劭元伯家里住了十多天。在这些日子里，他们两个人各自叙说了分别两年来的生活及对对方的思念，回忆已经逝去的美好时光，畅谈了对未来生活的憧憬。这期间，范巨卿发现劭元伯不断地咳嗽，身体状况大不如从前，因此离别时一再嘱咐他注意身体。劭元伯拉着范巨卿的手伤感地说：“巨卿啊，咱们是生死之交，如果有一天我走完人生之路先你而去，你可一定要来送我啊！”

范巨卿看着劭元伯伤心的样子，心里也十分难过，他含着眼泪说：“元伯，你千万不要这样悲观，只要注意调养，你的身体会慢慢变好的。同时请你放心，如果真的有那么一天，我一定会送你来的！”说完，二人挥泪而别。范巨卿回到家不久，就得到了劭元伯去世的消息。这时，范巨卿由于旅途劳累已经非常疲劳，但他还是立即启程，日夜兼程地赶到汝阳。因为劭元伯临终前有话在先，说一定要等到范巨卿来后才下葬，所以，当范巨卿赶到劭家时，看到劭元伯的灵堂还没有拆，棺木仍然放在那里。范巨卿一见棺木，不禁号啕大哭。他双手拍打着棺木，边哭边说：“元伯啊！你才华出众，志向远大！壮志未酬，怎么就这么走了呢？虽然你不在了，但是我们的友情还在，你将永远活在我心中。今后，我一定要经常想着你我共同的志向，为国为民多做好事，以告慰你在天之灵啊！”

范巨卿祭奠完毕，又去拜见了劭元伯的母亲，请她老人家节哀保重。在出殡那天，范巨卿和众人一起拉着系在棺木上的绳子，把劭元伯送到墓地安葬，并独自守墓数日。

修身感悟

中国传统的交友之道特别重视诚实守信。因为诚实守信是做人的基本道德，更是交友的基本原则，孔子的学生曾参就把与朋友交往是否诚实守信，作为自己每天反省的重要内容。范巨卿与邵元伯是生死之交的挚友，他信守约定，千里迢迢两赴汝南，以践生死之约，着实令人佩服啊！

如果朋友之间，能够像范巨卿一样，那真的是不容易。现代社会，像范巨卿这样的人实在很少，他的守信似乎有些让人不可思议，但是只要具有他的这种守信的精神，就一定会成为一个令人尊重的人。

乐羊子妻诚实守节

乐羊子的妻子是汉代洛阳有名的贤惠女子。她诚实善良，知书达理，虽然家境贫寒，但是非常自爱，从不贪占别人的便宜，甚至捡来的东西也不要。

一天，乐羊子的妻子到地里干活。只有乐羊子的妹妹在家，她看见邻居家的一只母鸡跑到自己家的菜地里，于是她想：嫂子待我像亲妹妹一样，并且为哥哥的学业整日操劳，一年到头也吃不上几次肉，不如杀了这只鸡炖一下，给嫂子补身子吧。于是，她就逮住老母鸡把它给杀了。

晚上，乐羊子的妻子回来了，看到碗中的鸡肉，就问："妹妹，咱们家的鸡一只都没少，这是哪来的鸡肉啊？"乐羊子的妹妹不敢撒谎，就如实告诉了嫂子。嫂子听后，说："我们家里虽然穷，但是无论如何也不能拿别人家的东西。想一想，这也是人家辛辛苦苦养的鸡，我们怎么能白吃呢？"说完就来到自家鸡棚里挑了一只又大又肥的老母鸡，送到邻居家，并且向邻居道歉。

乐羊子的妹妹被嫂子的诚实守节、不贪图小便宜的品德感动了，不但向嫂子承认了错误，还在心里暗暗发誓，也要做像嫂子一样的人。

还有一次，乐羊子在路上捡到了一块金子，就高高兴兴地拿回家给妻子。妻子问："这金子是哪里来的？"乐羊子说："在路上捡的。"妻子说："别人的东西，我们不能要。"乐羊子说："反正也不知道这金子的主人，就留下吧，补贴家用，省得你那么辛苦！"妻子严肃地说："别人的就是别人的，即使是人家不小心丢掉的东西被你捡了回来，也不能就把它当作自己的东西。我听说，有志气的人连叫'盗泉'的水都不喝，诚实廉洁的人对于捡来的东西也不会要。如果你为了贪图小利，把这块金子留下来，就是不诚实的表现。你得到这块金子，却丢失了诚实守节、廉洁自律的高尚品德。"

乐羊子听了非常惭愧，就在捡金子的地方等失主来寻找，终于把金子还给了失主。后来，乐羊子到外地读书，由于思念妻子就在中途回家来看望她。乐羊子的妻子操起剪刀剪断了正在编织的布，说："只有不懈的努力，不停地织下去才会织出很长的布。你总是回家，就像剪断织布机上的布一样，很难成就大业的。"

乐羊子听了非常感动，从此再也不敢中途回家了，最后终于成为大学问家。乐羊子的妻子也因为自己诚实守节而受到人们的尊敬和好评。

修身感悟

俗话说"竹有节而贵，人有节而尊"，人之诚信如竹之有节。乐羊子的妻子教育妹妹和丈夫诚实守节，不因家贫而贪占别人的小便宜，难能可贵。她的高尚品行理应受到人们的尊敬和称赞。

很多时候，人们往往因为自己身处逆境或遭遇不幸的时候而放松对自己的道德要求，为了达到某种目的，而丧失了做人的根本，这是不可取的。一个真正品德高尚的人，就应该时时、处处都体现出自己的高尚品德。一个人品德的高与低，不是刻意追求的结果，而是其内心的体现。所以说，平常之中方显人生本质。

曹操不违生死约

建安三年，曹操率兵东征吕布，克彭城，围下邳。吕布为争取主动，多次带兵出城冲杀，都被曹操的军队打败。几个回合下来，吕布的锐气尽失，只好据城固守，再也不敢出门迎战了。

下邳城防守坚固，一时不易攻下。曹操于是改变了策略，给吕布写了一封信，讲明利害关系，示意要他投降。吕布看了信，打算投降，而陈宫等人自从在兖州背叛曹操投奔吕布以来，一直与曹操为敌，知道曹操不会容纳自己，因而竭力反对投降。

无奈之下，陈宫想出一个据敌之计，就对吕布说："曹操远来，军粮补给肯定会有困难，其攻势不可能维持很久。将军可带一部分兵力到城外驻扎，我带其余的兵力在城内防守，这样，如果敌人进攻将军，我就可以从背后去进攻敌人；如果敌人来攻城，将军又可以从城外接应。不出十天，敌军粮草不足，我们就乘机进攻，必定可以大胜。”

吕布准备采纳陈宫的意见，可是就在这时，吕布的妻子出来阻挠，对吕布说：“陈宫、高顺素来不和，将军一走，他们二人肯定不会同心共守，万一有个差错，将军自己如何立足呢？更何况过去曹操待陈宫就像对待亲骨肉一样，他还要离开曹操投奔我们，而现在将军待他并不比曹操待他好，你却要把城池和妻儿都交给他，自己孤军远出，万一发生变故，我还能再做将军的妻子吗？”吕布听了妻子的话，觉得有道理，犹豫了一阵，终于改变了主意。

曹操因为下邳久攻不下，士卒疲劳，不由得动了撤军的念头。荀攸、郭嘉劝阻说：“吕布勇而无谋，现在屡战屡败，锐气已经丧失。三军以将为主，主衰则军必无斗志。陈宫虽然有智谋，但脑子来得慢。现在，我们应该趁吕布元气还没有恢复过来，陈宫的计策也还没有使出来的时候，加紧进攻，吕布是不难打败的。”

曹操听了，觉得很有道理，于是激励士气，继续攻城，并根据荀攸、郭嘉的建议，采取了新的攻城步骤。吕布又坚持了一个多月，越来越感到难以支持，于是登上城楼，向曹军士兵说：“你们不要再围城了，我去向明公自首。”陈宫站在一旁，气得高声喊道：“逆贼曹操，算什么明公？现在就去投降他，就好比以卵击石，哪能保全性命。”

这时，吕布态度动摇，部下陈宫、高顺决心与曹操对抗到底，其余的也都彼此猜疑，上下离心，斗志丧失。部将侯成又因为挨了吕布的骂而生气，于是同宋宪、魏续一起，乘陈宫、高顺不备，将他二人捆绑起来，押着出城投降了曹操。

吕布带着部分将士退守下邳南门的城楼白门楼。城外围攻甚急，吕布见大势已去，让左右把自己的头割下来献给曹操，左右不忍，于是便自己走下城楼，开城投降，束手就擒。曹操召集文武官员来到白门楼上，当众处置吕布。吕布被压到城楼后，为了活命，与曹操周旋一阵。当曹操听了刘备之言，杀吕布的决心已定，就再也不理吕布了，而转过头去问陈宫道：“公台平常自以为智谋过人，今天怎么也弄到这个地步了？”

陈宫用眼睛瞪着吕布说：“只因为他不听我的话，以至弄到如今的地步。如果他能按照我的想法去做，是不会被你活捉的。”曹操又笑着问：“你看今天这事该怎么办呢？”陈宫平静地回答说：“我作为人臣却不忠，作为人子却不孝，理应奔赴刑场。”

曹操惋惜道：“你死了，你老母亲怎么办呢？”陈宫长长地叹了口气，说：“我听说打算以孝治天下的人，是不会害死他人的父母的，我老母亲是死是活，只能由你来决定，已经不是我所能决定的了！”曹操又问：“那么，你的妻子、儿女怎么办呢？”陈宫回答说：“我听说打算施仁政的人，是不会加害别人的妻子儿女、杀绝别人的后代的。我的妻子和孩子是死是活，同样也只能由你来决定。”

曹操听了，不再说话了。过了一会儿，陈宫要求说：“请把我拉出去处死，以彰明军法！”说完自己就往外走，军士怎么拦也拦不住。曹操见了，无计可施，只是流着眼泪在后面送行，陈宫这时却连头也不回一下。曹操遂下令将吕布、高顺等一同拉出去处死。

曹操杀死陈宫、吕布之后，将其首级送到许都示众，然后将其埋葬。他没有忘记陈宫临终时说的话，特地将他的老母亲迎来奉养，直到去世。其女儿长大后，又为她操办婚事。曹操对其家人的关心、照顾，比当初陈宫在世时还要周到。

修身感悟

人无信不立，己能守信，人始信之；如其无信，人必不信。无论身居何位，哪怕是一国之君，一国之帅，都必须坚守诚信为根本。曹操虽然是个多疑，甚至可以说是个残忍的人，但是他也有值得称赞的一面。故事中曹操能够善待陈宫的家人，就反映了他守信的一面。其实，陈宫死后，曹操完全可以不必履行自己的诺言，反正陈宫死了也不会知道，但是曹操还是没有这样做，这说明曹操是个守信的人。

作为一国之主，能够守信，对于这个国家来说是非常重要的。国君守信，大臣就会效忠国君，国家的法律、法规就会顺利实施。所以，提醒那些处在领导地位的人们，要守信，只有如此，你才能树立自己的威信，为属下做出榜样。

太史慈应约来还

太史慈，青州人。三国时期吴国的名将。一次，他在神亭战败，被孙权的兄长孙策俘获了。孙策以前就听说过太史慈的大名，于是就立即为他松绑，并以礼相待，还向他询问下一步进军的策略。

太史慈见孙策如此厚待自己，倒觉得有点不好意思，只是一味地说：“我乃败军之将，不配共论大事。”孙策则说：“从前，韩信定计于广武君李左车，现在，我想请教将军，您又何必推辞呢？”太史慈见孙策如此诚恳，就说：“州军刚被打败，士卒离心，如果分散了，就很难再聚拢起来；考虑到这种情况，想请您采取布施仁惠的措施加以安抚，又恐怕不符合您的心意。”孙策听了太史慈的话，长跪施礼回答说：“这实在是我内心所希望的。明天中午，希望您再回到这里来。”

诸将都很怀疑，认为这样让太史慈走了，他明天肯定不会再来了，纷纷埋怨孙策不该这么就放他走了。可是孙策却说：“太史慈，乃青州名士，以信用和道义为立身处世的根本，他一定不会欺骗我的。他说明天会来，就一定不会失约。”

第二天，孙策下令大摆宴席，宴席请了各路将领，摆设美酒佳肴。正午十分，太史慈果然到了。孙策非常高兴，后来常常与他一起商议军事。

修身感悟

诚实守信是为人处世之本，不仅能助人赢得朋友，成就事业，有的时候甚至能使人化险为夷，转危为安。就像故事中的太史慈一样。本来孙策俘获了太史慈，按理来说他完全可以杀了太史慈或者将他下入大牢，但是孙策爱惜太史慈的才华，放了太史慈，并邀他第二天再见。这是因为孙策知道，太史慈是个以信用和道义为立身处世的首要原则的人，他说到就会做到。所以说，是太史慈的诚信救了他的命。

一个诚信的人，一定会赢得别人的尊重和爱戴，即使是敌人也会敬佩你。所以说诚信会为你带来无穷的益处。

曹操不忘桥公约

桥玄，字公祖，东汉梁国睢阳人，历任县功曹、国相、司空、司徒、尚书等职务。光和元年，升任太尉。他以刚毅果断著称于世，当时被人们称为名臣。

曹操年少的时候，机警过人，行事怪异，不爱治家业，终日飞鹰走马，叔父和亲戚们都说他将来肯定不会有出息，是个败家子，而他本人则不以为然，认为自己将来一定会成就一番大事业。

有一天，曹操听说有个叫桥玄的人，是孝廉出身，见识不凡，善于观察和品评人物，只要能够与他谈一次话，他就能推断那个人将来的荣枯成败。曹操也很想知道自己未来的人生，所以就特意来到桥家，说明了自己的来意，请求桥公品评。

桥玄通过观察分析曹操的举止和谈话，不由得诧异地说："现在天下即将大乱，不是经邦济世的人才是不能使天下安定下来的。我见过的天下名士很多，但是却没有一个能与你媲美，将来你一定能够成为一个安邦定国的大人物！"

曹操听了他的话，喜形于色，因为桥玄说出了他自己的心里话，也因为世上终于有人能够了解他的心思，他非常感激桥玄，就把这位老前辈当作知己。桥玄也确实想帮助曹操，觉得曹操当时还没有什么名气，就又劝告他去结交许劭。

当曹操拜别桥玄时，桥玄既认真又半开玩笑地说："我比你大29岁，相见的日子不多了。你以后经过我的墓前，可别忘记用斗酒只鸡祭祀我啊！不然的话，你肚子作痛可别抱怨我啊！"曹操喜逢知己，愉快地答应了。

转眼之间，30年过去了，官至太尉的桥玄已经去世多年了，而曹操也在官渡大战中打败了袁绍，初步统一了北方。建安七年，曹操驻军谯县，特意派人到浚仪附近的桥玄墓前，用牛猪羊三牲的大祀礼祭祀，并亲笔写了祭文，即《祀故太尉桥玄文》。

曹操的这篇祭文表明，他一直在追念着与桥玄生前的会见，并恪守自己的约誓。于是，后人遂用“桥公语”、“桥公约”比喻朋友间生前的旧情，用“斗酒只鸡”、“只鸡斗酒”指献物或祭品的微薄。

修身感悟

说话算数，说到做到，有约在先，必践约在后，这是“信”的要义所在。曹操拜见桥玄后，一直在追念着他，并恪守自己的誓约，待桥玄死后，用斗酒和只鸡来祭祀桥玄。我们从这样一件小事就可以看出曹操守信的一面。

很多时候，我们往往会因为朋友的离开或者远行而忘记了对朋友的诺言，或者不认真履行对朋友的诺言，这些都不是正人君子所为。既然说了就一定要做到，无论发生什么情况，都要做到。一个人的诚信不是做给别人看的，而是切实的自觉。

嵇康与山涛

嵇康，字叔夜，东汉谯国人。在魏做过中散大夫，故世称嵇中散。三国时期著名的思想家、文学家和音乐家。山涛，字巨源，河内怀县人，好老庄学说，曾任吏部尚书、尚书右仆射等职。

三国时期曹魏末年，曹氏集团与司马氏集团为了争夺国家的统治权而明争暗斗，搞得官场上一片混沌。许多有才学的人都逃避现实，不想混入其中。其中有名的文人，他们是阮籍、嵇康、山涛、向秀、刘伶、阮咸、王戎。这七个人经常在竹林中闲游，试图寻找乱世中的清净。历史上把这七个人称作“竹林七贤”。虽然他们行为古怪，但是他们都是信守诺言、不畏强权、品德高尚的人。

当时的朝廷，表面上是曹操的后人做皇帝，实际上是丞相司马昭操纵朝中大权，甚至暗中谋划夺取皇位。他为了扩大自己的势力，争取社会名流的支持，还请“竹林七贤”出来做官。他首先请山涛出来，因为司马昭的祖母是山涛的堂姑母，山涛不好拒绝，只好答应了。

后来山涛又推荐嵇康到朝中为官。由于没有事先征求嵇康的意见，嵇康非常生气，就写了一封信给山涛，在信中他不但指责山涛，还猛烈抨击了当时的司马氏集团。山涛知道嵇康是个正直、清高的人，就没把这件事放在心上，还是和嵇康保持着真挚的友情。但是这件事使司马昭对嵇康怀恨在心。

后来，有个叫钟会的势利小人在司马昭面前说了嵇康的坏话，司马昭就随便找了个借口把嵇康抓到监狱里，并判了死刑。这个消息很快就传开了，洛阳城里很多人都为嵇康求情，山涛也几次上书请求赦免嵇康的罪行，但是都无济于事。

嵇康在临死前，把自己年仅10岁的儿子嵇绍托付给山涛，山涛爽快地答应了。嵇康把儿子叫到跟前说："你山涛伯伯是个值得信赖的人，只要他在，你就不是没有父亲的孤儿，他会像父亲一样照顾你。"果然，山涛是个守信用的人。嵇康死后，山涛不怕司马氏集团的迫害，对嵇康一家老小尽心照顾，把嵇康的儿子当作自己的亲儿子一样对待。

十几年过去了，司马炎当了皇帝，朝廷的混乱局面有所好转。山涛就上书给司马炎说："父亲有罪，和儿子没有关系。嵇绍现在已经长大成人，并且品德高尚，才华横溢，是个人才，应该得到重用。"司马炎采纳了山涛的意见，对嵇绍委以重任。

修身感悟

做人要讲诚信，交友贵在诚信；结交朋友不讲诚信，相互间就会结怨离散。只有诚信的朋友，才能够肝胆相照，休戚与共。

嵇康信友托孤，山涛守信不避嫌抚育遗孤，他们就是诚实守信的好友典范。嵇康对朋友的信任和山涛的诚实守信都值得我们后人学习和赞扬。

生活中，许多人多抱怨知心朋友太少，或者抱怨朋友不讲信义，其实，在你抱怨的时候，你是否也应该反思一下，自己做的到底如何，你是不是对朋友讲信用，只有自己做好了，才能要求别人啊。

诸葛亮受托辅后主

公元22年春，刘备病危，急忙把诸葛亮召回，托付后事。他对诸葛亮说："您的才能超过曹丕十倍，一定能安定天下，最后统一全国。假如我的儿子值得辅助就辅助他，如果他没有什么才能，您可以取而代之。"诸葛亮含着眼泪说：

“请您放心，我一定竭尽全力辅助后主，忠贞不贰！”刘备又写下诏书告诫儿子刘禅说：“你和丞相一起治理国家，对待他要像对待父亲一样。”

刘备去世后，后主刘禅封诸葛亮为武乡侯，设立丞相府，处理国家军政事务。不久，又让他兼任益州牧，政事无论大小都由诸葛亮决定。当时，南部地区的一些州县发生叛乱，因为新遭国丧，所以诸葛亮不便派兵镇压。公元225年春，诸葛亮率大军前去征讨，到秋天就平定了南部的叛乱。于是整军练武，准备向中原进发。

公元227年，诸葛亮率领各路大军进驻汉中，临出发前，他给后主刘禅上奏章说：“我自从接受先帝遗命以来，日夜担忧，唯恐托付给我的事情我做不到，而损害先帝的知人之明，所以我不惧危难，于五月间统领大军渡过泸水，深入到荒凉的地方去作战。现在南方诸郡已经平定，兵力、武器已经准备充足，应当鼓舞并率领三军，向北方平定中原。”

但青龙二年（公元234年）秋天，诸葛亮病重，死于军中，终年五十四岁。诸葛亮临终前嘱咐，把自己安葬在汉中定军山，依山造坟，坟墓只要能容纳下棺材就行了，入殓时穿平时的衣服，不需要其他殉葬品。

当初，诸葛亮向后主上奏章说：“我在成都的家中有桑树八百棵，薄田十五顷，子弟的衣食，略有宽裕，我在外任职，没有其他的花费，不索取什么东西，随身的衣服伙食全靠公家供给，自己也不另外经营什么事业，为家中积累财产。这样，我死的时候，一定不让家中有任何多余的财富，以负陛下的恩宠。”果然，到他死的时候，家中的情况和他所说的一模一样。

后主刘禅下诏策祭他说：“上天赐予您文武兼备的才能，英明而忠诚。您接受先帝托孤的遗命，教导我、帮助我理政，使将要灭绝的刘氏政权得以继续存在，已经衰微的皇室重新兴盛起来。您立下平定大乱的志愿，整顿军队，连年出征。您的英明威武使人们都感到惊讶，您的军威震慑八方。您为季汉建立的特殊功勋，高出伊尹、周公在殷、周时代所建立的伟大功勋。怎能使人不悲伤呢？在功业将近完成的时候，您遭病亡故！我因为悲痛，肝和心就像破碎了一样。我们将推崇您的美德，评定您的功勋，按您生前的行迹加封谥号，使您的美德发扬光大，永载史册，永垂不朽！现在派使者持节左郎中将杜琼，赠给您丞相武乡侯的印绶，赐给您的谥号为忠武侯。如果您的灵魂有知的话，一定会以此感到光荣。

呜呼哀哉！呜呼哀哉！

修身感悟

凡事业有成就的人，人格具有魅力之人，多为诚实守信的人，他们说话算数，办事可靠。诸葛亮以自己的才能和诚信赢得了刘备的信任，故刘备托孤于他。他又以自己的才能和诚信辅佐后主，“鞠躬尽瘁，死而后已”。

在中国古代历史上，大凡有所成就的人，都是讲求诚信的人，所以说诚信是一个人立身处世的根本。现代社会，这个道理同样适用，一个本领再高的人，如果不讲诚信，就不会得到别人的信任，当然也不会得到重用，那么他空有一身本领，恐怕也没有用武之地了。

陶侃饮酒限三杯

陶侃，东晋庐江浔阳人。初为县吏，渐生至郡守，历任荆州刺史、广州刺史、征西大将军等职务，后任荆、江二州刺史，都督八州诸军事。

有一天陶侃在武昌宴请殷浩、庾翼等几个名士，席间，吟诗作赋，讲谈学问，好不高兴。大家喝过两杯酒后，殷浩举杯说道：“将军，您最近平定了郭默的叛乱，立下了大功，请让我敬您一杯吧！”陶侃想了想，痛快地说：“谢谢，喝！”说着，便端起酒杯，将杯中酒一饮而尽。接着，庾翼也举起杯来，说：“将军，若论战功，您上次平定苏峻的叛乱，功劳最大，请让我也敬您一杯吧！”

苏峻是什么人呢？庾翼所说的平定苏峻叛乱又是怎么回事呢？苏峻本来也是东晋的一位将军，因为不满晋成帝顾命大臣庾亮削减他的兵权，就带兵造反，攻下了朝廷所在的建康“台城”，将年纪尚幼的皇帝挟持到军事重地石头城。

当此之时，陶侃指挥六万大军，从武昌城浩浩荡荡沿江而下，包围了石头城，擒杀了苏峻，解救了晋成帝。按说，当庾翼敬酒时，陶侃应该高兴，喝下这杯酒才对。不料，陶侃却抱拳作揖，诚恳地说：“先生，对不起，我今天饮酒已经足量了，不能再饮了！”见此情景，庾翼不悦，殷浩便附和着说：“将军，今天大家高兴，您应该开怀畅饮！我看得出您有海量！”

想不到这时陶侃却泪流满面，哽咽着说：“实在对不起！不瞒二位先生，家母生前曾给我规定：每次饮酒，三杯为限。今天杯数已足，我不能违背先母的禁约！”接着，他回忆了青年时代的一段往事。

陶侃的父亲陶丹本是三国孙吴的名将，但很早就去世了。陶侃全靠母亲纺纱织布抚养长大，后来当上了浔阳县城一名小小的“鱼梁吏”。陶侃的母亲对陶侃的要求很严格。有一次，陶侃托人捎几条咸鱼回家，想让老人家高兴高兴。不料陶母将鱼原封不动地退回来，还附了一封口气严厉的信，说：“你现在才当了个小官，就拿公家的东西回家，真叫我愁死了！”

还有一次，浔阳县衙门举行宴会，陶侃喝得酩酊大醉。酒醒后，母亲一边垂泪，一边责备他说：“饮酒无度，怎能指望你刻苦自励，为国家建功立业呢？”陶侃羞愧难当。母亲要求他保证：从此严于律己，饮酒不过三杯。

陶侃讲完故事，又接着说：“苏峻、郭默之乱虽然已经平定，但是中国尚未统一，男儿报效国家的路还很长，我怎能违背先母的遗训呢？”殷浩、庾翼听完，肃然起敬地说：“将军，虽然老夫人仙逝多年了，而您信守遗训，不减当年，这种美德一定会同功业一起，永留青史！”

修身感悟

诚信是一个人立足社会、成就事业的根本；诚信的最高境界就是克己慎独。故事中陶侃的母亲生前曾给陶侃规定：每次饮酒，三杯为限；陶侃也向母亲保证：进酒不过三杯。若干年后，陶侃仍旧遵守母亲的遗训——饮酒限三杯，这表明讨论之诚信已经达到了最高境界。

一个讲求诚信的人，无论何时，无论何地，都会讲诚信，而不会因为时间地点的改变而改变。诚信是一个人内在的品质，虚伪不得。只要具有了诚信的品质，就不会轻易改变。

明山宾诚实卖牛

明山宾，南朝梁时会稽人。曾任中书侍郎、北兖州刺史等职务。

在明山宾担任某州从事的时候，正好那年大旱，庄稼颗粒无收，百姓没有粮食吃，饥饿难耐，随时都有丧命的危险。看到这些，明山宾决定打开粮仓，放粮给老百姓，以解救百姓于水火。可是他的助手周显良却认为此事非同小可，必须报告朝廷。但此时灾情太严重，刻不容缓。于是，明山宾在犹豫一下之后，毅然决定开仓放粮，并说："如果朝廷怪罪下来，由我一人承担。"

为了维护放粮时的秩序，明山宾约法三章：第一，不排队的关押10天；第二，冒充贫苦人来领粮的关押15天；第三，多次来领粮的关押15天。凡因此被关押的人，在其被关押期间，其家属也不能来领粮。

告示张贴之后，百姓们大都能严格遵守，放粮秩序井然。一天，一个叫李虎的中年男子急匆匆地跑到领粮处，没有排队就去领粮食。他也是情急无奈，他3岁的儿子就快饿死了。由于李虎的行为违反了州里的规定，负责维持秩序的衙役便不问缘由，将李虎关押起来。10天后，李虎回到家里，看到儿子生命垂危，奄奄一息。见此情景，就大骂妻子为什么不去领粮食。

李虎的妻子泪流满面地说："你还不知道啊，章法规定，一人被抓，家属也不可以领粮食啊！"李虎一听，顿时火冒三丈，他把满腔的怒火都记在明山宾的头上，发誓要明山宾家破人亡。就在这时，明山宾开仓放粮的事情被朝廷知道了，朝廷非常震怒，并派官员前来追查。对此，周显良很担忧，但明山宾却心静如水，他说："这件事情你就放心吧，我早就说了，一切由我负责！"他吩咐周显良继续放粮，自己则等待朝廷发落。

令明山宾万万没有想到的是，跟随他多年的周显良竟然暗地里耍阴谋。朝廷命官让周显良找几个百姓了解情况，他招来的都是对放粮时有所不满的人，其中就包括李虎。李虎当着朝堂命官和周显良的面，大骂明山宾，并说出了自己的惨痛经历。朝廷命官得知这件事后，大发雷霆，认为明山宾私自开仓并非救民心切，而是别有用心，并当即决定将明山宾革职，且终身不再录用。

明山宾被革职后，带着夫人默默地回会稽老家去了。但是，李虎并没有就此善罢甘休。他竟然背井离乡，千里迢迢去找明山宾报仇。到了会稽，他找遍了所有豪宅大院，却没有找到明山宾的家。其实，明山宾为政清廉，家里根本没有什么财产，回到会稽后，当然也不会有什么豪宅大院，而是住在一间茅草屋里，度日艰难，眼下正为吃的问题发愁呢。无奈之下，他决定将家中唯一值钱的东西——一头黄牛牵到集市上去卖。

明山宾来到集市上，往牛脖子上挂了一块照牌，上面写着："此牛出卖，纹银三两。"过往的人看了都很惊讶："这么壮实的一头大黄牛，怎么才3两银子？"明山宾一经提醒，便想更改价牌，提高卖价。但一个年轻人眼疾手快，抢在明山宾换牌之前，提出要买这头牛。明山宾说一不二，就以三两银子的价钱将这头牛卖给了那个年轻人。在场的人都说明山宾傻。明山宾回到家，把卖牛的经过告诉了妻子。妻子哈哈大笑说："这头牛能卖3两银子就不错了。"原来，这头牛几年前就得过漏蹄病。明山宾一听，说："那买牛的人不是吃亏了吗？"

于是，明山宾又匆匆忙忙赶到集市上，可是已经不见了那买牛的年轻人。没有办法，明山宾便四处打听，费劲九牛二虎之力，终于找到了那个买牛的人，并反复向他说明情况。可是，那个买牛的年轻人却以为明山宾是嫌牛卖的太便宜了，想反悔，所以执意不肯退还，两人就在路边拉拉扯扯……说来也巧，这事正好让到处寻找明山宾的李虎给撞见了。李虎一见明山宾，分外眼红，拿出匕首，想趁机行刺。

但是，李虎看到明山宾穿的是粗布衣服，又得知他生活拮据，竟然落到以卖牛为生的地步，不由得迟疑了。而明山宾并不知道李虎与自己有仇，还误认为他是那买牛人的亲戚，便一五一十的告诉了李虎，还说："买卖总要诚实，如果得过病的牛被当作好牛卖掉，我心里会不安的。"李虎一听，不由得从心里赞叹明山宾是个真君子，于是就说出了当年的事，并请明山宾宽恕自己。

修身感悟

诚信是一切道德的基础和根本，是人之为人的最重要的品德。诚信是发自内心的、自愿的，是人的一种操守，是道德人格不可或缺的因素。一个品德高尚的人，不论在何时、何地，也不论身处何境，都不会失去诚信的美德，就像故事中的明山宾一样。他在为官期间，讲求诚信，要求百姓按秩序领粮；在他被贬为平民，生活艰苦的时候，他还是讲诚信，坚持要告诉买牛人，自己的牛是一头有病的牛，不肯将它以好牛的价格卖给别人。

一个人有明山宾这样高的道德境界真是值得称赞。现代社会人们往往更多地注重钱财，为了追求钱，而抛弃了诚信的美德，这样如果每个人都丧失了诚信的美德，那么整个社会就无诚信可言，那样社会也将呈病态。所以，让我们每个人都燃起心中诚信的意识，使我们的社会更加和谐、健康。

皇甫绩守信求责

皇甫绩是隋朝有名的大臣。他3岁的时候父亲就去世了。母亲一个人难以维持家里的生活，就带着他回到娘家去住。外公见皇甫绩聪明伶俐，又没有父亲，怪可怜的，所以格外疼爱他。

皇甫绩的外公叫韦宽。韦家是当地有名的大户，生活很富裕。由于家里上学的孩子多，外公就请了个教书先生到家里来，办了个私塾。皇甫绩就和表兄弟们一起在家里的学堂上学读书。

外公是个非常严厉的老人，尤其是对他的孙辈们，更是严加管教。私塾开学的时候，就立下了规矩，谁要是无故完不成作业，就按照家法重打20大板。有一天，上午上完课后，皇甫绩和他的几个表兄躲在一个已经废弃的小屋子里下棋。一贪玩，不知不觉就到了下午上课时间，大家都忘记了做老师上午布置的作业了。

第二天，这件事被外公知道了，他把几个孙子叫到书房，狠狠地训斥了一顿。然后按照家规，每人打了20大板。外公看皇甫绩年龄最小，平时又乖巧，再加上没有了父亲，不忍心打他。于是，就把他叫到一边，慈祥地对他说："你还小，这次我就不罚你了。不过，以后不能再犯这样的错误了。不做功课，不学好本领，将来怎么能成大事？"

皇甫绩和表兄们相处得很好，表兄们都很爱护他。看到小皇甫绩没有被罚，心里都很高兴。可是，小皇甫绩心里很难过，他想：我和表兄都犯了一样的错误，耽误了功课。外公没有责罚我，这是心疼我。可是我自己不能放纵我自己，应该也按照规矩，挨20大板才成。于是，皇甫绩就找到表兄们，求他们代外公责打自己20大板。表兄们一听，都"噗哧"一声笑了出来。皇甫绩一本正经地说："这是私塾里的规矩，我们都向外公保证过了，触犯规矩甘愿受罚，不然的话就是不遵守诺言。你们都按规矩受罚了，我也不能例外。"

表兄们被皇甫绩这种诚心改正错误的精神感动了。于是，就拿出戒尺打了皇甫绩20下。后来皇甫绩做了大官，但是这种从小养成的信守诺言、用于承认错误的品德一直没有丢，这使得他在文武百官中享有很高的威望。

修身感悟

一个人诚实守信的品格不是先天就有的，而是后天养成的，在这个养成过程中，离不开环境的熏陶和各方面的教育，正所谓“玉不琢，不成器；人不学，不知义”。皇甫绩从小就养成了信守诺言、勇于承担错误的品德，实在是难能可贵。

相比我们现在的孩子，皇甫绩为我们做出了好的榜样。要建立诚信的社会，首先就应该高度重视孩子的诚信教育，只有从小就给孩子养成诚信的品德，长大后才可能成为一个讲求诚信的人。同时，教育孩子，培养孩子的良好品德，父母、师长要做出表率，你的行为是孩子最好的榜样。

高允宁死不说谎

平城北魏皇宫里。皇太子拓跋晃听完师傅高允讲解一段《史记》后，就顺便问他当今兴修“国史”的事。这部“国史”原是皇帝宠臣司徒崔浩主编的。高允因为职务是著作郎，加之文笔稳健，见识渊博，也参加了编写。

“崔司徒确实有才能，难怪皇帝几十年来一直对他那么信任！”皇太子礼貌似称赞，实际暗中带刺地说，“这回国史修成，他可又得高升了。”

“我以为，崔司徒锋芒毕露，疏于检点自己。”高允有点忧虑地说，“而且经常推荐那些无功也无本领的亲戚、朋友、学生当官，争权夺利。长此以往，我看是祸啊！” 高允的谈论触及了皇太子胸中的闷结，他对崔浩本来就有点不满意。前些日子，崔浩要让几十个姓崔的本家人出任地方官员，皇太子反对，他就和太子力争，结果还是照他意见办了。崔浩还向皇帝建议，回复到春秋战国以前的封建制，把中国分成一个个小国，还说秦始皇设立郡县制是错误的。他的用意是希望凭自己家族在北方的势力，和北魏鲜卑族政权分庭抗礼，这当然是皇太子难以容忍的。而崔浩却毫无忌惮，这回在北魏国史编写好后，他还向国库开支了300万钱，让石匠把它一个字一个字地镌刻在高矗的碑石上，石碑一座接一座地排立在平城西郊大路边，给来往过路人诵读。“国史”里有关鲜卑族老祖宗的家底全都毕露无遗，供人指摘。这样，包括皇太子在内的鲜卑贵族对他更痛恨了。

太武帝拓跋焘因为崔浩侮辱了自己祖宗，就下令逮捕他和他的家族，并且还准备将参与编写“国史”的所有人员和他们的家族全都杀头，高允当然也在被杀之列。但皇太子不忍心，他请来高允讲读，其实是设法为他开脱，救他一命。因为高允平时谨慎、正直，很得太子敬仰。

皇太子带高允去进见太武帝。走到宫门，皇太子对他说：“先生上殿见到至尊皇帝，至尊如果询问，你必须要按照我说话的意思回答。”又再三嘱咐高允：“千万别忘记，切不可讲自己要说的话。”“请问殿下，为什么要那样啊？”高允有点疑惑地问。“到了大殿上，你就知道了。”皇太子说。

到了大殿上，皇太子向皇帝诉说高允为人从来小心谨慎，虽然参加崔浩编写的“国史”，但职务低卑，起不了什么作用，所有文字修饰，定稿都由崔浩最后总裁，请赦免高允。皇帝就问高允“国史”是否都由崔浩审定？皇太子用眼色示意高允，要他顺着话说下去，这样就可以开脱了。

“《太祖纪》是前著作郎邓渊写的，《先帝纪》、《今纪》，乃是我和崔浩合作的，但是由于崔浩事务繁忙，只抓大纲，至于编写，还是我的笔动得多。”高允没有按照太子的话说，竟直率、如实地回答了。

皇帝听了大发雷霆，怒斥高允说：“你竟超过了崔浩所为，哪能赦免死罪？”皇太子见高允为讲真话把生死置之度外，心里很佩服，他赶忙插话说：“高允是一个小官员，看见皇帝威风凛凛，才惊惶失措、语无伦次的。可他平时和我说，那都是崔浩所为。”皇帝又问高允，东宫太子所说的，是这样吧？

“我的罪可以灭族，但我不愿说谎话。太子因为我侍讲时间长，可怜我，为我乞命，但他确实没有问我，我也没有讲这事。”高允不愿说违背自己良心的话。

太武帝听了高允侃侃而谈，颇有感慨地对太子说：“这是个正直的人啊，临死前还那么老实，不愿说谎欺骗。”于是就宣布赦免高允的死罪，并让他起草一份诏书，内容是从崔浩起，凡参与修史的共128个官员和崔浩的家族全都杀头。

高允没有立即起草诏书，皇帝催促了几次，他才对皇帝说：“崔浩如果有其他罪恶，当然可以处死。如果只是因为写史获罪，那也不至于处死刑。”皇帝又发了脾气，经太子再三请求，才再次赦免高允，并同意他的请求，除崔浩外，其余127人及崔浩的家族也都赦免了。

几天后，高允和皇太子又在一起闲谈。“人都应该是见机行事的。我想为你开脱，可你却始终没有按我的意思办，使皇帝一怒再怒，”皇太子责备高允说，“想到这里，我也真是心有余悸。”

“写历史的目的是使后人警戒以往过失。崔浩按自己好恶作为写史标准，这是最大过错，至于写皇帝活动、国家事务，那还是需要的。”高允心平气和地解释，“我和崔浩同事，哪能因此推卸责任，要我说违心的话，把责任都推到他人身上，我实在不愿意。”

皇太子听了高允这番话，对他更加敬佩了。

修身感悟

不说假话，是诚信的基本要求和基本表现。北魏太傅高允，基于自己诚信为人之道和对皇上的忠诚之心，置生死于度外，坚持说真话而不说假话，实属难能可贵。

社会是复杂的，有些时候，为了保护自身的生命或者利益，可能不宜说真话，但我们必须要求自己不说假话，并在适当的时候说出真话。要做到这一点着实不容易。许多时候，说真话往往会受到迫害，而说假话倒可能富贵发达，所以我们要有与恶势力做斗争的决心和信念，更要讲求对策，在保护自己的同时，揭穿坏人的阴谋。

郭元振冒雪访可汗

深州都督加安西大都护郭元振，来到蜿蜒的河西走廊后，由于立足发展生产、围垦荒地，从此军粮充足、士气旺盛，获得众人欢心。他还在南境峡口建筑和戌城，控制了深州南北通路，使原来僻静的深州城成为中原通往西域的一大重镇。郭元振又特别注意和西域各族部落交好，尊重他们的民俗习惯，使玉门关内外羌笛悠扬，杨柳夹行，一派友好和平的气氛。

唐中宗神龙二年的冬天，郭元振准备出关拜访西突厥可汗乌质勒。七十高龄的乌质勒，多年以来与唐王朝一直都保持着友好关系使商队畅通。因此，郭元振很尊重他，约定日子前去作一次礼节性的拜访。

这是郭元振以封疆重臣的身份首次和可汗见面。副使解琬建议送去一份最好的礼物，这样可以使可汗感受大唐的真情实意。那么，送什么礼物呢？ 那当然总离不开黄金、珠宝和蜀锦绸缎。可是，郭元振觉得送这些都不太好。“乌质勒贵为可汗，哪能没有这些金帛呢？”郭无振解释说，“送得过多，反而被他轻视，过少嘛，也会让他认为是小看了他。”

“都督的意见，还是不送的好？”解琬疑惑地说。“乌质勒是很讲情义的，我们行走几百里去拜访他，就是最好的礼物。”郭元振诣趣地说，“如果要礼物，我这柄宝刀，是天后（武则天）赐予的，转送给他，岂不是最好的礼物吗？”

就这样，郭元振拒绝了用金珠玉帛充当礼物的方法。这天清晨，郭元振和解琬一行打点行装，准备启程。 突然，风云四起，万里长空飘起鹅毛般的大雪。“此雪什么时候可以停止？”郭元振拾头仰望，问解琬。“看来不要多久。塞上风云，一日数变，稍过些时候就会停止了。”解琬答。他在边城住了多年，见多识广了。

可是，正午时分，风助雪威，雪下得更大了。漫山遍野，一望无涯，都是白茫茫。这是塞上多年来少见的大雪。 郭无振望望天空，果断地下令，立刻上马出发。“都督，雪路难行，何不另行改期。”解琬劝阻说，“我想可汗也能估计到我们不再会去的。”

“不行。我们双方既已讲定时刻，怎么可以背信失约？”郭元振摇摇头，表示不同意，“何况又是我先提出的。要知道，突厥人最讲情义，如果连这么小的事都失信于他，今后他还敢相信你嘛？‘民无信不立’，副使博学，必定知道魏文侯的故事吧。”

“知道！知道！”解琬见主官如此认真，连忙应诺。

“当年魏文侯尚且能按约见山村隐士，我们作为大唐官员，更不能失信突厥可汗。”郭元振言之凿凿，“否则又怎能统率军民。”

郭元振等一行人终于启程了。马蹄踏着三五寸厚的雪层，过了一个丘陵又一个丘陵。当天晚上，郭元振来到了突厥可汗驻扎所在地。

乌质勒和太子婆葛早在幕帐外恭候多时，见郭元振冒雪来到，赶忙迎上前去。“可汗，让你久等了。雪深马行迟，路上耽误了时间。”郭元振颇感歉意，忙鞠躬作揖。

“无妨！无妨！大都督大唐贵人，事务繁忙，尚且如此讲信守义，我十分敬佩”，乌质勒出自肺腑，满怀兴奋地说，“百闻不如一见，都督果然名不虚传，真是相见恨晚啊！”

“岂敢，岂敢。”郭元振更加谦恭地说，“能与可汗竭诚相见，我也不虚此行了。”雪下得更猛烈了，乌质勒站在雪里过久，有点头晕，他为了不失主礼，请郭无振进帐，促膝长谈，十分融洽。

天刚拂挠，郭无振尚未起床，副使解琬突然闯进，一把抓住他的手臂说：“都督快走！乌质勒中寒暴死，听小番途说，他的太子说是我们害了他。”“我诚心对待突厥，乌质勒虽死，他儿子总不能不讲理吧。”郭元振稍稍一惊，但立刻冷静下来，“我们到这里来是为了友好，要让他们知道。”

郭元振立即赶到乌质勒灵堂，跪拜大哭。“我这次来，本意是和可汗长谈，哪里想到可汗竟不幸故去，”郭元振沉痛地对小可汗娑葛说，随手摘下了腰上系的宝刀，“我没有祭吊礼品，现在只能将这把刀献给您，这把刀乃是则天皇帝所赐，权表示我的心意吧。”

娑葛被郭元振的诚心感动了，抹着眼泪说，“都督大人真是有信有义之人，难怪我父王再三夸奖，要我唯大人马首是瞻。”

当天，郭元振和小可汗娑葛继续在融洽的气氛里进行了会淡。娑葛接受了郭元振的邀请，约定在丧事结束之后，他将到深州回拜。

修身感悟

诚信乃“国之宝也”，我们古老的中国素以礼仪之邦著称，自尊、自重、以诚待人、以信示人，是中华民族的传统美德。曾任美国波士顿市市长的哈特先生说过：“诚信就像万有引力定律一样，适用于一切领域。”人与人之间的交往要讲诚信，国与国之间的交往更要讲诚信，诚信是交往中最为贵重的礼物。

故事中的郭元振作为大唐使节，冒雪访可汗，充分表明了大唐的诚意，让对方感动。当今国际社会国与国之间的利益关系错综复杂，要想在世界舞台上占有举足轻重的地位，除了要发展国内生产力的同时，更要提高自己的国际威望，那么讲究诚信无疑是我们赢得别国好感的最好武器。

戴胄按律判案

有一次，唐太宗李世民发布了一道命令：“在科举考试中，凡是伪造出身和资历的人，必须向官府坦白自首；不坦白自首的，一经查出，就将判处死刑。”

后来，吏部果然查出有个已经金榜题名的举子，伪造自己的出身和资历。唐太宗知道了这件事后，龙颜大怒，立即下令革去这个举子的功名和官职，抓起来交大理寺处理。大理寺少顷戴胄在审理这个案子的时候，查明了该举子犯罪的情由和事实。但他没有根据唐太宗的命令把那个举子判处死刑，而是根据《唐律》的有关条例，判了个流放边疆的刑罚。

当戴胄把这个处理结果禀报给唐太宗的时候，唐太宗大为不满，他说：“朕已经明确宣布，对那些在科举考试中伪造自己出身和资历的又不主动坦白的人，要判处死刑。你怎么自作主张只给他判了个流刑呢？难道你不知道这是朕的命令吗？”戴胄回答说：“臣当然知道这是陛下的命令。如果在抓到他的时候您就把他杀了，我是管不了的。但是，现在您既然把这件事情交给我处理，我作为执掌刑法的官员，审案、判刑必须根据《唐律》而行。不然的话，就会出现执法不公、量刑不当的现象。如果这样，那就是我的失职了。”

唐太宗见戴胄如此回答自己，心中非常不快。他厉声说：“我是一国之君，这国家大事是由我说了算。你只怕自己失职，就不怕朕在全国百姓面前失信吗？！你必须改判！必须按朕的命令办！否则，朕……”谁也不会想到，戴胄并不理会唐太宗这一套。他寸步不让，据理力争。他说：“我们为了维护法律和国家的大信用，只好违背您的命令，让皇上失信了。”唐太宗是个开明的君主，他听了戴胄的话，觉得有道理。于是就感叹地说：“我虽然是一国之君，但在处理某些事上，没有你想得深远，国家法律的大信用一定要维护，我看这件事情就按你的意见处理吧。”

修身感悟

一个民族不能缺乏诚信观念，一个国家不能缺乏诚信制度，维护国家的信用要靠法制，如果无法可依，或有法不依，朝令夕改，那就根本不可能维护国家的信用。戴胄说得好：皇上个人的信用固然重要，但国家的信用、国家的法律更为重要，这是大信用与小信用的问题，决不能为了皇上的小信用而损害了法律和国家的大信用。

李勉诚信葬银

李勉是唐朝人，从小就喜欢读书，并且注意按照书上的要求去做。有一次，他外出学习，住在一家旅馆里。正好遇到一个准备进京赶考的书生，也住在那里。两人一见如故，于是经常在一起谈古论今，讨论学问，成了好朋友。

有一天，这位书生突然生病，卧床不起。李勉急忙为他请来郎中诊治，郎中开了药方，李勉每天按照郎中的吩咐帮他煎药，照顾有佳。可是，这个书生不但没有好转，反而病情一天比一天恶化。看着日渐虚弱的朋友，李勉非常着急，经常到附近百姓家里去寻找民间药方，并且常常一个人跑到山上去采药店里买不到的药。

一天傍晚，李勉挖药回来，先到朋友的房间看看，发现朋友的脸色稍微好了一些。他心中一阵欢喜，关切地走到床前问："大哥，你好些了吧？"那书生说："我想，我剩下的时间不多了，临终前我有一件事情拜托你。"李勉连忙安慰说："哥哥别胡思乱想，今天你的气色很好，只要你静心养病，不久就会好的。你有什么事情就说吧，我一定尽力去给你办。"书生说："请你帮我把床下的小木箱拿来，帮我打开。"李勉按照书生的吩咐，拿出并打开了小木箱。

书生指着木箱中的一个包袱说："这些日子，多亏你无微不至的照顾。这是一百两银子，本来是我赴京赶考用的盘缠，现在我用不着了。我死了以后，麻烦你用其中的一些银子给我买口棺材，将我安葬，其余的就送给你，算我对你的一点心意，请你千万要收下，不然的话我到九泉之下也不会安宁的。"李勉为了让书生安心，就答应了他。

第二天早晨，书生果真去世了。李勉按照他的遗愿，买来棺材，静心料理他的后世。剩下了许多银子，李勉一点也没有动，而是细心地把它包好，悄悄地埋在了棺木下面。不久，书生的家属接到李勉报丧的书信后赶到客栈。他们移出棺木后，发现了银子，都很吃惊。后来，书生的家里人知道了李勉葬银的始末，都为他的诚实守信和不贪财而感动。

再后来，李勉在朝廷做了大官，他仍然廉洁自律，诚实守信，深受百姓爱戴。

修身感悟

“富贫常交替，诚信久安宁”。贪财之人少诚信，诚信之人不贪财。李勉精心照顾那位新结识的朋友，为他料理后事，并且将朋友临终前奉送给自己的银两埋于棺木之下，这是真正的诚信之举。

李勉之所以那样做，是因为他留下朋友奉送的银两虽然无人知晓，也并没有什么不妥，但是对于一个诚信的人来说，自己心里也会感到不安。有些人为牟取钱财而不择手段，别说什么诚信就连最基本的人性都失去了，在李勉的诚信面前，所有人都应该脱帽致敬。

陆元方卖房讲诚信

陆元方，唐朝大臣，他为官清廉，为人诚实守信。陆元方在洛阳城外有一所有名的宅院——锦绣园。宅内有亭台楼榭，小桥流水，既雅致又幽静，是个难得的好居所。

陆家当初建造这座宅院是打算世代居住的。可是后来，家到中落，生活入不敷出，于是，陆元方就和陆寅、陆卯两个侄儿商量，卖掉锦绣园，以缓解家中目前的窘境。很快，陆元方要卖锦绣园的消息不胫而走，两个商人立即找上门来。陆元方直言不讳地说出卖房的理由，两个商人担心他会因此而开出天价。谁知陆元方却说：“这个锦绣园是当初我和兄长一手建造的，打算世代居住而非卖品。我虽然家道中落，现在有些困难，也无意去靠它赚钱，就按当时成本折七成计算，给纹银六千两吧。”

两个商人一听，大喜过望，甚至不敢相信自己的耳朵。当场讲定买下。他们怕陆元方反悔，急忙掏出五十两银子塞给陆元方，作为定金。双方约定三天后正式交易。

两个商人走后，陆元方独自一人漫步在庭院内。他看着院内草木茵茵，流水潺潺，不禁长叹一声。这时，陆寅、陆卯急匆匆地赶来说太守请他到府上一聚。

陆元方狐疑地来到太守府，不知是福是祸。太守开门见山地说出了自己的意图：太守夫人身体欠佳，想找个清静幽雅的地方休养，找遍了洛阳城外所有的房子，只看中了陆家的宅院，心仪已久，只是不便开口，如今听说要卖，自然求之不得。

太守非常爽快地说："你开个价吧！"陆元方却满怀歉意地说："大人，我的宅院已经有买主了，虽然现在还没有正式交易，但是买主已经交了定金了。"太守坚持要买，并说愿意开出双倍的价钱。但陆元方还是婉言谢绝了，并坚定地表示：答应别人的事情，一定要讲信用。太守满脸不高兴，让陆元方再回去好好想想。

当夜，陆元方左思右想，辗转难免，第二天一大早就去了太守府。太守一见，喜笑颜开，以为他回心转意了，出人意料的是陆元方仍旧不改初衷。这回太守真的生气了。他大骂陆元方忘恩负义，说："当年要不是我秉公断案，你们陆家早就株连九族了！"陆元方一脸尴尬地跪下，但违约的事情仍坚持不干。

太守要买房的消息被陆元方的老母亲知道了，她怒气冲冲地质问陆元方："你可知道滴水之恩当涌泉相报？太守想买这座宅子，别说卖，就是白送，我们也该毫不吝啬。"陆元方"扑通"跪下，向母亲说明不能把宅院卖给太守的理由："您和父亲从小就教育我们，'言必信，行必果'，'一言既出，驷马难追'，不能失信于人。如今，我已经将宅院卖给了别人，又怎么能言而无信呢？"陆母一时语塞。

与此同时，外界纷纷传扬：锦绣园贱价出售，一定有什么不可告人的隐情。那两个商人听到后，心里犯起了嘀咕，决定去看看，然后再决定也不迟。他们来到锦绣园仔细勘查了一番，并没有发现什么异常，于是还是决定买下这座宅子，并打算在那里开了一间酒楼。到了约定的日子，陆元方一听他们是准备开酒楼，立即提醒说："不行，不行。这宅院不能开酒楼，因为没有出水的地方。"

两个商人一听有些失望，只好忍痛割爱了。

正当全家人为一时没有卖出房子而烦恼的时候，那两个商人再次登门，要求买下锦绣园。原来，那头陆元方毫不避讳地说出了房子的缺陷，令他们很感动，并使他们坚信这宅院不会再有其他缺陷了，于是决定把它买下来开个绸缎庄。

修身感悟

诚信的基本含义就是诚实无欺、践诺守约，诚信所体现的是信守承诺的责任感和对自身言行负责的道德感。诚是信的基础，一个人只有首先做到诚实不欺，才能得到别人的信任，否则如果连最基本的诚实都没有，别人的信任从何而来呢？

要真正做到诚实守信也绝不是那么简单的事情，从陆元方卖房子这件事来看，他便遇到了“长官意志”的威逼利诱和“三人成虎”的从众心理这两大困难，在这种情况下，陆元方能够力排众议，坚持诚信卖房，实属难能可贵，是我们学习的最好榜样。

崔枢诚信葬珠

唐顺宗的时候，有个名叫崔枢的读书人去考取功名，曾经在谯郡的一个客店里，与一个渡海经商的南洋商人住在一起。那南洋商人漂洋过海，长途跋涉来到中国，一路颠簸，疲惫不堪，又不习惯中国的生活，在谯郡住下后，很快就病了，而且病情越来越严重，以至卧床不起。

崔枢是个热心人，不但没有因为此人有病而厌烦他，反而百般照顾，那南洋商人的病情却仍然不见好转。他预感到自己将不久于人世，便对崔枢说：“这些天来，承蒙您照顾我，不因为我是外国人、病人而厌弃我。如今我病成这个样子，回不了家，恐怕也难以治好了。我们民族重视土葬，如果我死了，您能不能为我买口棺材办办后事呢？”崔枢见他病得这样严重，又远离故土，心中也十分难过，便说：“你尽管放心养病，万一有什么不测，我一定会按照你们民族的习俗来安葬你。”

那南洋商人热泪盈眶，气喘吁吁地拉着崔枢的手说：“您对我恩重如山，可我无以为报，我身上只带了一颗稀世宝珠，请允许我将它送给您作为报答吧！”说着便把一颗硕大的宝珠放在了崔枢的手中。崔枢手捧宝珠，对南洋商人说：“我们相识是缘。你生病了，我照顾你，这是理所当然的。你千万不必太在意，更不要再说什么报答不报答的了。再者说，我是个穷书生，奔走于各州郡之间，居无定所，怎么能收藏如此贵重的珠宝呢？”

那南洋商人又说：“是的，我们能够相识，这是缘分。您能如此这般的照顾我，我真的非常非常感激。这个不说了。不过，我现在已是要死的人了，家又远在海外，我留着这颗宝珠也没什么用了，您就把它留下作个纪念吧！”话音刚落，那商人就咽气了。南洋商人死后，崔枢按照他的嘱托，买了棺材，请人帮助装殓了他的尸体。崔枢趁人不注意，把那颗宝珠也放进了棺材里，然后就把他抬到郊外埋葬了。

一年后，那南洋商人的妻子到谯郡来寻找丈夫。得知丈夫已死，便查问那颗宝珠的下落。她怀疑是崔枢拿走了宝珠，于是就报了官。官府派人追捕崔枢。官府的人抓到崔枢，崔枢对他们说：“那南洋商人的确有一颗宝珠，他要送给我，我没有要。如果那南洋商人的坟墓没有被盗的话，那颗宝珠应该还在棺材里。”官府的人立即开棺检查，宝珠果然在里面。

崔枢济人之困不求回报的事很快就传开了。地方长官认为崔枢品德高尚，节操过人，便很想请他做幕僚，可是崔枢却坚决不同意。第二年，崔枢参加科举考试，做了秘书监。

修身感悟

崔枢是一个诚信无私的君子，南洋商人病了，崔枢百般照顾，这是热诚；南洋商人以宝珠相报，崔枢拒收不图报，这是无私；南洋商人临终前请求崔枢在他死后以其民族习俗安葬，崔枢答应了他的请求并做到了，这是守信；南洋商人的妻子追查宝珠的下落，崔枢告之在棺中并且真的找到了，这是诚实。

做人不能为了钱财或者利益而忘记了讲求诚实信用，这并不是担心像故事中的崔枢那样会被南洋商人的妻子追后账那样的情况出现，而是一定要对得起自己的良心，一定要讲诚信，守信用。

张去华烧契约

张去华，北宋人。建隆二年，他在科举考试中被宋太祖赵匡胤亲自点为头名状元。可是，由于他为人耿直，不善于巴结奉承别人，因而一直得不到提拔。

有一天，他陪太祖赵匡胤出游，宋太祖问起他的父亲，得知张去华的父亲虽然因为得罪权贵而被贬官，但是却始终教导张去华做人要正直，为国出力。宋太祖听了，有心提拔张去华。不久，张去华被任命为道州通判。

在道州，有一天张去华无意间看中了一座房子。这座房子前后花木掩映，还有一个很大的莲花池，是一个饮酒吟诗的好地方，张去华有心把它买下来。经过仔细打听后，得知房主正急需用钱，五百两纹银就肯卖了，于是张去华就出钱把它买了下来。

张去华在这座房子里宴请宾客，赏月吟诗，生活得非常舒心。一天夜里，他见月色很好，就又走到后院，在莲花池旁赏月。忽然，他听见院墙外有个妇人在哭泣，而且声音非常凄惨。张去华心想，一个妇人夜间悲泣，肯定有什么伤心事，说不定自己可以帮忙。于是，便推开后院的门出去看个究竟。

来到门外，张去华看见一个老妇人正倚墙掩面哭泣。他走上前去问道："老婆婆，您有什么伤心事吗，跟我说说吧，说不定我可以帮您呢！"老妇人伤心地说："唉，都是我那不争气的儿子。"然后擦擦眼泪继续说道："这房子原本是我家的祖宅，祖辈已经传了100多年了。可是我那儿子游手好闲，吃喝玩乐，把我丈夫留下来的钱都挥霍光了。前两天，他又赌输了500两银子，不得不把祖屋卖了还债。可是，我在这宅子住了几十年了，快要入土的时候了，却又搬了出去，心里难过，就从乡下回来看看，唉！"

张去华想了想说："这宅子是我买的，您不要再伤心了，以后我再把房子还给您。现在天色晚了，您就先在这里暂住一宿吧！"老太太以为张去华是在安慰自己，没有把还房子的事当真，但是她很想在这里再住一夜，于是就点头答应了。

第二天一早，张去华派人去叫老太太的儿子，命令他马上改掉吃喝玩乐的坏毛病，重新做人，靠劳动挣钱，好好奉养母亲；如果能够做到，就把买房子时签的契约烧掉，把房子还给他们母子。老太太的儿子对自己以前的恶行也很后悔，从那以后真的改掉了坏毛病，靠自己的劳动挣钱养活母亲。于是，张去华就拿出契约，按照当初的约定，当着母子两个的面把契约烧了，自己搬出了那座宅子。

张去华的诚心做人、清廉为官，赢得了当地百姓的好评。

修身感悟

诚实守信是做人之道，同时也是为官之道。张去华是一个身居高位的大官，但是如果他不亲民爱民，就不会去在意一个老妇人的哭泣，就不会有对老妇人之子的训诫，就不会有烧毁契约、归还宅院的约定。

同时张去华也是诚实守信的，以他的权势和地位，他没有必要向一个老百姓履行什么诺言，讲求什么诚信，但是事实上张去华恰恰做到了这一点，这是我们现在的许多为官之人最欠缺的。

陈尧咨知错取马

陈尧咨，北宋时期翰林学士。他很喜欢马，家里养了许多的马，而且如果见到好马，他一定会想办法把它买下来。后来，他又买了一匹烈马。那烈马脾气暴躁，好几个驯马师都不能驾驭它，而且它踢伤了很多人。

有一天早晨，陈尧咨的父亲走进马厩，没有看到那匹烈马，便向马夫询问那匹马去哪里了。马夫说："翰林已经把马卖给一个商人了。"陈尧咨的父亲问道："那商人把马买去做什么？"马夫说："听说，是买去拉车运货。"陈尧咨的父亲又问："翰林告诉那商人这是匹烈马了吗？"马夫说："唉，老爷，要是跟那商人说了，这匹马又咬人又踢人，人家还会买吗？"陈父很生气地说："真不像话，竟然敢欺瞒人。"说完，气呼呼地走了。

陈父找到陈尧咨问道："你把那匹马卖出去了？"陈尧咨得意地说："是啊，还卖了个高价呢！"父亲生气地说："混账东西，你身为朝廷重臣，竟然也敢欺瞒人。太不像话了！"陈尧咨说："我又没强迫他买，马是他自己看中的，他愿意买，我当然卖了。这怎么能说是骗呢？"父亲又问："那你为什么不告诉人家这是匹烈马？”陈尧咨嘟囔着说：“马摆在那里，他随便看，他自己看不出来马性子烈，这怎么能怪我呢？”

父亲更生气了，说：“你这么多年的书都读到哪里去了，难道你没听说过《不欺买主》的故事吗？”儿子摇摇头。父亲说：“都是我的过错，你小的时候，我光顾着教你读书诵经，很少教你怎么做人。现在我就给你补补课，教你如何做人。”接着，陈父就给儿子讲了唐武则天时宰相陆元方卖房的故事。陈尧咨听了低下了头，父亲接着说：“你手下那么多驯马的高手都管不好那匹马，一个到处流动的商人怎么能养得了它呢？你不把事情的真相告诉他，这不明摆着欺瞒人家吗？”

陈尧咨听后羞愧地说：“爹，您别生气了，我知道自己错了，我这就去找那买马的人，让他再把马退回来。”说完，陈尧咨就找到那个买马的商人，向他说明了原委，把钱退给了买马的人，自己把马牵了回来，一直把那匹马养到死。

修身感悟

人们在卖东西的时候，总是希望卖个高价，哪怕是自己的货物很难拿的出手，也要想尽一切办法来隐瞒事实，可是如果一旦卖方得逞，买东西的人可就吃了大亏，不仅花了很高的价钱，还没有买到称心如意的货品。

陈尧咨起初就是这样的一个卖主，但是在听取了父亲的教诲之后，他马上改正了自己的错误，不仅为自己争取到一个改正的机会，还为商人挽回了不应有的损失，可谓两全其美，这种诚信之举确实是非常可取的。

晏殊诚实重答题

晏殊小的时候就非常聪明，深得老师喜爱。一天，老先生向自己以前的学生、奉旨巡察抚州的王大人推荐晏殊，称这个孩子聪明绝顶，才识过人。王大人听说有这等人才，就马上约见晏殊。他们在官府的花园中谈诗作文，很是投机。王大人见晏殊年纪这么小就能熟读史书经典、背诵古诗名句，非常高兴。于是就想试探一下晏殊的创作能力，让他看景作词一首。想不到晏殊只观察了一会儿，便吟出了被后人称绝的《踏莎行·晚春》。

王大人回到京城开封，急忙向宋真宗禀报此事，说在江南发现了一名神童，能熟读史书、精通诗文。宋真宗正想招募各种人才，听说后非常高兴，马上下令让晏殊参加开封的科举考试。

开考那天，老先生亲自送晏殊到考场，并嘱咐他说："今天的科举考试不同寻常，他们不但年龄比你大，而且有的已经是考场的老手了，但我相信你的能力不亚于他们，你一定要从容镇定，考出自己的真本事！"晏殊连连点头，进入了考场。

在考场上，主考官宣布了考场纪律，随后发试卷。晏殊打开试卷，一眼便看到"晚春"二字。他以为自己看花了眼，可是再定神看看，题目确实是《晚春》。晏殊高兴得心跳不已，他想，这是多么难得的好机会，我只要把我自己做过词写到试卷上，一篇佳作不就出来了吗？这既不是作弊，又能保证我取得好成绩。

正想着，晏殊的耳边突然响起了老先生的话："孩子，做人的基本准则是要诚实，不能自欺欺人。如果自欺欺人，即使得到了金榜题名的荣耀，心里也会不安的。"顿时，晏殊感到一阵脸红。于是，他决定讲出实情，要求主考官给自己换一个题目。可是，考场上的规矩特别严格，晏殊几次要说话，都被监考官制止了。不得以，晏殊只好把自己原来的那首词稍做修改，交了上去。

几天后，考试成绩名列前茅的考生被召到金銮殿，参加由真宗皇帝亲自主持的殿试。晏殊当然也在其中。轮到晏殊的时候，真宗皇帝高兴地对他说："你的词朕看过了，没想到你小小年纪，竟然有这样好的学问。"不料，晏殊却突然跪下来，并声称自己有罪。接着他把自己曾经做过那个题目的事详细说了一遍，并请求皇帝另出一个题目，当堂考他。晏殊说完，大殿上顿时鸦雀无声，众人都惊呆了，心想这个少年真是个傻子！

过了片刻，真宗皇帝突然大笑起来，说："真看不出来，你这孩子小小年纪，不仅学问好，还这样诚实，有志气，有出息。那好吧，朕今天就成全你。"当下，真宗与众大臣商议了一下，出了一道难度更大的题目，让晏殊当场作文。晏殊控制住自己内心的紧张和激动，稍做思考，文思泉涌，很快就做完了题目。

真宗皇帝让侍从当堂把晏殊的文章读了一遍。百官们听了，无不惊叹晏殊的才学过人。真宗皇帝更是高兴，连连夸奖晏殊，并当即封他为少年进士。

修身感悟

考场上遇到自己熟悉的题目，对于每一个曾经有过考试经历的人来说都是一件怦然心跳惊喜若狂的事情，可是当时年纪轻轻的小晏殊时刻铭记老师对他的诚信教导，确实难能可贵。

有才能是一回事，讲究诚信又是一回事，如果仅仅为了考取功名利禄而抛弃了诚信，那么也就失去了做人的基本意义，晏殊的才学至今令我们钦佩，而他的诚实品德也更值得我们学习。

范仲淹信守诺言

范仲淹青年时期，曾在三思书院读书。他虽然出身贫寒，但由于其功课非常出色，深得李先生的赏识。这位李先生是一位知识渊博、精通阴阳五行术之士。由于他长期研究炼金术，劳累过度，最终吐血而死。

临死前，李先生交给范仲淹一个包裹，包口用火漆封得严严实实的，还加盖了印章，托付说："这里面有一张祖传的炼金秘方，我托你代为保管，等见到我儿子时交给他。"范仲淹郑重地答应了。

范仲淹为李先生料理完后世，就进京赶考了。一路上，他并没有注意到一个戴斗笠的跛脚人一直尾随着他。走到荒无人烟的郊外时，一个戴斗笠的跛脚人突然从草丛中窜出，手持大刀，逼迫范仲淹交出炼金秘方。

范仲淹跟那个人装糊涂，说自己根本不知道什么炼金秘方。戴斗笠的跛脚人大笑说："我亲眼看到李先生将一包白金和祖传炼金秘方交给了你。你不要装糊涂了！"说着，那人摘下斗笠，范仲淹这才发现，这个人竟然是自己的同窗。原来，那人那天在门外偷听到了李先生的遗言。

范仲淹无奈，趁其不备，拔腿就跑。跛脚人并不善罢甘休，就在后面紧追不舍。最后，范仲淹被逼到了悬崖边。眼看就要被跛脚人抓到了，范仲淹心想，哪怕是自己死了，也不能把别人所托之物落入这样的黑心人之手！于是范仲淹毅然跳崖。也许是命不该绝，范仲淹跳下去后，正好被挂在悬崖峭壁边的一棵大树上，幸免于难，当时，他手里还紧紧地攥着那只包裹。

大难不死的范仲淹来到京城。一日，他目睹得宠的李太监欺压百姓，非常气愤，就说了几句公道话，不想却遭到毒打，差点丧命，幸而被王大人遇见，讨个人情，将他救下来。

王大人见范仲淹伤势很重，便把他带回家中疗养。两人一见如故，成了“忘年交”。在一次闲谈中，范仲淹惊奇地发现，王大人竟然是已故李先生的同乡，而且还是儿时情义甚笃的好友。有了这样一层关系，范仲淹便把先生托付给他的事情告诉了王大人。

京试发榜了，范仲淹高中进士，王大人亲自为他设宴庆贺。而与此同时，范仲淹的同窗——那个跛脚人却投靠了李太监，成了他的心腹。跛脚人将炼金秘方的事情告诉了李太监，并说起了范仲淹。李太监恍然大悟，立即奔王大人府上。

李太监一见范仲淹，发现他竟然是自己曾经毒打的那个人，不禁有些尴尬，但随即又恢复了本来面目，开门见山地说：“我听说了，李先生的炼金秘方在你手上，快把它交给我，我保证你一生荣华富贵，享受不尽！”范仲淹一口拒绝了。他说：“我并不知道什么炼金秘方，我只知道李先生在临终前给了我一个包裹，要我交给他的儿子。”李太监无功而返，心里很不高兴。

跛脚人于是献出一计：明的不行，就来暗的。深夜，一个黑影溜进了范仲淹所住的房间，偷走了包裹。拿到包裹的李太监欣喜若狂，不料跛脚人却拔出匕首，刺向李太监……跛脚人急忙打开包裹，一下子傻了眼：包裹里根本没有什么炼金秘方，而只有一团破布。就在这时，侍卫们冲了进来，逮住了跛脚人。原来范仲淹早就料到李太监会有这么一手，所以才事先调换了包裹。

又过了几天，一个自称是李先生儿子的少年来到王大人府上，投靠王大人。范仲淹回忆先师临终前的情景，那少年立即追问：“那家父有没有留下什么东西？”王大人立即让范仲淹转交遗物。范仲淹迟疑了一下，回房间取出包裹交给那个少年。

当夜，那少年悄悄来到王大人的书房，将包裹交给了王大人。王大人得意忘形地大笑：“我终于如愿以偿了！李太监只知道蛮干，最后丢了小命；我巧用计谋神不知鬼不觉地就把秘方弄到手了。范仲淹那小子现在还蒙在鼓里呢！”

王大人的话音刚落，门“嘭”的一声被脚踹开了，范仲淹愤怒地站在门口，大声斥责说：“真想不到，你连同乡好友托给孤儿之物也要豪夺！”不料，王大人却哈哈大笑起来，原来同乡、好友、李先生的儿子……这一切都是他静心策划、胡编乱造的。范仲淹这时才明白：他自始至终都中了王大人的圈套了！但是，他除了愤怒之外却还有一丝庆幸……

王大人急切地打开包裹，不想里面竟是一些杂物。这时，该轮到范仲淹哈哈大笑了，他说：“你的谋划确实天衣无缝，只可惜你求物心切，最后一步棋下得太仓促了！但凡为人子者，闻知家父去世，当会号啕大哭，可这位公子自称是恩师的儿子，听说父亲死了却毫无表情，而是追问有无遗物，这怎么能不让我起疑心呢？”王大人听完颓然瘫倒在地。

三年以后，范仲淹信守诺言，历经艰辛，终于找到了先师的儿子，将珍藏的包裹亲自交给了他，那包裹上面，当年的火漆和印记纹丝未动。

修身感悟

诚实守信是一种高尚的品德，也是一个人立身的根本。青年范仲淹为人诚实，信守诺言，历经艰辛，终于把先师所托之物——祖传的炼金秘方，完好地交到了先师的儿子手上。范仲淹为了完成先师的遗命，历尽艰辛，这告诉我们守信践诺有时候并不是一件容易的事情，范仲淹就经历了生命的考验、荣华富贵的诱惑和阴谋诡计的欺骗。

为了保持自己诚信的品德，有时需要付出艰苦的代价，尽管如此，我们还是不能放弃。

司马光说谎受责

童年司马光和弟弟司马义在一起读书。司马光天资聪明，过目不忘，寄托了父亲的全部期望，而弟弟虽然天兴驽钝，但是为人忠厚老实，即使常常被司马光嘲笑也不介意。

一天，教书先生对司马光的一篇文章大家赞扬，司马义冲着司马光竖起大拇指，很为他高兴，可司马光却红着脸低下了头。原来，这篇文章不是他自己写的，而是他从古书上抄来的。司马义知道后，建议他对老师说明实情，但是，司马光却犹豫不决，他说："我只抄袭了一部分，并没有全抄，先生是不会看出来的。再说，如果我告诉先生我的文章是抄的，先生却没有看出来，这不是有损先生的面子吗？我知道错了，以后不再抄就是了。"

然而，事与愿违，先生不是没有看出来，而是早就看出来了，并且将这件事告诉了司马光的父亲。父亲知道后，大发雷霆，立即要训斥司马光，却被先生拦住了，原来先生已经想出了一个两全其美的好办法……

父亲把兄弟二人叫到了书房，吩咐他们做一件最简单的家务活——剥一包花生米的内皮，看谁剥的最多，唯一的条件是要自己动脑子，不要别人帮忙。于是，两人各拿了一包花生米回自己房间去了。

为了获得父亲的赞扬，司马光拼命地剥，他采用了很多办法：先用两只手狠劲地搓，但搓红了两个小手掌，内皮还是牢牢地包在花生米上；他又拼命地用手指甲抠，但指甲很快就抠出了血；最后，他心一急，干脆用牙齿使劲啃起来。

这时，丫环梅香走了过来，看见司马光焦急的样子，不禁"噗哧"笑出声来。她说："我有个办法可以让你一会儿就把花生米的皮都剥完。"说着，便要教他怎么做。司马光想起了父亲的规定，有些犹豫，但一想到剥得多能得到父亲的赞扬，就决定让梅香帮忙了。

一会儿，司马光高高兴兴地来到父亲的书房，将一包圆润光洁的花生仁交给了父亲，奇怪的是父亲并没有夸奖他。这时，司马义也来了，掏出一小把坑坑洼洼、带着牙齿印的花生仁。

父亲让司马光告诉弟弟是怎么剥的，司马光得意地说："用开水将花生米泡一下再剥，剥起来就方便多了。"父亲问他这个办法是不是自己想出来的，司马光犹豫了一下，还是点点头，但脸色却非常难看。父亲非常失望地看着他，什么话也没有说，就让他们走了。

司马光回到房间，心中充满了矛盾：向父亲说实话吧，担心他会很失望，不说吧，又是在欺骗人。最终，诚实战胜了虚荣，他径直走到父亲的书房，将事情原原本本地告诉了父亲，并承认了自己的错误。

父亲看着他，眼神中透出一丝喜悦，但却严厉地说："诚信是做人的根本，不能设想，一个从小为了一点小事就要投机取巧的人，长大了会成为一个正直无私、廉洁奉献的人吗？你小小年纪，就学会了说谎的坏毛病，就好像幼小的树上生了蛀虫，必须马上清除，否则，就不可能长成有用的栋梁之材！”司马光这才知道，原来父亲是在考验自己呢。

后来，司马光牢牢记住了父亲的话，从此再也不说谎了。长大后，他还给自己取了个字，叫“君实”，以此勉励自己永远做一个诚实正直的人，他还把这种美德传给了子孙，成为代代相传的家风。

修身感悟

诚实守信的品德要从小培养，诚信教育要从娃娃抓起。诚信是做人的根本，不能设想，一个从小为了一点小事就投机取巧的人，长大了如何能够成为一个廉洁奉公、正直无私的人，每个家长都应该懂得这个道理，从小就教育自己的孩子，养成诚实守信的好品德。

有的家长总希望自己的孩子占上风，不吃亏，所以就给孩子灌输各种不利于孩子身心健康的思想，这是很错误的做法。长此以往，很可能使孩子最终走上犯罪的道路，到那时后悔也晚了，所以，规劝家长们一定要在教育孩子的问题上保持清醒的头脑。

司马光卖马

西京洛阳的东市场上，一个白发苍苍、六十开外的老兵，懒洋洋地牵着一匹棕黄毛色的马。他从东穿到西，来回地走着。“卖马！卖马！”老兵嘶哑地喊道，那匹马也很驯顺地跟在老兵背后，踏着沉重的步子。“这匹马不错，就是老了些。”一个老头迎着老兵说。“不老。它的牙齿还蛮全的嘛！”老兵见有主顾，就拉开马的上下颌说。“那要多少缗钱？”“50缗。“50缗？贵了些吧！”老头说。“不贵，比起市价要便宜得多了。”老兵絮絮地说，“这是我家司马相公的坐骑，近年因为每天忙在房里编写史书，用不着了，就叫我贱价出售。”“哦，原来是司马相公的，”老头带有信任感地说，“那就货不二价了。请你先拉回去，明天我带钱来，一手交钱，一手交货。你说可好？”“好的”，老兵得意地把马牵回了家。

司马光正在书房星，和助手刘恕把一张又一张写有两寸见长文字的纸条放在四页墙上，这是他在浩如烟海的素材中，拣选编写史书材料的一种方法，以便从中分类、挑编。听到马蹄声，他就和刘恕一起迎将出来。老兵兴奋地对主人说，马匹已经有主顾了，而且价格50缗钱，并推说今夜须加倍喂好上等草料，以便明天顺利成交。

司马光爱怜地抚摸着马鬃，这匹马已经追随他6年了，那还是他在任龙图阁直学士上任时为了替代脚力而购置的。“嗅！我好健忘，差点误事，”司马光忽然露出不安的神态，“此马是有病的。”“这点我知道。”老兵讨好主人说，“所以我明天清早，再把它洗刷干净，这样买主就更会高兴了。”

“不，不能这样。”司马光谆谆嘱咐说，“你要对买主说，此马看似驯顺、温良，那是在现在秋高气爽的季节；要是在大热天，就易野性勃发，因为它有肺病呵！”

“相公说的是。不过如果老老实实地说，这匹马是卖不出去的。”老兵惊诧地说，“市场买卖，哪有说真话的？”

“话可不能那么说，”司马光说，“让他人用买一匹强壮马的钱来买病马，这不是让人受骗又是什么。这事可不能做，明天你把话说请楚，如果他愿意成交，价钱还得压低些！”老兵点点头，把马牵走了。

刘恕跟在后面，不由对司马光的所说所为钦佩不已。他和司马光相差13岁，但知识渊傅，对过去历史了如指掌，尤其是对魏晋以来近代史考证更见精辟。“相公待人，正有如写史，老老实实，一丝不苟”，刘恕随司马光回到室里，由衷地说。“诚卖为待人的根本，不知相公是怎样养成这种品德的？”

司马光笑笑，没有立即答话。他走近书橱，从中取出一迭书札，把其中一封递交给刘恕，请他过目。这是司马光亲笔写的一篇短小书札，上面自叙自己童年时候所发生的一段事：

“我在五六岁的时候，有次玩弄青胡桃，要姐姐帮助剥去外壳。她没有办法，离开了，这时，有个小丫头把它浸在沸水里，胡桃壳核很快就脱落了。姐姐回来后，感到惊讶，问我，是谁剥去的。我回答说，这是我想出来的。不料这事恰好被父亲瞧见，就批评我说，小孩子怎么可以当众悦谎话！从此我再也不敢说谎，也不愿说谎。”刘恕读了，频频点头。

“每当想起这件事，使我羞耻、惭愧，因此我把它写下来，警告自己。”司马光若有所思地说，“童年时代虽然无知，但却也是很重要的，它能影响今后一辈子的习惯和生活。”

刘恕听了，更加增添了对司马光的敬仰之心。

第二天，老兵把马领到市场，老头已经携带了一大麻袋的钱在等候了。老兵如实把马所患的疾病说了，并说这是司马相公特地关照清楚的，不能让他吃亏上当。老头听了也很感动。周围的人听说闲居本地的司马相公卖马，而且指明这是一匹外表骠壮而有肺病的病马，都围了过来，他们纷纷赞扬司马光为人诚实、不说谎。

修身感悟

做生意当然要讲求诚信，这东西是什么质地就是什么质地，不能为了贪图小利而欺骗顾客。这是每个商人都懂得的道理，可是就是有些人明明知道这个道理却仍旧高喊诚信，实则做着不诚信的勾当。

司马光卖马的故事，给我们每一个人树立了好榜样，他不让家仆隐瞒马的缺陷，实事求是，不但赢得了买马人的尊敬，更赢得了所有人的赞扬。如果我们每个人都能像司马光一样，实事求是，不隐缺陷，那么买卖中的纠纷可能就会减少很多，人与人之间的关心也会更加融洽。

黄裳诚信还珍珠

黄裳，南宋时兴隆府人。他从小聪明好学，文章也写得好，是乡里有名的神童。黄裳不仅学问高，人品更是没得说。

一次，父亲派他到城里办事。夜晚，黄裳就在一家小客栈住了下来。由于赶了一天的路，非常疲惫，他洗漱一下就打算熄灯上床，美美地睡了。躺在床上，黄裳觉得腰部好像有什么东西硌着自己，用手一摸，是席子下面有个硬邦邦的东西。他翻身下床，揭开席子，借着月光一看，原来是个装着东西的布袋子。

黄裳心里琢磨，一定是前面住在这的客人忘记的，于是就点燃灯，想看看里面装的是什么。他打开系布袋口的绳子，随手把布袋子往桌上一倒，只听见“哗啦”一声，黄裳立刻惊呆了：原来布袋里倒出来的是一堆珍珠，足足有上百颗，有几颗还落在了地上。黄裳连忙把落在地上的珍珠捡起来，又把桌上的珍珠装进布袋。他担心有遗漏，就又重新查看了地上、桌上，确定没有失落的，这才把布袋扎好，放在枕头底下。

他熄灭了灯，重新上床睡觉，可是此时他却没有了一丝睡意。他心想，我长到快20岁了，还从来没有见过这么多珍珠，几百颗珍珠放在眼前，发出灿灿的光芒着实好看，谁见了谁都会心动啊！我该怎么处理它们呢？是自己收起来，还是把它们还给它们的主人。

经过了一夜的思索，第二天一早，黄裳起床后立刻从店里借来笔墨，在留言墙上写道："某年某月某日，隆兴府人黄裳曾住此店某号房间。"店小二见状，心里觉得好笑，又不是什么达官显贵、名人雅士，题这些破字干什么！

黄裳收拾好东西准备上路，临行前，他对店主人说："如果有人到贵店找珍珠，请他到城里来找我。"接着，又详细说明了自己的地址和姓名。

他到城里没几天，就有人来找他，说自己是珍珠的主人。黄裳说："珠子的确在我这里，但是我们得找个地方对证一下，防止被人冒领。"于是，他们来到官府，当堂对证。那人说了珠子的数目，官府官员亲自查看了珠子的数目，和那人说的一点不差，这才把珠子还给那个人。

失主非常感谢黄裳，想送他几颗作为答谢，黄裳说："我要是想要那些珠子的话，你就一颗也得不到了。我既然把珠子还给了你，就一颗也不会要。"这件事传扬出去，人们都称赞黄裳是个诚信的君子。

修身感悟

诚实守信是一种美德，它是比黄金和珠宝更贵重的东西。丢了它，就丢了做人的根本。拾金不昧也是一种美德，它与诚实守信密切相关。一个不讲诚信的人决不会有拾金不昧的举动，一个拾金不昧的人则往往是一个诚信的人。黄裳诚信不贪财，把珍珠悉数还给主人，实在值得称赞啊。

黄裳面对那么一堆珍珠，都没有动心，可见他是一个真君子。换做其他人，可能早就悄悄地把珍珠藏入自己怀中了。虽然你的行为可能永远也不能被大家发现，但是事实上你已经丢了拾金不昧的美德，丢了做人的根本。

王拱辰中状元

王拱辰，宋朝人，自幼家境贫寒，父亲在他很小的时候就去世了，留下无依无靠的母亲和4个孩子。王拱辰是长子，于是他就和母亲一起挑起家庭的重担。王拱辰孝顺母亲，生活简朴，诚实守信，常受邻居们夸奖。他还喜欢读书，而且非常刻苦，经常是天不亮就起床，甚至是半夜醒来也要翻一翻书。

王拱辰通过多年的努力，到20岁的时候，已经能写一手好文章，于是他就参加了乡试和会试，成绩很优秀。宋仁宗天圣八年，他到京城参加由仁宗皇帝亲自主持的殿试。皇上认真审阅了每一个考生的考卷，发现王拱辰的文章立论新颖，见解独到，文笔流畅，没有人能比得上他，于是就把他点名为状元。

第三天，宋仁宗把考中前三名的书生都召集到皇宫的大殿上，在早朝时当着文武百官的面宣布前三名的名单。其他两个书生都赶紧跪下磕头谢恩，王拱辰不但没有谢恩，反而说："陛下，小生不配当状元，请您另点其他人吧。"金銮殿上的人都议论纷纷，科举考试已经有四五百年的历史了，从没听说过哪个人把到手的"状元"往外推，这真是天下奇闻。

仁宗皇帝听了很纳闷，就询问原因。王拱辰说："陛下，我也是十年寒窗苦读，做梦都想中状元。可是，这次考试的题目不久前我刚好做过，被选上状元是侥幸。如果我默不作声当上了状元，我就是不诚实。从小到大我都没有说过谎。我不想因为想当状元，就坏了自己的节操。"

宋仁宗听了，非常受感动，特别赏识王拱辰的诚实，认定他将来一定会成为国家的栋梁之材。于是宋仁宗就说："此前做过考题，是因为你勤奋，况且从你的文章里可以看出，你表达的是自己的真实想法，理应选为状元。再说，你敢于说真话，能够诚信做人，这才是一个堂堂状元应该具有的品质，你的诚实比你的才华更可贵。因此，朕一定要点你做状元，你就不要推辞了！"

就这样，王辰拱成为历史上有名的诚信状元。他在朝中做官55年，以自己诚信正直的品格和过人的才华，得到百姓和官员们的尊敬。

修身感悟

10年的寒窗苦读，谁不想金榜题名呢？王拱辰当然也不例外，但是从小就诚实守信的他不想因为自己想当状元就坏了自己诚实的节操，这说明在他看来，诚实的节操要比状元的桂冠更重要。丢了状元的桂冠还可以来年再考，但是丢了诚实的节操，就永远也捡不回来了。王辰拱敢于说真话，能够诚信做人，这其实才是一个真正的状元所该具有的品质。

一个人不光要有才学，更要有道德。从某种意义上说，诚实比才华更可贵。

一个人可以在才学上有所欠缺，但是万不能在人品上有所欠缺，人品上有欠缺，就无法立足于世，就不能成为一个好人。

宋濂守信好学

宋濂小的时候家里很穷，没有钱读书。酷爱读书的他只能向有藏书的人家借书来看。每次借阅，他总能按讲好的期限及时归还，所以人们都乐意将书借给他。

一次，宋濂借到一本好书，越读越喜欢，于是他就决定把它抄下来。可是，还书的期限快到了，为了能够按时归还，他就没白天没黑夜的抄书。当时正值隆冬季节，天寒地冻，寒气袭人。宋濂家里又没有什么取暖设备，他的小手冻得冰冷僵直。他不得不放下笔，将手伸开、握拢，再伸开、再握拢，或是把双手放在嘴边哈气，等手稍微暖和一点，再接着抄。

宋濂的母亲一觉醒来，发现儿子的屋里灯光还亮着，就掀开门帘进来说：“孩子，你怎么还不睡觉啊？都后半夜了，天这么冷，小心冻坏了身子。”宋濂答道：“娘，我抄书呢！”娘说：“今天太晚了，赶快睡觉吧，明天再抄。白天天气暖和些，屋里也亮堂。”宋濂说：“明天来不及了，我答应明天还书的，今天晚上必须抄完才行。”娘又说：“他们家有那么多的书，不会急着要这本书看吧？”“那倒是！”宋濂一边抄书一边回答，“不过，不管人家是不是等着看这本书，到期了就要归还人家，一天也不能耽误。”

宋濂的母亲见他坚持要继续抄，也就没再说什么。就这样，宋濂一直抄到了天亮，总算把那本书抄完了。白天，他把书还给了主人家。那人接过书一看，干干净净，不卷不折，还是那么平整，非常高兴，就对宋濂说：“快过来看看，这一排都是好书，你想借哪一本就随便挑吧。”

长此以往，宋濂借阅了许多书，大大增长了学识。宋濂渐渐长大，意识到只靠自己埋头苦读，书中许多重要的地方不能领会，需要有人指点。于是他决定去寻访明师。很快，宋濂打听到一位很有学问的人，并和他约定了拜望的时间。

那位学者的家很远。不巧的是，就在出发前几天，接连下起了铺天盖地的大雪，好不容易等到天晴了，却又刮起了强劲的西北风。风卷积雪，天地间一片白茫茫。人们都躲在家里，路上几乎看不到行人。

这天一大早，宋濂就装好书箱，捆好铺盖，准备出发了。母亲见了大吃一惊："儿子，这么大的风雪，你怎么能出远门呢？"宋濂说："娘，今天不出发，就会耽误了拜师的日子。"母亲劝他说："儿子，你想想，去老师那里得经过深山大谷，山里的雪恐怕更深了，哪能迈得动步啊！再说，你就穿这么一件旧棉袄，难以抵御寒气呀！"宋濂说："娘，约定好了拜师的日子，我做学生的怎么能失信呢？再大的风雪我也得去！"母亲又劝他说："儿子，碰上这样的天气，就是迟到了，老师也不会责怪你的。""老师可能不会责怪我，这个我也明白。可是我必须守信用，不能因为老师不会责怪我就失信啊。"说完，宋濂就告别了母亲，冒着刺骨的寒风上路了。

经过几天的艰难跋涉，当宋濂准时到达老师那里的时候，浑身都快冻僵了。老师见了，感动得连连称赞："这年轻人，守信好学，将来一定能成才！"后来，宋濂果真成了一代名臣。

修身感悟

有人曾经说过：拥有诚信，也就掌握了成功的方法。可见诚信在一个人成才的道路上是多么的重要。宋濂的故事告诉我们，宋濂之所以能够成为知识渊博的一代名臣，从根本上说，就是因为他具有诚实守信和坚忍不拔的品格。

我们要记住一点，诚实守信，是人与人之间交往时应该遵守的一项十分重要的准则，更是获得成功的重要方法。只有你以诚信示人，别人才可能把自己的知识和学问交给你。所以说，老老实实做人，踏踏实实做事，就一定会赢得别人的肯定，不要妄想通过什么不正当的手段获取某些不属于你的东西，到最后你还是失败者。

曾彦著法休妻

曾彦，明朝人，他看到明朝缺少一部完备的法律，许多事情处理起来非常难办，于是就想编著一部完备的法典。

为了尽快编著法典，曾彦在荒郊野外搭起了一座茅屋，整天在那里写啊写啊，连家也不回，无论春夏秋冬，一日三餐都由妻子给他送饭。家里的事情他什么也不管，都靠着妻子整天忙里忙外的招呼着。一个家没了男人的支撑，当然日子过得很清苦。可是妻子仍旧十分支持丈夫，从来也不在丈夫面前喊一声“苦”。

一天，妻子又来给他送午饭。他望着日渐消瘦的妻子，心疼地说：“为了让我写好这本书，你受了不少的苦！现在好了，我的书就快写完了，很快我就可以回家了。”妻子一听非常高兴，温柔地说：“那太好了，可是你一定饿了，还是先吃饭吧。”

曾彦掀开盖在饭篮子上的布，看见了水灵灵的三个大桃子放在篮子里，就问：“咱们家那么穷，你怎么有钱买桃子呢？”妻子说：“不是买的，我刚才给你送饭的时候正好路过李家的桃园，就顺手摘了几个，想让你尝个鲜，也好补补身子。”曾彦愣了一下，问：“李家的人在吗？”妻子说：“不在，可能回家吃饭去了。”曾彦突然大声说：“你偷人家的桃子！”妻子不以为然地说：“你说话怎么这么难听啊，都是熟人，摘几个怎么能算偷呢？”曾彦说：“不经过别人同意就拿别人的东西，就是偷。按照我编的法律，女人偷东西就该被休。”

说完，曾彦拿起笔就写了一封休书，两眼含泪地说：“虽然我也舍不得你走，可是法律是我编写的，我必须诚实地遵守。你回到娘家，另嫁一个好人家吧！”说着就把休书递给了妻子。妻子原本以为曾彦是在和她开玩笑，也没抬头看，只顾着给咱曾彦补衣服。后来发现曾彦的声音不对，抬头一看曾彦已经流下两行眼泪，这才知道丈夫是认真的。

妻子知道曾彦向来很讲诚信，没有特殊情况，说出去的话是不会更改的。于是她就拿起休书找到婆婆，哭着向婆婆讲了事情的经过。婆婆听了很生气，当时就领着儿媳妇去找儿子，见到曾彦就破口大骂：“你这没良心的东西，你整天躲在这里又写又画，哪一件事情不是由你媳妇操心，可她却没有一句怨言。这么勤快贤惠的媳妇，你打着灯笼也找不到啊，竟然还要休了她？”曾彦红着眼睛说：“我也知道她好。可是做人一定要讲诚信，孩儿制定的法律，孩儿自己首先该遵守。”曾母生气地说：“你以为你是皇帝，可以颁布法律吗，真不知道天高地厚！”

聪明的儿媳妇受到婆婆的启发，说：“只有皇帝才有权颁布法律，你写的法典在没有被皇帝批准之前，只是废纸一堆，你根本没有理由休我。”曾彦被说的哑口无言，再说她自己也不想休了妻子，这件事也就这样算了。但是他让妻子必须向桃园的主人道歉，他不想让妻子做一个缺乏诚信的人。

后来曾彦高中状元，他把自己的法典呈给皇帝，皇帝很高兴，还专门让他带领一批人重新修订了法律。

修身感悟

这个故事听起来，可能觉得有些荒唐。也许是曾彦长期埋头于编写法典，以至于沉醉于他所精心建构的法律世界而一时难以回到现实中来。但是我们仔细想想这个故事，并非没有教育意义。曾彦的妻子虽然是个勤劳贤惠，十分难得的好妻子，但是她却在不经主人同意的前提下，擅自摘了人家的桃子，这一点是非常不对的。曾彦以他自己编写的法典为依据提出休妻，虽然可笑，但是却表明一点：曾彦是个诚信的人，坚持自己编写的法律自己必须先诚实遵守。

刘若宰不隐祖籍

刘若宰，明朝人，祖籍山东水泊梁山。他学问大，在读书人中威望很高，可是一连几次科举考试都名落孙山。但他仍不灰心，还是一次又一次的参加科举考试。明朝天启五年，刘若宰又参加了那一年的科举考试，这是他第五次参加科举考试了。在笔试中，他发挥得很好，被主考官选出来参加熹宗皇帝亲自主持的殿试。

刘若宰经常和一些当时很有声望的文化名人交往，见过很多大世面，所以在熹宗皇帝面前一点也不紧张。熹宗皇帝一连提了好几个问题，他都对答如流，而且声音浑厚清楚。熹宗皇帝听了很高兴，于是就随后问了一句："你祖籍哪里？"刘若宰知道皇帝最忌讳起义军，水泊梁山又是三岁小孩子都知道的起义军的老窝，要是对皇帝说了实话，皇帝肯定会不高兴的，于是就想编个谎话骗过皇帝。

可是刘若宰又一想：我怎么能不承认自己的祖籍呢？这可是不孝啊。再说我怎么能说谎呢？于是，他挺起胸膛说："回陛下，小民的祖籍水泊梁山。"熹宗皇帝一听，脸上的笑容立即消失了，严肃地问："你从小就住在水泊梁山吗？"刘若宰知道熹宗皇帝已经不高兴了，依然照实回答："小民的祖父和曾祖父住在梁山，到了父亲时就搬到江苏去了，我是在江苏出生长大的，从来没去过梁山。"

就这样殿试结束了，刘若宰知道自己已经不可能被选为状元了。第二天，皇榜贴出来了，第一名是一个远远比不上他的一个叫于煌的人。他从第二名开始看，到最后一名也没看到自己的名字。这件事对刘若宰的打击很大，可他还是决定参加三年后举行的下一次殿试。

刘若宰在京城里租了一间客房，准备在京城长期住下去。一个偶然的机会他得到了一本叫《金莲传》的书稿，他花了两年时间重新整理加工这本书，并且把它改名为《金瓶梅》，据说这就是后来在中国民间广为流传的小说《金瓶梅》的雏形。

崇祯元年，熹宗皇帝去世，思宗皇帝即位。在那一年的科举考试中，刘若宰终于得了头名状元。

修身感悟

有一个古老的谚语说：一个人讲了一次谎话，就不得不讲更多的谎话。这就像一个变质的苹果，总是先有一个小小的斑点，然后慢慢扩大，最后整个苹果都腐烂掉。

刘若宰无疑是诚实的，如果当时他说了谎话，很可能状元就是他的了。但是，如果当时刘若宰说了谎话，那么以后他就不得不说更多的谎话，正因为如此，在诚实与状元之间，他选择了诚实。为了信守诚实的品德，而抛弃了即将到手的状元桂冠，这实在是难能可贵啊。

詹谷诚信守诺

清朝乾隆年间，四川万县的一个姓陈的老人在上海崇明岛开了一家当铺，需要请一个伙计帮忙，于是就写了一张招工启事，贴在了当铺门口。不几天，一个30岁上下的年轻人走进当铺里。陈老板见有客人到，忙问："先生，有什么事吗？"年轻人拱手行礼道："听说老先生当铺里需要人手，我是看到门口的招工启事，特来应聘的。"

此人就是本故事的主人公——詹谷。詹谷也曾做过商人，精通典当业，因为家境贫寒，不得不出来谋生。老人见他相貌堂堂，一副忠厚相，但又不缺乏精明，很有好感。再问他一些关于典当行业的知识，他也能对答如流，老人很是喜欢，就决定留下他试用。詹谷在陈老板的当铺十分勤勉，待客很诚恳热情，颇得顾客好评，当铺的生意也越来越好。更可贵的是，凡经詹谷手的财物，他都把来龙去脉记得一清二楚。半年下来，陈家当铺获利丰厚。陈老板十分欣赏詹谷，就决定把当铺里的大小事宜都交给詹谷一人打理。

陈老板正在高兴之际，收到了一封家书，说他的妻子病重，要他火速赶回老家。陈老板心急如焚，忙着要回家，就把当铺里的事情都交付给詹谷。詹谷说："先生，这当铺中的事我独自料理恐怕……"陈老板忙说："詹谷，我懂你的意思，我也照实说了，如果你是新来乍到，我可能不了解你，但现在你已经来了半年多了，我观察你是个诚实的孩子，万事就拜托你了，你不要再推辞了！"詹谷见老板这样信任自己，也就不再好推辞，就说："老板，谢谢您的信任，当铺的生意我会尽心维持，您放心吧，只是你要快去快回啊。"

有了詹谷的这句话，陈老板就可以放心的走了。他先乘船到汉口，再转船沿江而上，一路关山阻隔，道路梗塞，辗转日久，才到家里。陈老板本来身体就不好，再加上旅途劳顿，回到家后便一病不起，不久就去世了。

上海崇明与四川万县相距千里，关山重重，信息不通。陈老板走后，詹谷独自一人挑起了经营当铺的重担，不敢有丝毫懈怠。所以当铺经营得很好，大有发展。只是这期间詹谷的家人很思念詹谷，詹谷也很想回家看看，但因为陈老板没有回来，所有一直也没能回去。还有人劝詹谷说："你看陈老板这么久多没回来，说不定出了什么事情了，你经营当铺这么好，不如自己拿了钱财，自己开一家好了，何必在这里傻傻给别人干呢？"詹谷说："陈老板临走时，千叮咛万嘱咐，把当铺交给我，我不能辜负他啊！"

光阴似箭，日月如梭，一晃10年过去了。一天，当铺突然来了一个年轻人，与陈老板相貌十分相似。詹谷一问，原来是陈老板的儿子。詹谷见了陈家公子，不禁大喜，忙问："陈先生可好，什么时候回来？"陈公子说："家父自从从这里回去后就染上了重病，不久就去世了。当时我还年幼，无法前来。这些年，实在有劳您了！"詹谷一听陈老板已经去世多年，想起他的知遇之恩，心里一阵难过，不禁潸然泪下。

过了一会儿，詹谷镇定下来，从木柜里取出10年来的账簿。陈公子看了一下，见所记账目清清楚楚。然后，詹谷又带陈公子清点了实物，一一交接清楚。陈公子大受感动，立即算清了詹谷10年的薪水，并另赠他四百两银子。詹谷收下10年的薪水，但对赠送的银子却坚决不收。他说："受人之恩，理当相报。受人之托，理当守诺。我只是做了我应该做的事情，你也不必再言谢了。只是我已经出来10年，如今你来了，请允许我回家与家人团聚吧。”

詹谷临行前，还向陈公子殷殷叮嘱当铺的业务，然后背起自己简单的行李，告辞而去。陈公子十分惋惜未能留住詹谷，他看着詹谷远去的背影，自言自语地说：“真是诚信的君子啊！”

修身感悟

受人之恩，理当相报。受人之托，理当守诺。这是中华民族的传统美德，无论到什么时候都是适用的。詹谷受陈老板之托，为其管理当铺，而且把当铺经营得非常好，更为可贵的是，他为了信守承诺竟然用去了十年的时间，真是感人至深啊。

吴士东乱世守诚信

吴士东，清代徽州商人。顺治、康熙年间，他在苏州阊门外开了一个小店铺。顺治十六年，太平天军攻陷苏州城，城里百姓惊恐万状，许多商家也纷纷关门四处逃散了。

就在这个时候，一个江西的商人满载着丝棉织品的货船驶进了苏州城。本来他的主要主顾都是苏州的商家，苏州地区经济繁荣，做生意可以赚大钱。这次他本想多运些货物来这里交易，一定可以赚上一大笔钱。可是如今他看到苏州城里冷冷清清的样子，感到这笔生意远远不如自己想像中的那样容易。他的船就停在阊门外的河中。江西商人走下码头踏上小桥……没过一会儿，他又回到了码头上——以前他的老主顾大都弃店而逃了，他这满满一船的货物该发给谁啊，江西商人一筹莫展。正在他走投无路的时候，江西商人一眼看到了吴士东的小店，便走了过去。

江西商人对吴士东诉说了自己的难处，想请吴士东帮忙，把他这批货留下。吴士东说：“我这间小铺子，囤不了这么多货啊！”江西商人着急地说：“能囤多少就囤多少吧，剩下的扔掉也行。不然，要我自己扔，我实在不忍心啊！”说完，江西商人就让人卸下货物，急匆匆地离开了这是非之地。

在这以后的一年多时间里，吴士东东奔西走，把江西商人的货散发给各地商家。世道太平了，吴士东碰到再次来苏州的江西商人，第一件事情就是把上次的货款交到他的手中，江西商人感动不已。

吴士东的铺子虽然还是那么小，当时各地商家都愿意和他交易，他们看重的是吴士东的诚信，并对这样的诚信表达一种尊敬和向往。

修身感悟

诚信是最好的竞争手段，守信是最吸引人的品德，各行各业都有竞争，要想在激烈的商业竞争中立于不败之地，就必须始终坚持诚实守信的经营之道。

有调查说50年来，90%的成功生意人都是正直和诚实的人，那些不诚实的生意人虽然开始可能会发财，但最终还是逃不过失败的命运。在我国历史上，徽商之所以能称雄商界几百年，一个重要的原因就在于其始终遵循着诚实守信的经营理念。

胡雪岩助人亦助己

胡雪岩年轻的时候，在杭州一家钱庄里当学徒。一天下午，胡雪岩一个人守在店堂里，与往常一样，依旧是翻书识字，有顾客来时，他就放下书，上前去打招呼。

这天下午，钱庄里来了位名叫王有龄的客人，是一个穷困潦倒的书生。胡雪岩与他并不熟识，但经过一番闲聊之后，胡雪岩发现这个穷书生很有才华，也很有抱负，他断定这个穷书生如果有机会，将来一定能发达。可是听书生的意思，他现在最缺少的就是进京的盘缠和做官的“本钱”，如果有钱的话，他就可以到京城去拜见达官贵人，从此谋个一官半职。穷书生去了许多钱庄和有钱人的家，想借些盘缠，但是人家哪里肯相信他，都把他打了出来。

胡雪岩了解到王有龄的这些情况后，二话没说，立即私下把钱庄的五百两银子借给了他，让他到京城去。穷书生惊呆了。一个小小的学徒竟然能够了解自己的心思，并且对自己这样的信任，他一时竟不知道如何是好。胡雪岩把银子给他包好，让他赶快上路。穷书生含着泪水走了，临行前对胡雪岩说：“将来如果我真的能够谋求一官半职，到时候一定回来报答你啊！”

黄昏的时候，钱庄老板回来了，胡雪岩就把刚才的事情告诉了老板。他的话还没说完，老板就气得跳了起来：“这哪里是做生意？这五百两银子我看是有去无回了，你也给我卷铺盖走人吧。”

老板认为，不能轻易相信别人，这是守住自己产业的根本。胡雪岩则不这么想，他想的是，真诚地相信别人才能扩大自己的生意。没有办法，老板就是老板，他叫你走，你不走也不行啊！于是，胡雪岩也就只能无奈地离开了钱庄……

胡雪岩离开钱庄后，就没有了饭碗，只能在杭州街头流浪。这样，过了很长一段时间，直到王有龄当官回到杭州，在西子湖畔见到了胡雪岩，他街头流浪的生活才告一段落。王有龄感激当初胡雪岩对他的信任和帮助，资助胡雪岩在杭州开了自己的钱庄。

胡雪岩开办钱庄后，坚持重信义，生意越做越好，越做越大。仅仅四五年的时间，就赢得了“红顶商人”的称号。

修身感悟

真诚地相信别人才能扩大自己的生意，相信别人实质上就是相信自己。我国自古就有“无商不奸”的说法，但是胡雪岩却认为“为人不可贪，为商不可奸，经商重信义，无德不成商”。这番话显示的是诚信，诚信是胡雪岩的经商之道、经营之本。

所以，商场中，一定要学习胡雪岩的经商之道。诚信才是立足商场的根本，才是生存和发展的前提。任何人想通过投机倒把获得成功，那一定是不可能的。

仁爱明德的虞舜

太史公司马迁赞誉虞舜说：“天下明德皆自虞舜帝始。”虞舜20岁以孝闻名天下，30岁为所尧知并娶其两女，50岁代行天子之政，在位39年。其时华夏升族疆域扩大，政治清明，百姓安康。虞舜所处的时代，成为历代政治家最为向往的社会。

舜，是颛顼的六世孙。舜的父亲名叫瞽叟，就是“瞎老头”的意思。因为他有眼不识贤愚，于是有这样一个诨号。

瞽叟的妻子一次看一道美丽的彩虹发呆，忽然觉得心动而怀孕，后来在姚墟生下一个儿子。这孩子就是舜。他每只眼睛都有两个瞳仁，起名重华。后来，他又封于虞，所以叫虞舜。

舜生下来不久，母亲就死了，幼小的舜从未得到过父亲的疼爱。瞽叟不久又娶了一个年轻美丽的妻子，生下一个叫象的儿子和女儿，舜的日子就更不好过了。舜得不到一点家庭的温暖，性格却非常笃厚善良。他遭到父亲的毒打，总是默默地流泪，实在忍受不了时，就独自跑到荒野大哭一场。尽管这样，舜仍然仁爱他的父亲、后母和弟妹。

经过无数个难挨苦熬的日日夜夜，舜终于长大成人。他孝敬父母、友爱弟妹的贤名已传遍华夏各部。但是，狠心的父母待他依然如故，舜只好离家出走，来到他早就向往的东方。

舜先是在历山开荒种地，没过多久，历山的农民受他的感化，都争着让起田界来。舜又到雷泽去打鱼，过了不长时间，雷泽的渔夫也都争着让起渔场来。舜后来又到寿丘制造各种家具器物，人们听说后纷纷迁来居住，仅一年时间，这地方就成为村庄，再过一年就成了一个较大的集镇，又过一年竟成为很大的城市了。舜的名声由此更加显扬。

天子尧决定让舜继承帝位，于是把两个女儿娥皇、女英嫁给舜，让九个儿子伴随舜。结果在舜的感化下，尧的两个女儿都不敢以帝女自骄，而是像一般人家那样与邻里和睦相处，尧的九个儿子也都尊敬舜，性格也日益笃厚恭谨。尧非常高兴，于是赐给舜一把琴和一套细葛布衣，为他修建了几间谷仓，并且给了他一群牛羊。

舜自己做了天子的贵婿，并没有忘记他的父母，于是带着两个妻子去见家人。瞽叟一家人见舜携妻载物归来，非但没有收敛恶心，反而处心积虑地想把舜害死，好得到他的财产和妻子。

有一天，象喊舜去缮谷仓，舜回家告诉了妻子，两个妻子每人送他一个竹笠遮日。当舜爬上谷仓后象和瞽叟就从下边搬走梯子放起火来。舜将竹笠举起，从谷仓上跳了下来，斗笠像鸟翼一样，增加了浮力，他居然没有一点损伤。

瞽叟和象一计未成，又想出另一阴谋。

这一天，瞽叟又叫舜去浚井，舜又回家告诉了妻子，两个妻子每人送他一柄锋利的铲子。舜下井后迅速在井壁用两把铲子凿了一个洞穴，刚刚凿完，瞽叟和象就搬来土石，往井里填土，填了一阵，听听井里没有动静，以为舜已死去，非常高兴，于是立即跑回家去分赃。

象抢先说："主意是我出的，两个嫂嫂和琴分给我，牛羊财物就给了爹妈吧！"说完就飞快地跑到舜家，拿着琴到那里摆弄，想得到两个嫂嫂的欢心。没想到，舜已用利铲把井凿通赶回家来，象见了大吃一惊，非常生气，过了好一阵才说："我正在想念你呢！"

舜丝毫也没有生气的样子，很平静地回答说："如果这样，你一定很懂得兄弟情义了。"

瞽叟和象还不死心，他们又借赔礼之名请舜饮酒，想把他灌醉后杀死。不想此事被舜同父异母的妹妹闻知，她同情哥哥的遭遇，连忙把这事告诉了嫂嫂。当象来请舜时，两个妻子分别送给舜一包解酒的东西，然后舜就去赴宴了。

宴会上，陪酒的人都醉得不省人事，而舜却毫无醉意——这场阴谋又失败了。经过这几件事以后，舜待父母弟妹更加考悌友爱，瞽叟和象这才回心转意，一家人从此和和睦睦地过起日子来。

修身感悟

孝顺父母，爱护兄弟姐妹，是中华民族的传统美德。有缺点的父亲包括继父母和兄弟姐妹该不该爱？舜用他的行动为我们树立了一个榜样。

对于有缺点的父兄应该用一颗爱心去感化他们，帮助他们改正自己身上的缺点和毛病，这是一个正人君子应取的态度，也是修身的重要法则。

正如一首歌中所唱的那样：“只要人人都献上一点爱，世界将变成美好的人间。”

生死交

羊角哀和左柏桃是春秋时代燕国人。他们俩都是品德高尚并且很有才能的人。

那时候，诸侯为了争夺土地，频繁地发动战争。羊角哀和左柏桃结为挚友，他们决心找机会施展自己的才干，解救人民于水火之中。

听说楚庄王是个贤明的国君，羊角哀和左柏桃相约一同到楚国去，寻找点可干的事情。

不料，在路上遇到暴风雪，陷于茫茫荒原。寒冷、饥饿使左柏桃病倒了，羊角哀说：“要死就死在一块，我扶你走吧！”

两天过去，羊角哀自己也筋疲力竭了，好不容易才把左柏桃扶到一株两个人合抱有余的空心树下，暂避风雪。

风狂雪猛。左柏栎气喘吁吁地说：“兄弟，荒原千里，风雪无边，与其两人冻饿而死，不如救活一个。”

羊角哀摇摇头说：“你放心，我背也要把你背到楚国去。”

左柏桃举起双手，搭在羊角哀的双肩上深情地说：“你的心意我领了，救于民水火是我们俩共同的理想，不论这个理想是咱俩共同实现，还是一个人去实现，都算达到目的了，你说是不是呢？”

羊角哀点点头：“当然！柏桃，你拿着咱俩剩下的粮食去楚国吧。”

左柏桃连连摇手，说：“你的本领比我强，应该你去楚国。”

两人真诚地相让，最后左柏桃说服了羊角哀。

羊角哀到楚国见到楚王后，他连忙带人回到荒原，发现左柏桃已经冻死在空心洞里。他埋葬了朋友的尸体，痛哭而别。

楚王知道后，抚恤了左柏桃的妻儿。

后来，羊角哀干出了一番事业。

每逢左柏桃的忌日，羊角哀总是朝左柏桃遇难荒原的方向深深一拜，心中默默祷告：“柏桃，我一定要实现咱俩的共同理想！”

修身感悟

在生与死的考验面前，能做到像左柏桃那样舍命全交，是多么令人感动啊！

和平时期，也许生死的考验不会那么多，然而，当危险临近的时候，我们应该像许多英杰一样，“把生命的机会让给别人，把死亡留给自己！”

五张羊皮换名相

秦穆公即位时，秦国还是一个地处偏远、人少国贫的小国。穆公是一个很有抱负的君主，决定广泛地招揽贤才，使秦国强盛起来。

这一年，穆公娶晋献公的女儿为妻，在晋国陪嫁的奴隶中，有一个叫百里奚的人。穆公在清点人数时，却没有这个人。晋国的使臣说：“这人不过是60多岁的老奴，没有什么用处，跑了算了。”穆公听人说百里奚是一个很有才学的人，马上派人。四处打听，一定要把他找回来。

百里奚原来是虞国人。他有经世之才，却家贫如洗，空有报国之心，得不到重用。后来，经虞国大夫宫之奇的推荐，当了大夫。虞国国君不听他的劝谏，借道给晋国，反而被晋国灭亡，百里奚也成为晋国俘虏。晋国国君想任他为官，他却宁愿做囚犯，也不肯为敌国做官。晋献公非常生气，就把他做了陪嫁奴，送到秦国。百里奚感到受了奇耻大辱，便偷偷跑到楚国，当了一个放牛倌。

穆公查知百里奚在楚国，就想用重金向楚国赎回他。又一想，用重金相求，就暴露了百里奚是个有才之士，楚国必不放行。

于是，就派使者向楚国说，我国一个奴仆百里奚，逃在贵国，我们想用五张羊皮赎回去治罪。楚国毫不怀疑地就把百里奚交给秦国。穆公亲自释放了百里奚，并向他虚心求教，他们一连谈了三天三夜，言无不合，穆公高兴地说："我得到您，就像齐桓公有了管仲一样。"当即封百里奚为上大夫，掌管国家大政。这就是历史上有名的五毂大夫五张黑公羊皮换来的大夫。

秦穆公求贤若渴、识贤如镜的名声传扬开来，很多贤士都汇集其麾下，形成了"谋臣如云，猛将如雨"的局面，使秦国一跃成为"广地益国，东服强晋，西霸戎夷"的强国。

修身感悟

千军易得，一将难求。人才难得，古往今来都是如此。只要是有智慧、有才能的人，心胸开阔的智者是一并看中的，正所谓"英雄不问出处"。

我们在对待一个人、评价一个人的是非功过时，也应当观大节，看主流，而不应斤斤计较于细枝末节，更不能抓住一点不放，以小节之过否定大节，把人一棍子打死，把事情全盘否定，对人不必求全责备。

魏文侯尊贤

魏国有个贤士叫田子方，很有才学。魏文侯常常听他讲治国做人的道理，对他很尊敬。

有一次，魏文侯请田子方饮酒听乐。文侯听出钟声音律不齐，便很得意地对田子方说："先生，这钟声左高右低，不成音律，您可听出了吗？"田子方一笑。

文侯忙问："先生笑什么？"田子方回答说："凡是英明君主，每日想的是怎样选贤任能、治国安邦，哪里有精力欣赏音乐。现在您对钟声的毛病判断很准确，很会欣赏音乐，恐怕对治理官吏和国家的事就考虑少了吧，我担心这样下去，您会成为对政事昏暗不明的君主，所以我才笑。"

魏文侯是国之君主，听了田子方的批评，面子上有些下不来，但他没有生气，反而立即起身道谢，表示虚心接受他的忠告。

文侯的弟弟季成说："田子方等人虽然有才，但我们也用不着与布衣齐礼，这样会有损国君的尊严。"文侯批评他说："仁人者，国之宝也；智士者，国之器也；博通士者，国之尊也。故国有仁人，则群臣不争；国有智士，则无四邻诸侯之患；国有博通之士，则人主尊固。你难道连这个道理还不懂吗？"

由于魏文侯对待贤人从来不摆国君的架子，虚心听取他们的批评建议，使许多仁人志士为他效力，成为一位贤明的君主。

修身感悟

人与人之间的信任都是前提。所谓"交浅不言深"，如果上司不信任你，你最好还是少提意见、少提建议，不然的话，你的一片好心很可能被当作了驴肝肺，忠言也会被认为是在反对他、毁谤他。当然，如果上司信任你，对你言听计从，那又是另一回事了。

闵子骞感动后母

闵子骞小时候，受后母虐待。

后母疼爱自己生的两个儿子。有好吃的，就偷偷地给自己生的两个儿子吃，闵子骞吃不着，还常常吃不饱饭。可是，闵子骞从来不和父亲说。

冬天到了，后母所生的两个儿子穿的都是棉絮衣，身上暖烘烘的，而闵子骞穿的却是芦花做的棉衣。

有一天，闵子骞的父亲坐着他们兄弟三人拉着的车外出。

那天，天气非常寒冷，西北风呼呼地刮，闵子骞的棉衣不能御寒，他冻得浑身颤抖，面色灰白，手已经冻僵了。

而他的两个弟弟，因为拉车赶路，脸上直冒热汗，面色红润。

闵子骞的父亲一看，闵子骞瑟瑟发抖，而两个弟弟淌汗，于是断定，闵子骞一定是偷懒，拉车不卖力气。闵子骞的父亲一气之下，就用鞭子抽打他。

鞭子抽破了棉衣，芦花飞了出来，父亲感到奇怪，拾起来一看，才恍然大悟。啊！原来儿子在受冻。

“回家！哪儿也不去了！”父亲命令三兄弟往回走。

闵子骞的父亲真是气极了，他心疼起自己的儿子来。

一进家门，父亲就把妻子叫出来，说要把她休掉。

闵子骞一见，跪在地上哀求父亲说：“母亲在这儿，只有我一个人寒冷，如果离去，那么我们兄弟三个人都将孤单！”

父亲见他的话说得婉转而近情理，更打消了休妻的念头。

后母听了闵子骞的话，非常惭愧，从此以后，她痛改前非。待闵子骞比她的亲生儿子还好。

孔子称赞他的弟子闵子骞，说他上事父母，下顺兄弟，一举一动，尽善尽美，所以旁人没有讲他闲话的。

修身感悟

血缘关系对于人际关系的影响是巨大的，千百年来皆如此。闵子骞孝敬并感动后母，他是一位脱俗的人。

当今社会，因离异或遭到不幸而重新结合的家庭为数不少，这样就给家庭的每个成员带来许多棘手的问题。如果都能像闵子骞那样对待家庭中的其他成员，那就不失为高尚的人。

晏平仲不弃“老恶”

晏平仲，就是孔子称赞的“善与人交，久而敬之”的晏婴。他是春秋中晚期齐国的宰相，是一位杰出的政治家和外交家。

当时，齐景公有个爱女，想嫁给他，便到他家吃酒，以趁机提出这个问题。

三杯过后，景公看见他的老妻，说：“这位就是你的夫人吗？”晏子回答说：“是，她就是臣的贱内。”景公说：“嘻，又老又丑呀！寡人有个女儿，既年轻又漂亮，让她来充当你的妻室如何？”

晏子一听，急忙离开坐席，站立一旁，恭敬而严肃地回答道：“她现在确实有些年老，而且不够漂亮，但这是由于她和我共同生活久了的缘故，而当初，她也是又年轻、又漂亮的。人们都是由青年到老年，从漂亮到不漂亮的。她也是这样，从年轻娇美而变成现在这样年老丑陋。这是我亲身经历过了的。主公虽欲恩赐，臣不胜感激，但臣不能因老丑而丢弃她，去另找年轻漂亮的人。”

晏子说着，就再次施礼，谢绝景公的请求。

这在晏子的一生中，只不过是个人生活中的一件琐事，但他的道德人格却博得后人的尊敬，这件事也被作为佳话广为流传。

修身感悟

爱人，不但要爱别人，更要爱自己的爱人。“贫贱之交不可忘，糟糠之妻不下堂”。在中国历史上有很多这样的典故，在男尊女卑的古代中国，即使一个普通男子有三妻四妾，也不奇怪。但是，能够做到与一个妻子终了一生而不去另觅新欢，这是一种什么样的情感？是一种高尚的道德情感。

在茫茫人海之中，能够彼此相知、相爱，并且最后结成夫妻，养育子女，来经营一个属于自己的小家庭，真的是缘分，应该好好珍惜，彼此关心、互相爱护。

沈尹茎帮助孙叔敖做相

沈尹茎和孙叔敖是好朋友，沈尹茎已经做了大夫，可孙叔敖还是一个无名之辈。

沈尹茎很了解孙叔敖，认为他是一个难得的人才，只是他为人刚直，不善于顺从迎合别人，所以还没有人了解他的才能。

沈尹茎决心帮助孙叔敖。他找到孙叔敖，对他说：“你善于讲述道理使人信服，你的治国主张能够行得通，你可以使国君称王天下，这些方面我都不如你。不过，你不善于随顺社会、附和世俗，不会迎合君主的心意，这些方面，我却比你强。现在你先回去耕田隐居，我在都城为你奔走，你看如何？”于是，孙叔敖回去隐居起来。

沈尹茎经过五年努力，终于受到楚庄王的重用，庄王打算拜他为相。

沈尹茎没有忘记自己对孙叔敖的许诺，对庄王说：“臣下知道有个草民叫孙叔敖，是一个品德高尚、才能非凡的圣人，臣下的才能远不如他，请大王一定拜他为相。”楚庄王见沈尹茎宁愿自己让出相位，竭力举荐一个平民百姓，认为这个人一定有才能，就备了车把孙叔敖接到都城拜他为相。

孙叔敖做了国相，果然没有辜负沈尹茎，只用了3个月，就使楚国面貌大变，当官的不再贪赃枉法，社会上也没有了盗贼，百姓安居乐业。

后来，孙叔敖和沈尹茎合力治理楚国，辅佐楚庄王成就了霸业。

修身感悟

友谊是交往双方在志同道合的基础上建立起来的一种纯洁而美好的社会性感情。孟子说“人之相识，贵在相知”。友谊是朋友心与心的沟通与碰撞的结果。我们把正直的朋友称知己、知心、知音，我国古代历史上“管鲍之交”、“羊左之交”和“伯牙子期之交”的故事为人们称道，要获得真正的友谊，就必须寻求友谊的基础。然而，最高境界的朋友不是物质上的帮助，而是对朋友的充分的估计，帮助朋友实现其人生理想、生命价值。也恰是在朋友的人生目标和理想实现的时刻，两个人之间的友谊也就得到了升华。

晏子为民勇谏君过

齐景公封晏子为宰相，自己却荒淫无度，不问民间疾苦。

齐景公特别喜欢鸟。有一次他得到了一只漂亮的鸟，就派一个叫烛邹的人专门负责养这只鸟。可是几天后，那只鸟飞跑了。齐景公气坏了，要亲手杀死烛邹。晏子站在一旁请求说：“是不是先让我宣布烛邹的罪状，然后您再杀了他，让他死得明白。”齐景公答应了。

晏子板着脸，严厉地对被捆绑起来的烛邹说：“你犯了死罪，罪状有三条：大王叫你养鸟，你不留心让鸟飞了，这是第一条。假使国君为一只鸟就要杀人，这是第二条。这件事如果让其他诸侯知道了，都会认为我们的国君只看重鸟而轻视老百姓的性命，从而看不起我们，这是第三条。所以现在要杀死你。”说完，晏子回身对齐景公说：“请您动手吧。”

听了晏子的一番话，齐景公明白了晏子的意思。他干咳了一声，说：“算了，把他放了吧。”接着，走到晏子面前，拱手说：“若不是您的开导，我险些犯了大错误呀！”

有一年夏天，齐国阴雨连绵，连续下了七天，许多地方房屋倒塌，百姓衣食不济，只好泡在水里。

齐景公却躲在宫中夜以继日地酗酒淫乐。

这时，晏子心急如焚，三次要求拜见景公而不能如愿。于是他不顾景公的拒见，步行直至后宫，对景公说：“眼下水患惨重，人民啼饥号寒，而您却在这里醉生梦死地饮酒享乐，只知道您的马有粮食吃，爱犬有禽肉喂养，妻妾丰衣足食，而对自己的百姓竟如此刻薄。所以，那些饥寒贫弱的百姓，不愿再拥戴您这样昏庸无耻的国君了；我身为国君的大臣，既不能给百姓排忧解难，又不能劝止国君沉湎酒色，这是我的大罪过。”

说完，晏子稽首拜谢景公，请求削职归田。

景公听后，深有醒悟，慌忙向晏子哀求道：“寡人有罪，你可以背弃不援，可你难道不为国家和百姓考虑吗？请您留下来辅助寡人吧，我愿意将各国的粟米财货托给你来赈济灾民。”

晏子见此，深为感动，当即答应不再辞职，并且很快遣派官吏调查灾情，酌情援助。从此，齐景公“捐肉撤酒”，再也不像以前那样贪恋酒色了。

修身感悟

规劝别人，尤其规劝国君通常都会冒着很大的危险。轻者，得罪了别人，败坏了自己的名声；重者，则会有丢官之虞、性命之灾。然而，处于责任心和深深的忧患意识，还是有很多人甘愿冒这“天下之大不韪”，有的达到了自己的目的，有的却没有。之所以会出现这样两种不同的结果，完全在于规劝者自身的素质、威望和智慧。这里面充分说明了对人生的洞察和对社会的体悟，当是人生修炼之一大境界。

吴起为士兵吸毒疮

吴起是战国时期卫国人，很会用兵打仗，曾经师从曾子，后来在鲁国做大将，因为得不到鲁君信任，听说魏文侯仁德尊贤，就去投奔。

当时，位于西北的秦国逐渐强盛，常常向东侵犯中原诸国。魏文侯拜吴起为大将，让他统帅军队抗击秦国。

吴起认为，作为军队的统帅，最重要的是得到士兵的拥护。他非常爱护士兵，从来不以将军自居，总是穿着最下等士兵的衣服，吃最下等士兵的伙食，行军从来不骑马，睡觉也不铺席子，还把士兵背的粮食分出一份，自己背，与士兵同甘共苦。

一次，有个士兵长了毒疮，腐烂化脓，吴起为他用嘴吸脓水，士兵的母亲听说后，感动得哭了。

有人对她说："你的儿子不过是一个士兵，吴将军亲自为他吸吮疮毒，这是荣幸，你还哭什么？"老妇人说："唉！过去吴将军也为孩子他爸吸过疮，他爸为报答将军爱护之心，打仗从不后退，终于死在战场上。现在吴将军又为我儿吸疮，不知道我儿要死在哪儿了，所以我才哭。"

吴起爱兵如子，士兵们也都非常爱戴他，为他冒死舍命打仗。吴起立了很多战功，魏文侯又派他守卫战略要地西河。

吴起做西河守，施行爱民养民的仁德政策，百姓亲附，库府充实，兵强马壮，秦国再也不敢侵犯魏国，赵国、韩国也归附了魏国，西河成为保卫魏国的坚固屏障。

一次魏武侯来到西河，和吴起一起乘船视察。武侯看着两岸险要地势，不禁感叹："西河山险水急，坚守起来牢不可破，真是魏国的宝地啊。"吴起见武侯还不明白施行仁德的重要，就说："国家的巩固不是靠险要地势，而要靠君主仁德爱民。过去三苗氏、夏桀和商纣王，所处地势不可谓不险，但是他们没有仁爱之心，不爱护百姓，最后都被灭亡了。君王如果不修德政，我们这一船人将来也要成为敌国的俘虏啊。"

武王很受教育，连连说："说得对，说得对。"

修身感悟

早在战国时期，继孔子之后的儒家代表人物孟子就提出了行"仁政"的主张，可惜最终还是不被统治者所采纳。

得道多助，失道寡助。只有在平时对待别人礼遇有加，真诚相待，以仁爱之心来对待别人，那样，在你孤立无援，特别需要别人帮助的时候，才能得到大家的鼎力相助。

李密孝敬祖母

李密，蜀国武阳人。幼年家中屡遭灾难，他出生6个月的时候，父亲死去，家中既无伯父叔叔，又没有兄姐照应，只有祖母和母亲两代孤妇带他度日，生活异常艰辛。李密4岁的时候，舅父何氏，见李家贫困不堪，不忍心让妹妹受此煎熬，逼迫他母亲改嫁他人。这样，家中只有祖母刘氏带李密艰难地生活。他祖母自幼身患疾病，经常卧病在床。为了把可怜的孙子抚养成人，她每日拖着久病的身躯，上山砍柴，下田耕耘，只盼孙子快点长大成人。

李密自母亲改嫁后，整日涕哭不止，虽有祖母爱护，却也是体弱多病，到9岁还不会走路。但是，他非常聪明，成人后，读书过目不忘，对祖母非常孝顺，每天是白天劳动，晚上读书。祖母年高多病，他周到备至地服侍祖母，晚上穿衣睡在祖母身边。给祖母吃药、喂饭、饮水，他都自己先尝凉热，然后才喂祖母。他的孝心，远近闻名。

西晋泰始元年晋武帝司马炎闻听李密才学优等，又以孝名著声于世，征诏他为太子洗马，并命地方官催他到任。这年，李密已经44岁了，他的祖母也高寿96岁。李密因为祖母年高多病，无人奉养，上《陈情表》于晋武帝，陈述自己的困难，辞官不就。他在表中说："臣无祖母，无以至今日；祖母无臣，无以终余年。祖孙二人更相为命，是以私情区区不敢弃远。……臣尽节于陛下日长，而报养刘其祖母之日短也。乌乌私情，愿乞终养。"晋武帝被他的孝心所感动，答应了他的请求。

修身感悟

尊敬自己的老人，并由此推广到尊敬别人的老人；爱护自己的儿女，并由此推广到爱护别人的儿女。只有爱自己的亲人，然后才能爱别人。相反，一个连自己的亲人都不能敬爱的人，是不能敬爱别人的。

一个人对父母、对长辈是否孝顺，对兄长是否尊敬绝不是一个个人问题，也不仅仅是一个家庭问题，而是关系到社会是否安定有序的大问题。

状元可丢，朋友不可弃

白敏中，唐朝人。在科举考试中中过状元，当过宰相，是一个恭谨谦让、品德高尚的人。

白敏中和贺拔基是好朋友。两人同到长安参加科举考试，经常携手去街上游玩。

主考官王起知道白敏中出身贵族，文采又好，私下想取他为状元，但又嫌贺拔基家境贫寒，叹息地说："白敏中怎么同贺拔基来往呢？多可惜啊！"

于是，王起叫人悄悄地对白敏中说："只要你不再同贺拔基来往，王主考就取你当状元。"

白敏中皱起眉，没有答话。

恰好，这时贺拔基来了。

看门的人骗他说："白先生不在家，到朋友家去了，晚上也不回来。"

贺拔基只好转身走了。

白敏中听说了这件事，急得从屋里跑出来，连声喊道："快把他请回来，快点！"

贺拔基回来以后，白敏中把详情如实告诉了他，并说："状元有什么稀奇的，怎么也不能不要朋友呀！"

说完，命人摆酒菜，两个人开怀畅饮，有说不尽的知心话。

王起派来的人把这些看在眼里，大为生气，回去一五一十地向王起回禀了，最后说："他舍不得那个贺拔基，咱们偏不让他当状元！"白敏中宁肯不当状元，也要朋友，深深感动了王起。他说："我原来只想取白敏中当状元，现在我却同时也要取贺拔基了。"

结果，白敏中和贺拔基这一对好朋友都高中了。白敏中在唐宪宗时还当了宰相。

修身感悟

在富贵和友情之间，白敏中毫不迟疑地选择了友情。贺拔基交了这样一位重友情、轻富贵的朋友，可谓幸甚！

人与人之间能够建立起真正友情的并不多见，作为朋友的双方应当珍视这种友情，切不可见利忘义。

大千世界，芸芸众生，贪图富贵抛弃朋友的有之；嫌贫爱富者，也不乏其人。因此，人际交往也需要慎重地择友。愿真正的至友良朋伴随你度过人生的全部旅程。

第三篇

读懂廉洁慎独中的修身故事

古语有云：静坐常思己过，闲谈莫论人非。一个人的时候，我们需要慎独。做到慎独，我们才能发现自己的不足，才能更好地完善自身。

子罕以不贪为宝

乐喜，字子罕，春秋时期宋国人。据《左传》记载，他出身显贵，在宋平公十二年以司城而执掌国政。春秋时期是我国从奴隶社会向封建社会过渡的时代，社会制度急剧变化，礼乐崩坏，社会离乱，政治变幻莫测。统治阶级中的有识之士多从道德这个意识形态领域寻找出路，认为统治者的有德或无德是至关重要的，主张加强个体德道德修养，子罕就是这样一个很注意个人道德修养的人。

宋国有人得到一块美玉，思虑再三，决定献给子罕，却遭到了子罕委婉但坚定的拒绝。献玉者刚开始以为子罕是怕宝玉有假才不肯接受，便强调说：“我已经请治玉专家做过鉴定，的确是稀世美玉。”子罕淡然一笑，说：“你以美玉为宝，我以不贪为宝。我如果接受了你的宝玉，咱们双方都失去了最可贵的东西，多不值得呀。”献玉者又以怀揣宝玉不便赶路，一旦遇上歹人难免遭劫丧宝为由请子罕收下。经过子罕妥善策划安排，这个人把他的玉高价卖出去，得以富归乡里。

子罕俭以养德的作风，也很让时人敬佩。有一次，他在自己的府邸接待楚国使者。楚使见子罕家的房子南面和西面都不规则，被邻居家侵占了一些地方，感到十分不理解，怎么这样的高官还住在这样的地方呢？子罕解释说：“南面的邻居是工匠，从事皮革制鞋生产已经三代了，如果逼他们迁走，一来宋国想买鞋的人找不到他们，二来这户人家的生活也就没有着落了，所以我没有让他们迁徙。至于西面的邻居，是因为他家所处的地势高，我的房子地势低，潦水自高而低流经我家，就成了这个样子了，如果禁止潦水东流，就不近情理了。”一番话使楚国的使者大为叹服，回到楚国立即进谏阻止楚王攻宋。

子罕不但坚持以俭养德，注重个人修养，而且还关心民生疾苦。他劝最高统治者节制自己的奢欲，尽量不违农时。当宋国出现大饥荒时，他力主拿出库储粮食救济灾民，同时动员官员向食不果腹的饥民出借粮食。他本人则在出借粮食的时候不写契约，以示不求归还。子罕这种散粮救荒的举动，特别是他以“不贪为宝”、崇俭养德、清正廉洁的高尚品德不仅赢得了当时宋国民众的信赖，也成为后世从政者的楷模。

修身感悟

子罕面对美玉的诱惑能轻松委婉地拒绝，坚持自己廉洁的品德，而且位居国相，却不以权压人，像普通百姓那样与邻居和谐共处。正因为宋国有子罕这样为官清廉、品德高尚的仁相，虽南有楚，北有晋，东有齐三个大国，却都不敢轻易发动对宋的战争。

道德教化的力量有时候是无穷的，人格的震慑力有时也是难以想象的，宋国的人民有这样的相国，怎能不振奋团结，邻国怎能不感叹退服？

孙叔敖的遗嘱

孙叔敖是楚庄王的相国，执掌朝政许多年，为国家的强盛、楚庄王成就霸业做出了很大贡献，他廉洁奉公，从来不为自己谋私利，家无余财。

孙叔敖病逝之前，把儿子叫到身边，留下遗嘱说："你没有什么专长，我死以后，你无以为生，生活一定很贫穷艰苦。楚王如果要封你官爵和土地，你碌碌无才，不能做官白拿国家的俸禄，你也不善于经营产业，管理不了大的封邑，因此，你一定不要接受楚王的封赏，如果实在推辞不了，就要一块最贫瘠的土地吧。"

孙叔敖生前做官非常清廉，从不聚敛分外之财，甚至连楚庄王多次赏赐的封地，他都坚决推辞没有接受。他死以后，家里没有一点田产和钱财，又断了官俸，他的儿子无以为生，只好日日砍柴，靠卖柴的钱养活老母，艰难度日。有一天，他的儿子出去卖柴碰到了一个叫优孟的宠臣，也是孙叔敖生前的好友，这个人善于表演、说笑话，深受楚庄王的喜爱，他看到从前国相的儿子衣衫褴褛地当街卖柴，非常吃惊，问明情况后，不仅深受感动，还打算为他想办法。

于是历史上就上演了一出叫"优孟衣冠"的故事。优孟知道楚庄王非常怀念孙叔敖，就趁他喝酒的时候，装扮成孙叔敖的模样，前去祝酒，楚庄王看见眼前的人酷似孙叔敖，就一定要拜他为相。优孟见机会来了，就非常为难地说："我不能做您的相国，孙叔敖一生忠心效国，帮助您成就了霸业，没想到死了以后，儿子却没有立锥之地，穷得靠打柴度日。那些贪官虽然卑鄙，子孙却能骑肥马，乘坐华丽的车，而廉洁的官死后，后代还要受穷，我怎么能做廉洁的官呢？"

楚庄王这才知道了孙叔敖家里的情况，立即派人把他儿子找来，赏赐给他很大的封地，孙叔敖的儿子却坚守父亲的遗嘱，推辞不要。最后，只接受了最贫瘠的一小块儿。

修身感悟

做了相国并不利用手中的职权趁机敛财，为国家奉献一生，却丝毫不要求回报，还能严格要求后代，不能靠着父辈的功劳而白拿国家的俸禄，他的遗嘱意味深长，也让人不得不感动，为官者能做到自律又同样要求后代有几人？

楚庄王也实在让人心寒，国家栋梁去了之后，竟然对其家属不闻不问，还要让人提醒才能予以眷顾，实在不是养廉之道。臣为君奉献，君也要为臣解决后顾之忧，才能上下合心。

孙仪拒收甲鱼

礼品有轻重之分，贿赂有雅俗之别。在贿赂的过程中，送钱给物（一般之物）给人的印象总免不了一个俗字，而用“雅士”喜欢的物品作贿赂物，则具有“雅趣”，会给受贿者以意外惊喜。因此，“雅贿”者，乃投其所好择“嗜”而贿也。

这些嗜好者，不是一般人，而是那些掌握一定职权的“雅士”。正如清代思想家赵翼所说：“凡势之所在，利即随之。”“是可知，贿随权集……此权门贿赂之往鉴也”。这是他从明代查抄权贵家产的事件中得出的独具慧眼的结论。

公孙仪是战国时鲁穆公手下的丞相。他特别喜欢吃新鲜甲鱼。于是送鱼的纷纷上门，但都被公孙仪一一回绝。公孙仪的弟弟对此很不理解。问：“你素来喜吃甲鱼，为何别人好心送来，你却不收呢？”

公孙仪说：“正因为我喜欢吃甲鱼，所以才不能收。吃几条甲鱼固然微不足道，但倘若我经常收别人的礼品，那就要落个受贿的坏名声，到头来连丞相的官位也会丢掉。到那时，为兄再爱吃甲鱼，恐怕也吃不成了。现在我不收别人的鱼，倒还可以安稳地做丞相，多吃几年我爱吃的甲鱼。”

修身感悟

贿随权集，的确是，只要是权力所在，贿赂似乎就无孔不入，这也就是为什么自古以来反贪倡廉就是吏治的一大重点了。还有一句名言，“利之所在，虽千仞之山无所不上。深渊之下，无所不入焉。”人看见利益、钱财，胆子就无限扩张，所以许多当官的冒着革职杀头的危险，明知故犯。

公孙仪身为国相，连别人送的甲鱼都坚决不肯接受，问其原因，他风趣地讲了其中的原因，他能够严格约束自己，犯小错误的机会都不给自己，比起那些寻找一些机会接受礼物的为官者，公孙仪实在是廉洁。

第五伦锄草养马

第五伦，京兆长陵人。东汉光武帝年间被举为孝廉，补任淮阳国的医工长，随同淮阳王到他的封国。建武二十九年，随从淮阳王至京城，与其他官属一同被接见，光武帝向他询问政事，第五伦趁机对奏为政之道，光武帝非常高兴。第二天，又特地召见他入宫，和他一直谈到天黑。

光武帝和第五伦开玩笑说：“听说爱卿曾殴打岳父，不让兄长和你一起吃饭，有这种事吗？”第五伦回答说：“臣三次娶妻都没有父亲，殴打岳父是不可能的。少年时曾遭饥荒之苦，实在不敢随便请人吃饭。”光武帝大笑。第五伦出京，有诏令任命他为扶夷县长，还没有到任，又追任为会稽太守。他虽然身为2000石一级的官员，仍然亲自锄草喂马，妻子下炊做饭。所得到的俸禄，也只留下一个月的口粮，其余的都低价卖给贫苦百姓。会稽地区风俗，多滥设祀庙，喜欢占卜。民众常常杀牛祭神，百姓的财产因此困乏。先后几任郡长官都不敢禁止杀牛祭祀的做法。第五伦到任以后，给各属县发布文书，晓谕百姓，凡是巫祝有依托鬼神以诈术恐吓愚昧百姓者，都要捉拿问罪。胡乱杀牛的人，官吏都必须给予处罚。民众开始时都很恐惧，有的巫祝胡言乱语地加以诅咒，第五伦却追查得更紧，以后便逐渐绝灭了，百姓得以安定。永平五年，第五伦因触犯法令被征召，郡中的老少百姓攀住他的车子，拉着马，啼哭着跟随，每天只能走几里路，无法赶路。第五伦于是假装住在亭舍里，却暗中乘船离去了。众人知道后，又前来追赶。及至被送到延尉，官民到京城上书为他求情的有千余人。后来因缘际会，第五伦得以免罪，放归田里。他亲自下田耕种，不与官宦来往。数年之后，又被起用。

第五伦一心奉公，尽守节操，上书论说政事从不违心阿附。他的儿子们经常劝他不要这样，他都予以训斥；吏员们上奏及直接上奏之事，他都封好上报。他天性质朴憨厚，没有文采雕饰，任职以贞洁清白著称，当时的人把他比作前代的贡禹。有人问第五伦说："您有私心吗？"他直爽地回答道："先前有人送我一匹千里马，我虽未接受，每次三公选拔举荐官员时，虽然始终没有任用此人，但我心里也一直无法忘记此事。我哥哥的儿子常常生病，我一天前去看望10次，回来后却安然入睡；我的儿子生病，虽然没去看望，却整夜难眠。这样看来，怎么可以说没有私心呢？"

后来第五伦以身老体病上疏请求辞职。元和三年，皇帝批准了他的请求，此后数年去世，享年八十余岁，诏令赐给安葬的秘器、衣衾和钱布。

修身感悟

第五伦年少即耿介好义气，行伍出身，为人豪爽实诚，身为二千石一级的官员，仍然亲自锄草喂马，妻子下炊做饭，此等清廉实在少见。

当别人问起他有没有私心时，他举例说明是有的。第五伦承认有私心正表明了他的坦诚，实际上却没有做过有损国家、有损别人的事，这比那些道貌岸然，口口声声廉洁奉公，实际上却贪赃枉法的虚伪无耻之徒要高尚百倍千倍。

羊续悬鱼拒贿

羊续是东汉后期人，其祖辈皆有功于朝廷，羊续成年以后，也因立下战功而由郎官迁升南阳太守。南阳是光武帝刘秀的老家，这里气候宜人，土地肥沃，当地人民丰衣足食，安居乐业。但在郡县权豪的影响下，民风奢华，行贿受贿这些事情愈演愈烈。

羊续到任以后，明示郡县衙门和部下，要扶正南阳的民风，首先就要从郡衙、县衙的官吏做起，从自己做起。他下决心要以自己的实际行动感召部下和民众。

有一个府丞最善于钻营，他根本不相信天下会有不吃贿赂的官儿。羊续到任不久，他便提了一条新鲜的大鲤鱼亲自送到羊续府中，一见面就笑嘻嘻地寒暄解释说："卑职听说大人最喜欢吃河鲜，今日特地弄来了一条新鲜的献给大人下酒。"并一再表明，这并非送礼行贿，而只是作为同僚之谊，让初到南阳的人尝尝鲜。这番话讲得似乎十分尽情理，可羊续还是再三表示："府丞的情意深重，我非常感动，一番美意我心领了，但鱼还是不能收下，因为本人有言在先，我岂能自食其言？”

不管羊续怎么解释，这位府丞就是不肯把鱼拿回去，实在让人为难，羊续心里叫苦不迭。但是转念一想，要煞住这股歪风何不拿这条鱼大做文章呢？于是就收下了。府丞见到羊续最终收下了这条大鲤鱼，更证实了自己的见解，也暗自为自己巴结太守初举成功而高兴。

几天之后，这件事传遍了整个南阳城，一些不轨之徒早有心巴结太守，听到这个消息都纷纷上门。有一天，几个官员各自提了几大篓鲜鱼登门拜访太守羊续，羊续一见，大声笑道：“诸公送来这么多鲜鱼，我如何能享受得了呢？”官员们连忙赔着笑说：“大人有口福，慢慢享受。”

羊续早就明白这些人的用意，见时机已到，他便说道：“诸公大概以为我前几日留下了府丞送的鱼，一定也是个贪婪之辈，诸公不妨抬头看看！”

几位官员感到莫名其妙，顺着羊续手指的方向望去，只见厅堂的梁柱上悬着一条已经干枯的大鲤鱼。大家面面相觑，无言以对。羊续脸色肃然地说：“这就是府丞前几天送来的行贿之物，我把它悬于堂中，就是要警告那些行贿的人，大家总不会希望我把你们送的鱼挂满整个厅堂吧？”

官员们见到这种情景，都满脸羞惭，有的甚至出汗了，只好讪讪地提着自己的鱼离开了。这件事又是不胫而走，正直的官吏和百姓都交口称赞，从此以后再也没有人敢送礼给羊续了，南阳的送礼之风也在一定程度上得到了遏制。

修身感悟

送一条新鲜的河鱼并不是什么了不得的行贿，但是羊续也不肯接受，坚持自己立下的规矩，因为风气是渐渐养成的，要遏制这股歪风必须防微杜渐。

羊续的高明之处就是能及时抓住这个机会，向广大官员和百姓表明自己的决心，并以自己的行为感召别人，所以这个被民间封为“悬鱼太守”的羊续不但清廉，而且智慧。

贫不私受，田豫得赠归公

三国时期，天下大乱，不少官吏都趁机大捞一把，但也有一些人能够做到廉洁自守，魏国的田豫就是其中一个，他受礼之后自己不用，全部归公。

田豫是渔阳人，刘备投奔公孙瓒的时候，年少的田豫就自己投奔了刘备，刘备对他甚是看重。后来，母亲年迈无依，田豫只好恳求回家，刘备感到非常惋惜，流泪送别说：“不能与君共成大事真是遗憾啊！“

后来，母亲病逝之后，田豫又投入了曹操的麾下。汉文帝初年，朝廷命田豫持节护乌九校尉，镇守北方边界。当时，北方的游牧民族经常扰边，田豫团结归附的鲜卑族首领素利，打击犯边者，因此威震沙漠。

田豫为官清廉，虽然家里很穷，有赏赐却都分给将士；如遇上少数民族的人赠送礼物，也不拿回家，而是全部纳入国库。比如，鲜卑族首领素利，因为佩服他，跟他来往比较亲密，多次到他家做客，经常以牛马送给田豫，田豫接受后丝毫不少地归公。素利还以为是因为这个礼是公开送的，所以田豫不敢接受，便改送黄金。他怀里藏着30斤黄金，对田豫说：“请避开左右，我有话跟你说。”田豫照办了。素利说：“我见你生活贫困，所以送给你一些牛马，你却全部交给国家。现在我秘密地送给你这些东西，可以补贴家用。”田豫就将黄金纳入衣袖里，并感谢他的深情厚谊。素利走后，他把30斤黄金全部纳入官库，并上报朝廷。朝廷下诏褒扬他说：“过去魏绛开怀接纳戎人的贿赂，现在你举袖接受狄人的黄金，献给朝廷，我很高兴啊。”并赐给他五百匹绢。田豫得赐，把其中的一半纳入地方仓库，留下一半，素利来做客时送给他。

修身感悟

田豫镇守边疆，能采取正确策略团结少数民族，各族首领感其德惠，知道他家里贫困，常来送礼，他却从来不私自领受，全部归公，即使这些礼是暗中送来的。

对于朝廷的赏赐他也以一半充公，留下一半招待送礼的少数民族首领，感谢他的深情厚谊。

清廉父子千古留名

三国时期魏国名将胡质和西晋名将胡威父子是历史上有名的清廉父子，史书对他们的事迹多有记载，民间也流传有很多关于他们的传说。

胡质曾经任过东莞郡太守9年，从军征战数十次，每次因军功受赏，他都全数分给部属，自己分毫不取，将士们都很感激他的恩德，誓死为他效命。由于他为官清廉，屡迁高职，官拜荆州刺史、振威将军。他的儿子胡威，为官继承父亲遗风，也官至青州刺史、前将军。

胡质在做荆州刺史任上，胡威到荆州看望父亲。胡威虽然是官宦子弟，但是由于家无余财，备不起车马仆童，只好骑着毛驴、带着干粮上路。沿途住客店时，他一边放驴，一边砍柴生火做饭。到了荆州，胡质看到儿子远道而来，分外高兴，父子二人彻夜长谈，异常亲热。头两天，胡质还能买些鱼肉鸡蛋款待儿子，几天后，餐桌上就只有青菜豆腐萝卜汤了。胡威知道父亲为官清廉，不治余财，就没有做过多要求，吃得仍然很香甜。十几天过去了，胡威要回到老家去，向父亲辞别时，胡质竟然令人意外地拿出一匹质地精美的丝绢为他做盘缠。胡威连忙跪下，问："父亲为官一向清廉，不知道怎么会得到这匹绢的？"胡质笑着解释道："这是为父官俸的节余，并非分外之财，你放心拿去吧。"胡威这才拜谢父亲，骑上毛驴登程了。

归途中，胡威意外地遇到了一个与他相伴同行数百里，并屡次向他提供帮助的人。胡威感到事情蹊跷，决心问个明白。在他的追问下，才知道那个人是父亲帐下的一员都督，见胡威返家盘缠不足，便以请假为名，一路上资助胡威。得知这个真相，胡威便将父亲送给他的丝绢作为谢礼赠送给该都督，并要他不必再追行。事后，胡威写信把这件事情告诉了父亲，胡质非常生气，仗责了该都督100军棍并革去军职。胡质病死后，家无余财，只有皇帝赏赐的衣物和书籍而已。

胡威做官后，秉承了父亲的作风，勤于政事，以廉洁清正为要务。西晋初年，他入朝觐见武帝，武帝谈到当年他父亲廉洁谨慎时，赞叹不已，并赞扬胡威与父同廉。胡威羞愧地说："臣不如父。"武帝问："何以见得？"答道："臣父为官清廉恐怕人家知道，而臣为官清廉唯恐人家不知道，臣不如父，就在于这一点。"武帝更加欣赏胡威了，因为他谦逊恭顺，为官政绩显赫而廉洁守操，下诏对他进行了褒奖。

修身感悟

廉洁是一种为官的素养，这种素养使家人在耳濡目染中受到熏陶，成为无形的教育，因而胡威能够学习父亲廉洁守操。胡质难得的是知道别人在帮助自己的儿子，但是违反了他廉洁的作风也要对此人施行惩罚；胡威难得的是他的委婉直言，认识到自己的修为及不上父亲。

顾协棒打送礼人

“给我重打20大棍！”顾协怒气冲冲地对家人下令。于是，两名家仆立即上前架起一个身着便服的中年人，走到院子里，开始用大棍重重地责打他。“哎呀，大人开恩，我以后再也不敢送礼了！”送礼人疼得眼冒金星，苦苦求饶。是什么事让德高望重的当朝忠臣如此气愤呢？

原来，顾协被梁武帝拜为通直散骑侍郎，兼中书通事舍人，负责给皇帝起草诏书命令，一些人见他可以接近皇上，权重位高，就想拉拢贿赂他，送礼的人络绎不绝，他都一一严辞拒绝了。这天，他从前的一个学生又来了，送给他两千钱。顾协十分恼火，心想：送礼这股风气怎么制止不住呢？走了这个又来了那个，看来对他们不能客气了。于是，他就命令家人将送礼者重打了20大棍。从那以后，再也没有人敢给顾协送礼了。

顾协很小的时候就没有了父亲，随着母亲生活在外祖父家里。顾协年少好学，幼有大志，参加科举考试，所作的策论得到主考官的认同和赞赏，上报朝廷，对顾协授予了官职。他有了用武之地以后，勤政为民，一展宏图，政绩非常明显，屡次升迁，手中的权力也越来越大，但是他一直保持清廉俭约的为官原则和生活作风。同朝为官者都有了宽敞的房屋，气派的马车，更不用说华衣美食了，而他还是不改以往，即使冬天还是穿着很单薄的衣服，吃得也非常简单，自从母亲过世之后，他更是终身布衣素食。他清介自守，也最看不惯那些投机钻营的行为，厌恶行贿受贿的人，所以就发生了仗打门生的故事。

修身感悟

面对屡煞不止的送礼风，顾协采取了“杀一儆百”的方式警告那些送礼人，不要再想这些歪门邪道，专心致志地做好自己的本职工作要紧。

顾协的这一体罚显得有些不近人情，但估计他也考虑到此人为自己的门生，拿他开刀又能达到震慑的效果，还不至于留下怨仇，这一棍打下去，既是顾协廉洁奉公的宣言，又是对门生的教科书，也是对善于此道、为此忙得不亦乐乎的人的一种警告。

苏琼公堂悬瓜

苏琼是南北朝时北齐人，幼年随父戍边，他聪明好学，年少时就显示出超人的才能。

有一次，父亲带他去拜见东荆州刺史曹芝。曹芝见苏琼聪明可爱，心中非常喜欢他，便跟他开玩笑说：“你想当官吗？如果有这个打算，我可以提拔你。”苏琼立即回答说：“大人应该依据官职的需要而选拔人才，而不应该因人的要求而设官。”曹芝听了很惊讶，想不到苏琼人虽小，却有如此精深的见解，就把他留在府上任长流参军。

过了几年，苏琼被朝廷任命为南清河郡太守。那个地方因为地方官贪赃枉法，收受贿赂，世风不正，盗贼如毛，作奸犯科的人只要花些钱疏通便可以逍遥法外。苏琼到任后，整顿吏治，惩治贪官，明确宣布不收受任何人的财物。

郡中有一位告老还乡的官员名叫赵颍，曾任过郡太守，已经八十多岁了，在地方上很有名望。他目睹了前几任太守的恶行，对苏琼能够守正自爱，耻于敛财，心中很有疑虑，便想试探他一下。南清河郡是盛产西瓜的地方，五月来临了，赵颍将自家瓜园里的西瓜，挑了一个最大的亲自送到苏琼的府中，对苏琼说：“老夫赋闲在家，以侍弄瓜园为乐，今日新瓜开园，特送上一个请大人品尝。”苏琼很谦恭地说：“谢谢赵老先生的厚爱，您的心意我领了，只是这瓜还请您带回去吧。”赵颍立即说：“大人太见外了，我知道大人清名在身，不收人财物，只献上西瓜一个请大人品尝，想大人您不会以行贿罪处罚我吧？”说完就自顾自地离去了。

赵颍走后，苏琼就命属下把他送来的瓜悬挂在公堂的屋梁上。郡里的人听说苏琼收了赵颍送的瓜，都认为苏琼是个口是心非的伪君子。那些想与苏琼拉关系而又不敢送礼的人心里也有了数，现在便带着礼物来到苏琼府中，苏琼的家人把他们带到屋梁下，这些人看到赵颍送的瓜竟然被悬在公堂之上，便明白了苏琼果然是个清廉之人，都满脸愧色地退出去了。

修身感悟

为官者可以用多种方式向别人表示自己的廉洁，对于却之不恭的小礼物不妨留下作为教材，借别人的东西轻轻松松地表明了自己的态度，不失为一种聪明之举。

所以，要施行廉政，不妨多动脑子，花很低的成本，又不与周围的人造成一种剑拔弩张的局势，达到一种既和谐又廉明的状态。

魏征的临时客厅

魏征，中国古代历史上最有名的谏臣，与唐太宗李世民一起被誉为“明君”、“良臣”。为官期间，监察朝政得失，敢于直言进谏，弹劾权贵，对贞观年间的政治清明起了很大作用。但他的形象在人们脑海中比较平面单一，很少有人知道他的家居生活。

魏征从小就失去了父母，家境贫寒，一直过着孤苦无依的生活。后来出家学道，喜欢读书，刻苦勤奋，尤其喜好纵横家说教，少有大志。他在隋末的混战中几经周折，投靠了李唐一方，因为在唐王朝统一战争中提出过很多重要的建议而受到重视。玄武门之变后被李世民重用，先后授谏议大夫、尚书右丞兼谏议大夫、参与尚书省政务，并监察朝政得失。

魏征为官期间，不计功名利禄的得失，敢于直言，先后向李世民进谏200多次，从内政、边事、用人、赏罚、刑法、礼仪等各个方面陈述得失。所提的意见都贯穿“居安思危、节奢崇俭”的主导思想，不仅体现了魏征的政治远见，而且表现了他虽位高权重，却力拒贪污腐化，提倡节俭的自律和修养。

魏征多次上奏举报、弹劾受贿官吏，还屡劝李世民节俭省费，爱惜民力，而且在个人生活上要求也非常严格。早在青年时代，他就坚持不治家产。官至宰相时，仍坚持以俭养德、守拙尚节，保持朴素的生活作风。他所居住的房子十分卑陋，李世民几次都想为他重建，都被他坚决拒绝了。

贞观十七年正月，魏征由于操劳过度，心力交瘁，一病不起。李世民派人前往探视，见魏征居住的地方连一个待客的正厅都没有，立即下令限期为他建造一个临时客厅。又根据魏征一贯简朴的习惯，赐给他素色的褥子、布被、几案、手杖等一套生活用品，以补其家用之缺。魏征家里终于有了个能够接待来宾的正厅，有了一些像样的用具。

魏征逝世后，唐太宗下令按照一品官的葬礼治丧，但魏征夫人裴氏涕泣辞谢说："征素来简朴节约，如果现在按照一品的礼仪，所用的仪式太大，浪费的物品太多，不是魏征所愿。"唐太宗感怀不已，日后对魏征也思念不断，常向人说自己失去了一面镜子，一位知己。

修身感悟

魏征位高权重，又十分得宠，却甘守清贫，对那些奢侈富贵之流痛恨排斥，自己家里连个客厅都没有，还是李世民在他病重之时强建，才有了临时客厅，此可谓千古奇闻。

综观魏征一生，其耿心为国、直言敢谏的诤诤志节，廉俭养德、守拙全真的高尚品德，的确不失为后世从政者的一面镜子。

明镜照心

冯覆谦是唐朝前期著名的才子，年少时就聪明好学，7岁就读书破万卷，9岁就能写出一手漂亮的文章来。

由于冯覆谦才干卓著，人品极佳，口碑很好，被唐中央政府任命为管城县县尉。后来因为为病逝的母亲守丧，而转任河北县尉。冯覆谦有位老部下叫张怀道，官任河阳尉。他听说覆谦到河北任职，就托人捎信一封，感谢他昔日的提携之恩，并送来一枚精美的铜镜。

冯覆谦收到后，把县衙上下的官吏全部召集起来，将铜镜展示给大家，大家都夸这枚铜镜做工精美，实在珍贵，但是都不明白县尉准备做什么。冯覆谦神色凝重地对县吏们说："这是我过去一个老部下送给我的，按照章程，我不追究此事。但是，我居官任职，有俸禄为生，怎么能私自接受别人的礼物呢？"大家面面相觑，觉得县尉也未免太固执了。冯覆谦接着说："清水见底，明镜照心，我任县尉，若贪污受贿，天理难容！"当即派人把铜镜归还给了原主。

冯覆谦果然遵守了他的誓言，一生为官清廉，从来没有收受贿赂，还以自己的实际行动把这股清廉之风带到了他所到之处。

修身感悟

"清水见底，明镜照心"。有人送冯覆谦以铜镜，他就趁机拿这枚铜镜做教材，既表明了自己廉洁奉公的决心，也号召大家不要贪赃枉法，盘剥百姓，欺骗朝廷。

如果为官者能够做到连一面铜镜也不接受的话，必能以实际行动彰显自己的高风亮节，也能带动身边的人，从而形成良好的风气。

牛僧孺拒收贿赂

牛僧孺是唐朝穆宗时候的大臣，以刚正廉洁著称。

长庆元年，牛僧孺任御史中丞。当时宿州刺史李直臣贪污受贿，按照当时的律法应该处斩。李直臣贿赂宦官为自己说情，穆宗皇帝也认为李直臣才能卓越，想宽赦他。但牛僧孺坚持依法办事，他说："过去安禄山也是才智过人，但为人奸诈，怀有不轨之心，结果反叛中央，发动兵变，使天下不得安宁。而今李直臣的才干还不及安禄山呢，又怎能超越法律之上呢？为官不是只有才干就够了。"最后，将李直臣依法处死了。

长庆二年，朝廷任命牛僧孺为户部侍郎。这时，朝政腐败，官吏收受贿赂已经成为司空见惯的事情，但牛僧孺却坚持原则，一尘不染。

韩弘在宣武任节度使，明目张胆地贪赃枉法，朝野内外议论纷纷。他的儿子韩公武为保住父亲的官爵，打算用财物打通关节，贿赂朝中掌权的大臣，文武百官，很少没有接受他的财物的。不久，韩弘父子相继去世，只剩下孙儿，年纪尚小，没有能力持家。穆宗皇帝不放心，恐怕韩家的财物被盗贼抢走，命宦官到韩家把财物账本拿来，要亲自查阅。在账簿上，韩家记载了每一位接受贿赂的官员的名字。当穆宗看到牛僧孺的名字时，只见用红笔写着："某月某日，送牛侍郎财物若干，不受，全退还。"穆宗十分高兴，认为牛僧孺清正廉洁，可以重用。不久，就任命他做了宰相。

牛僧孺在执政期间，恪尽职守，打击贪污受贿分子，成为唐帝国后期杰出的政治家。

修身感悟

能够做到浊世不污，已属难能可贵，牛僧孺还能做到严格按照律法办事，不惜违背皇帝的意思。不在其位时，对力所不能及的事他起码能够做到自己不沾染其中，面对财宝而不动心，保持清洁之身，也给自己后来的发展创造了难得的机会，“失去”财宝却换来信任和重用，上天的这个安排是公道的。

官员贪污成风，连皇帝身边的宦官也积极参与，皇帝也对贪官的财物很是关心，可见那个世道在某种程度上来说有多“浊”，在这样的环境中存在公正清廉的官员实在难得。

白居易怒打行贿人

很多人都知道白居易是我国唐代伟大的现实主义诗人，他的诗歌语言通俗易懂，敢于针对当权者的弊政，反映人民疾苦，深刻地揭露社会矛盾。白居易作为诗人是一个时时刻刻把人民疾苦放在心上的诗人，他做官也是公正廉洁，为百姓的幸福不辞劳苦，很受穷苦老百姓的爱戴。

贞元十六年，白居易考中进士后，先被派往陕西周至当县令。他刚上任，城西的赵乡绅和李财主就为争夺一块地跑到县衙打官司。为了能打赢官司，赵乡绅差人买了一条大鲤鱼，在鱼肚中塞满银子送到县衙。而李财主则命长工从田里挑了个大西瓜，掏出瓜瓤，也塞满银子送了来。收到两份“重礼”后，白居易吩咐手下贴出告示，宣布明天公开审案。

第二天，县衙门外挤满了看热闹的百姓。白居易升堂后问道：“你们哪个先讲？”赵乡绅抢着说：“大人，我的理（鲤）长，我先讲。”李财主也不甘示弱说：“我的理（瓜）大，该我先讲。”白居易沉下脸说：“什么理长理大？成何体统！”赵乡绅以为县太爷忘了自己送的礼，连忙说：“大人息怒，小人是个愚（鱼）民啊！”白居易微微一笑说：“本官耳聪目明，用不着你们旁敲侧击，更不喜欢有人暗通关节。来人，把贿赂之物取来示众。”

衙役取来鲤鱼和西瓜，当众抖出银子，听审者一片哗然。白居易厉声喝道：“大胆刁民，胆敢公然贿赂本官，按大唐律法各打四十大板！”赵乡绅和李财主吓得瘫倒在地，衙役把他们拖到一边狠狠地打了起来，众百姓无不拍手称快。

杖刑完毕，白居易斥道：“周至县就是被你们这些不法之徒搅得乌烟瘴气，今日责打，就是要你们今后奉公守法，老实做人。至于这些行贿的银子，我看就用来救济贫苦百姓吧！”两个行贿的人看到新上任的县令如此廉明，刚挨完打，也不敢说什么。

修身感悟

白居易苦读多年，终于考中进士，走马上任周至县令。刚到任就被贿赂，但他不为所动，不把这个作为自己多年汗水的回报，而是毫不留情地将两个地方财绅劣徒行贿的丑行公之于众，按律对他们施以刑罚，并把财物分给贫苦百姓，大得民心。

有的官员把自己有朝一日跨出平民的队伍步入仕途看成是“千年的媳妇熬成婆”，上任之后抓住一切机会来补偿自己所付出的代价，比如苦读，比如买官所用的财物等，遇到这样的“父母官”，老百姓们注定难逃一劫。

裴宽埋肉得妻

唐代裴宽曾作润州参军，当时润州刺史韦诜，为女儿选择夫婿，看了许多人都觉得不如意，心中很是郁闷。

一个休息日，韦诜登楼远望，忽然看见一个人在花园中埋东西。就去打听这个人是谁，有人告诉他：“这就是裴参军，非常仁义清廉，从不愿接受贿赂，害怕玷污了家门。刚刚有人馈赠给他一块鹿肉干，交给他就走了，他不敢自欺，所以就将那东西埋掉。”韦诜十分惊异，感慨再三，非常佩服裴宽的为人和操守，于是决定将女儿许配给裴宽为妻。

结婚那天，韦诜用帐子遮住女儿，让她看看裴宽。裴宽又高又瘦，穿着碧色的衣服。韦诜族中的亲戚都笑话他，把他叫做“碧鹤”。韦诜说：“爱自己的女儿，必然将她许配给贤良的公侯做妻子，怎么可以以貌取人呢？”裴宽后来历任礼部尚书，很有声望，那些人就闭嘴了。

修身感悟

偶得一鹿肉干，无法拒绝，也不敢自欺，为求心安，只好埋于后花园，裴宽的为人确实让人惊讶佩服，做参军即能如此自律，将来必有光明前途。韦诜也正是看到了这一点，所以才立即决定将自己的宝贝女儿嫁给裴宽。

裴宽埋鹿肉却因此得娇妻，听起来很偶然，实际上却是很合情理的，人品公正者必为正直有远虑的人所佩服看重，世道是公平的，因缘际会，好人必有好报。

杜暹埋金

杜暹是唐朝名臣，他以考取明经出仕，初被授为婺州参军，唐玄宗时任郑县县尉、监察御史、安西副都护、光禄大夫、中书门下平章事等职，以清廉著称，成为后世学习的榜样。

在婺州参军期满离任时，同僚们送给他一万张纸。当时纸很贵，人们常以存多少张纸来表示富有，而且迎送官员送礼物属于惯例，不算贪污。可杜暹只取了100张，以示领受了同僚们的情谊，其余全部退还给他们。同僚们见杜暹退还纸张，先是不解，弄清原因后都非常赞叹他的廉洁，纷纷说："文不爱财，武不惜命，杜暹真是个清官。"

公元716年，杜暹迁升监察御史，主要负责监察弹劾百官。当时，安西副都护与西突厥可汗发生矛盾，双方均上奏朝廷指责对方。为了弄清事实真相，朝廷便命杜暹前去处理。杜暹先到西突厥调查，西突厥见朝廷派人来，设宴招待，并拿出许多金子赠送杜暹。杜暹再三推让，随从见此情况，委婉地劝杜暹："来到边陲，不可失去当地人的情谊，否则会影响边疆的稳定。"杜暹不得已收下。等到席散人空后，杜暹命随从把赠金埋在了自己住的帐篷下面。几天后，杜暹离开西突厥，行至半路后，用公文通知可汗，让他们将埋在帐篷下面的金子收回。西突厥可汗既吃惊又感动，对他的清廉非常敬佩，上奏朝廷希望杜暹到安西任职。朝廷得知后，即命杜暹为安西副都护。杜暹在任副都护的4年里，"缓抚将士，不惮勤苦，甚得民心"。

10年之后，杜暹升任中书门下平章事，廉洁奉公，办事周密到位，受到唐玄宗的宠爱。740年，杜暹病重弥留之际，对儿子说："我死后，不要收别人赠送的财物。"他死后，唐玄宗非常怀念他，诏赠为尚书右丞相，并派人给其家人送去许多礼物，尚书省也送去了礼物。但他儿子遵照他的遗嘱都谢绝不受。

修身感悟

一时廉洁，一事廉洁，是很容易做到的，还有可能是为了博取名声，沽名钓誉，杜暹一生清廉，决不给自己任何贪污受贿的理由，善始善终。

杜暹的清廉与一般人不同，没有显得不近人情，他能够根据具体问题灵活处理，既保持了原则，又不失人情味儿，照顾了大局，这种智慧和技巧很值得效仿。

奉公终生事廉洁在其中

唐朝宰相李勉，是高祖李渊的后代，以近属陪位入仕，历任开封府尉、监察御史、河南少尹、广州刺史兼岭南节度观察使等职。晚年入朝为相，任吏部尚书，平章事。李勉生性耿直，为官做人，更是清正廉洁，奉公守法。

李勉少年贫困，客游外地时，曾与一个书生同行，书生得病将死时，取出所带金银交给李勉，说："我一个人游学在外，将要死了家人也都不知道，劳烦你把我葬了，剩下的你自己拿去吧。"李勉为使他安心而逝，答应了他的要求。然而安葬时，李勉却将多余的金银放入书生的棺材里。后来，书生的家人拜访时，李勉和他们一块打开坟墓，把金银全部交给了他们。

767年，李勉任京兆尹兼御史大夫。当时宦官鱼朝恩为观军容使，监管国子监，每次视学，随从数百。原来得京兆尹黎干倾心候事，动心求媚，每次都指使府中上下预备数百人的酒食，鱼朝恩还是不甚满意。李勉到任后，鱼朝恩来国子监，府吏请示李勉，李勉命令具备主要礼节就行了，不允许过分招待。鱼朝恩碰了个软钉子，从此再也不到太学骚扰了。

当时官场贪污受贿成风，为整饬吏治，李勉严刑峻法。他当开封府尉时，上任后立即张贴告示："凡受贿者，须在3天内自首，过日者舁榇相见。"告示贴出后，有一个自恃有点背景的污吏，在一次受贿后故意放出风来，让李勉知道。过了期限后，他又满不在乎，而且还让人抬着棺材去见李勉。李勉在弄清真相后，说："故意受贿枉法，罪加一等。"对方不以为然，李勉命令手下"将他装入棺材。"这时他才如梦方醒，但为时已晚，被扔进河里。此后，那些手脚不干净的官员心惊肉跳，再也不敢贪赃枉法了。

修身感悟

李勉少不爱财，虽然贫困，但坚守为人的准则，不在危难之时收取别人的财物。为官后，励精图治，以身作则，倡导廉洁，惩办贪污，对所谓有背景的人也毫不畏惧，整饬吏治，因为决心坚定，手段强硬，自己又做出榜样，所以成效明显。

吏治不修，是因为没有人下决心去整饬，没有人以身作则倡导良好的作风。君子爱财，取之有道，不收无义之财，做人、为官才能踏实。

包拯掷砚

所谓清官，尽管没有明确的定义，但最基本的标准是“清”，即个人生活清廉俭朴，为官清正廉明。当官的不贪污，不受贿，不徇私枉法，洁身自好，就可以算清官了。如果要求高一点，还应包括刚正不阿、嫉恶如仇、不畏强暴，打击贪官污吏，为百姓申冤做主等条件，无论根据哪一种标准，北宋的包拯都能算作是清官，要不然他怎么会成为老百姓心中“清官”的化身呢？

包拯是北宋庐州合肥人，宋仁宗天圣年间考中进士。回乡事奉年迈的双亲直至过世之后才开始了他的官宦生涯，累迁监察御史，建议练兵选将、充实边备；奉命出使契丹回来以后，历任三司户部判官，京东、陕西、河北路转运使；入朝担任三司户部副使，请求朝廷准许解盐通商买卖；改知谏院，多次论劾权幸大臣；授龙图阁直学士、河北都转运使，移知瀛、扬诸州，再召入朝，历权知开封府、权御史中丞、三司使等职，嘉裕六年，任枢密副使。后来死于任上，谥号“孝肃”。包拯做官以断狱英明刚直而著称于世。在庐州时，执法不避亲党。在开封时，开官府正门，使讼者得以直至堂前自诉曲直，杜绝奸吏。立朝刚毅，贵戚、宦官为之敛手，京师有“关节不到，有阎罗包老”之语。他的廉洁简朴也是很为百姓称道的。

包拯曾经在端州为官3年，清正廉明，教民种田、开井、医病，深受人民爱戴。当地出产端砚，端砚是名闻中外的文房之宝，被列为“四大名砚之首”，很多人都愿意付出很大的代价，只为得到一方端砚。而包拯身为文官，虽然整日与砚台打交道，但从未想过利用职务之便为自己谋取一方端砚。包拯年轻的时候就作过一首诗告诫自己要廉洁，不要被一些身外俗物影响了心境，做出一些贻笑后世的事情，这首诗是这样的：“清心为治本，直道是身谋。秀木终成栋，精钢不作钩。仓充鼠雀喜，草尽狐兔愁。史册有遗训，毋贻来者羞。”他以前代的贤士们为榜样，清心处世，直道而行。

据说有一制作端砚的工匠，对包拯非常仰慕，很想送给他一个端砚以示敬意，但包拯就是不收。后来包拯离任回开封府，这石匠便找机会请其家人包兴将端砚暗藏于船上伺机送给包拯，但船开至端州边沿的羚羊峡时，忽然乌天黑地，风雨大作，船无法往前行驶。包拯暗想：我在端州为官3年，难道做错了事，天理不容？想来想去，终究想不出因由，便询问家人。包兴自知藏砚之事不妥，便交代了。包拯命包兴马上呈上端砚，该砚用黄布包着，他把黄布解开，果然品质极佳、造工精巧，他叹了一口气，便说："端砚虽然已经不能归还其本人了，但也要归还给端州的人民。"便把端砚连黄布一起掷入江中。顿时，雨过天晴，风平浪静。后来，包拯掷砚的河面浮出一个掷砚洲，抛黄布的河面也形成黄布沙洲，现在掷砚洲上有包公庙，端州人民世世代代纪念这位"包青天"。

修身感悟

所谓"近水楼台"，包拯就在四大名砚之首"端砚"的家乡做官，这对那些试图得到端砚的人来说是个很有诱惑力的职位，因为它有得月之便，但包拯秉着少年时代就立下的志向，清心为本，直道而行，决不做违背道德良心，更不用说违法的事情了。

面对仰慕之人固执的深情厚谊，包拯防不胜防，但苍天有眼，成全了包青天的清誉。他站立船头，心中应该是充满豪气的，掷砚之举向世人进一步宣告了他为官的廉洁，也再次坚定了他坚持操守的决心。

包河藕无丝

"狸猫换太子"的宫廷悲剧应该有许多人都有所耳闻，被改编成电影、电视剧、戏剧等艺术形式，基本情节都取自《宋史·李宸妃传》，史载宋仁宗的生母李宸妃不敢认子。清代石玉昆编述的公案小说《三侠五义》中写有这个故事，情节是：宋真宗无子，刘、李二妃皆怀孕，刘妃为争当皇后，与太监密谋，在李妃生子时，用一只剥皮的狸猫将小孩换下来，而将真正的婴儿送到刘妃处。因此，刘妃被封为后，这个婴孩也被立为太子，而李妃因为生出怪物而被皇帝冷落。在她死之前，仁宗已经即位，刘妃也成为皇太后受到尊崇，李宸妃一直都没有敢认自己的亲生儿子。

后来，仁宗对这件事情有所耳闻，引起了警觉，包拯就被卷进了这桩宫廷奇案的追踪查询之中，最后，在太监的帮助下，经过多方查证，帮仁宗找到了生母。仁宗悲痛，将死去的李宸妃追封为皇后、太后。

仁宗为了表达对包拯的感谢，要将半个庐州赐给他，包拯坚决不受，后来拗不过皇帝，就接受了城南的一段护城河。包拯立即告诫家人：“河，不能分，不能卖，只能种藕养鱼。”从此这条河就被称为“包河”。一年大旱，田地龟裂，百姓饿得连树皮草根都吃光了。包拯见此情景提笔告示：“河藕准吃不准卖，愿者挖藕度荒年。”老百姓欣喜若狂，纷纷下河捕鱼挖藕。令人称奇的是，包河藕脆嫩无丝，包河鲫背呈黑色（铁），人们联想到包拯为官刚正，不畏权贵，敢于为民请命的风格，还有廉洁耿介的品性，于是“铁面无私”一语不胫而走。当地一直还流传着这个传说，“包河藕无丝（私）”也成了一句口头禅。

修身感悟

包拯在“狸猫换太子”一案中为仁宗立下的功劳是最深入君心的，面对皇帝的丰厚赏赐，包拯坚辞不受，领了护城河之后，制止家人以它生财，反而用它敦促家人劳动，在灾荒之年赈济百姓，于是便有了“包河藕无丝（私）”的说法。

一些为官者为朝廷立下功劳之后，就翘起尾巴开始躺在功劳簿上吃饭睡觉，唯恐君主赏赐不够，唯恐自己吃了亏。甚至开始耀武扬威，更想不到为民谋福，相比之下，包拯要高尚许多。

司马光典地葬妻

司马光，北宋陕州夏县人，著名政治家、史学家、文学家。生于北宋真宗年间，他的父亲司马池，以“清廉仁厚闻于天下，号称一时廉臣”。司马光自小就生长在良好的家庭环境中，受到严格的教育，他自己也勤奋好学，经常手不释卷，致使“于学无所不通”。司马光自幼就表现出了不同寻常的智慧，“司马光砸缸”是在我国流传很广、妇孺皆知的关于司马光的智慧故事。

司马光后来先后担任过武成军签书判官、大理评事、国子直讲、馆阁校勘、同知礼院、龙图阁直学士、翰林学士和宰相等职，敢于直言进谏，廉洁奉公，刚正不阿，举忠锄奸，鞠躬尽瘁，颇得清正之声。而且善于体察人民疾苦，为百姓解忧解难，在他当政期间，一旦发生饥荒，司马光立即派公正官吏前往灾区多方赈济，以使饥民“安其生，乐其业，自生至死，莫有离散之苦。”对统治者花天酒地，挥霍无度，视人民血汗如粪土的行为，司马光十分憎恨，他极力主张节用，禁止一切过分的俸给赐予，真正做到“不禄无功，不食无用”。这一切为他赢得了人民的爱戴，天下都认为他是真正的宰相，田夫野老，都称他为司马相公。

司马光对别人要求严格，对自己则更甚，简直可以说是苛刻。虽然他高官厚禄一生，但始终对财物没有什么喜好，恶衣疏食地过了一辈子。任官近40年，只在洛阳有薄田顷，妻子死的时候，都没有钱埋葬，只好把这田卖了购置了棺椁，这就是人们千古传颂的“典地葬妻”的故事。司马光官高势显，本来可以万贯家私，富家天下的，但他却选择了自己的为官之道，正直无私，两袖清风，除俸禄外，不谋取外财，就是俸禄，还经常拿出来周济穷人。庞籍死后，留下孤儿寡母，无以为生，司马光将他们迎回家里奉养，视如家人。

司马光还十分憎恶贪官受贿这样的事情，即使是皇帝的赏赐也认为是非分之物，不应该接受。宋仁宗曾经下诏赐给臣下金钱百余万，金银珠宝，丝绸绢帛无数，见钱眼开的庸俗之辈看到后乐不可支，总觉得无法满足。但司马光却丝毫不为所动，先是上书申明国家近年乃是多事之秋，民穷国困，内外窘迫，不应该这样大规模地赏赐官员，没有得到回应，司马光对自己的力辞不受，当不接受也不行的时候，他便用所得的珠宝充为办公经费，而金银则周济一些穷困的邻居朋友。

司马光曾因与王安石政见不合而被迫外居洛阳，他就常与一些文人学士相聚，悠悠畅叙，清谈朝政。但是每次聚会，都以简朴为原则，规定：所用果子不能超过三种，菜肴不能超过五种，并名之为“真率会”。文潞公当时以太尉的职衔驻守洛阳，也想参加，但是司马光认为他过于显贵奢华不予接纳。有一天，文潞公探知司马光等“真率会”成员又在一起畅饮，于是办了一桌盛大的酒席造访，司马光当即说他用俗气玷污了真率会，拒绝了他，搞得富贵的文潞公羞愧难当。

司马光在洛阳的居所是一处茅檐草屋，十分简陋，三九寒天，北风呼啸，茅檐多为风吹去，室内寒气袭人；盛夏又酷热难当，司马光无奈，只好在屋里穿地丈余，用砖砌成一个小房间，空地居住，聊以避暑。当司马光年老体弱时，朋友刘贤良打算用50万钱为他买一个婢女使唤，他当即予以拒绝，说：“我几十年来，吃饭都不敢经常吃肉，衣服也没穿过绢帛的，怎敢用这么多钱买一个女婢呢？”

司马光不仅自己勤俭戒奢，还时时教育子孙应该节俭朴素，只有这样，才能做个正直的人，对他们影响很大，后来他的儿子司马康做官时也是“为人廉洁，口不言财”，也堪称一代廉仕。

修身感悟

司马光位居高官，再加上他的才智，要想富贵本是很容易的事情，但他视贪污受贿如毒蛇，唯恐避之而不及，而他刚好又生了一幅好心肠，把偶尔得赐的财物都拿去周济穷人，所以落得典地葬妻的凄凉境地，但他心里是踏实的，腰板是挺直的，经得起舆论和后人评说。

据历史记载，司马光去世的时候，万人空巷，都去为他送行，家家户户都有他的画像，吃饭前必先向他祈祷。为官能够得到这样的民心，也不枉劳累辛苦一世。

苏东坡不为旧友谋官

宋哲宗元祐年间，博学多才的苏东坡经科举大考后受命为翰林学士，主管朝廷文权，兼为皇帝的顾问，权力很大。虽说苏东坡以刚正廉洁、不搞营私舞弊而著称，但也不乏跑官、要官、陪官、耍官、换官、拍官、买官、赖官等苦恼，尤其是一些亲朋故旧托求提携，更令他伤脑筋。

有一次，一位过去相交很深的旧友上门，相见之后，开门见山地请求苏东坡念昔日同窗之情，给提携提携，哪怕弄个七品县令也行，并再三挑明话题，要是有权不用，那就过期作废，后悔都没有药吃。

确实，当时苏东坡身居高位，若要给旧友弄个什么官职是很简单的事。但苏东坡心想，官者，应是智者、才者、仁者，为官得考才识，再说十载寒窗也不容易，这道理大家都清楚。如我苏东坡做一下好人，若是用错一个人，就要危害一方百姓，堂堂正正的科举制度也就等于愚弄欺骗天下莘莘学子了，这是万万使不得的事。可是，文人终究是爱面子的，对旧友登门求托这样的事情，碍于情面，不便当场明拒。于是，他便灵机一动，稍作寒暄后就转过话题，向朋友讲述了这样一个故事：

“从前，有一穷困潦倒者，无以为生，便想起干挖坟盗墓的鬼事，企望在名官大贾的坟墓上发财。有一日，他费尽力气掘破一名人之墓，不见金银财宝，而见一赤身裸体者端坐着，且慢悠悠地对他说：‘来者你可知道东汉有个叫杨震的太尉么？那就是鄙人。我生前深恶为官奢靡贪酷，致使夜深叩门者送来十斤黄金也被我横眉平拒，并死后以率自裸葬，向世人表明我一世清白。你今晚虽费力气不小，但遗憾的是我实无分文相助也！’盗墓者并不死心，又接着挖开一墓。墓中人自我介绍道：‘朕即汉文帝刘恒，已葬一千多年了。朕临崩时曾留下遗旨，墓中不纳金玉珠宝，要带只存放些陶瓦器皿。这些泥巴做的东西本无多少价值，又历经千年风霜，拿去也谅与你无什裨益。’盗墓者仍不甘心，继而又用了九牛二虎之力挖掘第三座墓，仍一无所获，但见墓中人喃喃自言：‘我乃殷商义士伯夷。你看我面黄如蜡，骨瘦如柴。这只因当年耻食周粟，宁愿饿死在首阳山下之故，故穷得清白，家贫如洗。你虽期望很大，费力不小，但清贫的我实在无法为你解困也。’盗墓者着实长叹一声，见屡屡挖掘无所获取，实为得不偿失，但仍有侥幸心理，故不甘罢休，又转身欲去挖他墓。伯夷见状款款说道：‘奉劝足下省点力气吧，那墓主人便是舍弟叔齐。他是个做学问的，一生从事的事业是寂寞之道也，又为沽名钓誉者之大忌，无有效益。因此，他和我一样也是出了名的穷光蛋。你还是去走正道，靠勤劳致富吧。’听罢伯夷一番话，盗墓者感慨万千，便惆怅而去。”

苏东坡娓娓而侃，要官者自然从中听出了弦外之音。人者，均为赤身来裸体去；官者，人也，公仆也；公仆，清廉正直，为民造福者；为官不留芳千古，便遗臭万年。贪官即使盖棺后还会有人掘墓算计个精光，弄个抛尸丢骨这样悲惨的结局。世上致富道路千万条，勤劳致富理直气壮，何必去找门路当贪官，岂止是不光彩？于是，苏东坡的这位旧友不再纠缠了，端起桌上的一杯清茶一饮而尽，罢了便去了，不再提求官一事。

修身感悟

拒绝为亲友谋利，是自古以来的清官、好官的一大作风。但拒绝也是有技巧的，如果大家都能像苏轼这样委婉、巧妙，清官也不至于被戴上“冷面”这样一顶去不掉的帽子。

当然，如果廉正和技巧只能取其一的话，那么只能选择前者了，苏东坡身为一代文豪，能把清官做的这么有艺术，不得不让人佩服。

加倍还礼

刘温叟，是宋代的朝中要员，他方正守道，以名教为己任，初为翰林学士，后任御史中丞。刘温叟为官清廉，秉公守法，从不接受别人馈赠的礼物。

一天，有个年轻人找上门来，自称是刘温叟的学生，刘温叟却不怎么认识他。他进门与刘温叟寒暄了几句后，就说自己备了一车粮草，打算送给老师，聊表自己的感恩之情。刘温叟一听，脸色立即变得比较难看，说："你的心意我领了，但东西我是不能收的。"那个青年委屈地说："老师不收，就是看不起我。"两个人推来让去，刘温叟毕竟拗不过年轻人，东西留下了。

刘温叟看着这些东西犯了愁，该做如何处理呢？自己是决不收受贿赂的，包括无故馈赠的礼物。现在已经留下了，决不能白要人家的东西。于是叫来家人，要他们把自己新做的那套好衣服拿出来，送到那个年轻人家里去。这套衣服质地精美，非常华贵，价值远远超过了那车粮草。那些送礼者一看刘温叟不吃这一套，达不到拉拢收买的目的，一个个都绝了行贿的念头。

修身感悟

拒绝有窍门，有人情味儿，更容易让人接受，也不会给别人造成那种"铁面无情"的印象，凉了大家的心，让别人不敢接近，自己以后做事也不好做。

刘温叟对素不相识的"门生"的礼物，不得已而留下，继而派人送去价值数倍于此的回礼，让人一看便明白了他的为人，清楚了他为官的风格，不会再去做类似的事情了。而且这位送礼人又不至于太没面子，以后见面不会尴尬，还可以愉快地共事。

刘焕劝廉

刘焕，生于北宋末年的中山城，金与宋开战，中山城内很久没有粮食，刘焕年纪尚幼，煮些糠麸作食物，他自己只喝些清汤，把浓调的给母亲吃，同乡都很惊异。年长之后，到塾中读书，天气寒冷，他便守着用干粪点成的火堆读书不倦。

海陵王天德元年，进士及第，调任为任丘县尉。县令贪赃，刘焕常常规劝他，任官期满时，县令举杯向他道谢说："县尉清廉谨慎，使我的考课得以通过。"调任为中都市令。枢密使仆散忽土家中有一名绦结工，在街市上牟取私利，又不肯服有市籍者应服的差役，被刘焕捉住。仆散忽土召刘焕前去，刘焕不但没有去，反而公开这个绦结工的罪行，并予以鞭笞。

刘焕以自己的本官代行户部员外郎职权。当时代州的钱是夹杂着青铜铸造的，钱的成色很坏，类似铁钱，民间常常偷着铸钱，因此而被治罪的人很多，朝廷很担忧，下令尚书省讨论。刘焕进奏说：“钱应纯用黄铜精铸，中间搀些锡，如果青铜可以铸钱，前代没有理由不用青铜。自从代州掺杂青铜二分或四六分铸钱，使青铜和黄铜杂糅在一起，目的在于省铜而容易铸。从此以后，民间常偷着铸钱，被治罪的人很多，这不是朝廷的本意。如若为天下的利益考虑，应该纯用黄铜，得到的钱虽然少，但利益长远。新钱已经流通的，最好检验数量收上来，准予百姓兑换。”他的建议被采纳。再迁升为管州刺史，父老数百人上疏汇报他的十一项显著政绩，到节度使那里请求让刘焕留任，说：“刘刺史坚守职责，奉公守法，请求让他留任。”因任官廉洁而升任郑州防御使，迁升官位一级，转任为同知北京留守事。

金世宗到上京巡视，所经过地区的州郡都大规模征调民夫修建桥梁，筑驰道，以求得到恩赏。而刘焕却只命令下属修理平整而已，世宗对他的做法表示赞赏，迁升为辽东路转运使，在任上去世。

修身感悟

刘焕幼而孝，长而好学，为官则廉、则正。作为县尉，敢于常常规劝顶头上司清廉谨慎。

在其位即谋其政，刘焕用自己的才干为国分忧，为民谋福，不畏权贵，不劳民伤财地巴结皇帝，所以离任时能有“父老数百人卧于车下请留”。比较刘焕，那些被老百姓轰下台或者刚抬脚走百姓就锣鼓喧天地表示庆祝的官员们多么汗颜！

不图享受的岳飞

岳飞是南宋时候著名的抗金将领，精忠报国是他一生的目标，为国家立下了汗马功劳，他的形象千年来已经深入人心，民间以各种形式流传着许多关于他的传说。作为一个这样的英雄人物，他不仅有忠于国家、不怕牺牲的一面，还是廉洁自励、不图享受的模范。

每当岳飞立功，朝廷要褒奖、提升他的时候，他总是说："将士效力是本分，我有什么功劳可言呢？"朝廷给他的赏赐，他都连同给全军的犒赏一起，毫无保留地发给军吏和士兵。对部下论功行赏的时候，总是公平无私，不隐没任何人的功绩。而对自己和自己儿子岳云，则常常隐匿功劳，不求奖赏。收复襄阳六郡时，岳云"功在第一"，岳飞却隐匿不言。一年之后，有人上书朝廷，才知道事实的真相。

当时，贵族们都争先恐后的买地，置办家财，岳飞不但不买地，就连朝廷赐给的土地也坚决不受。那时，像岳飞这样功勋卓著的官员，早就住上了富丽堂皇的大房子，可岳飞仍然住在原来的普通房子里。高宗皇帝要为岳飞重新盖房子，岳飞也不同意，说："现在敌人还没有被消灭，怎么能为自己家做这么多打算呢？"

岳飞治军非常严明，他告诫士兵，不准做一丝一毫侵扰老百姓的事情，就是冻死也不能拆老百姓的房屋，就是饿死也不能抢掠老百姓的东西。有一次，高宗皇帝召见岳飞，问过他这样一个问题："天下何时太平？"岳飞回答道："文臣不爱钱，武臣不惜死，天下就太平了。"岳飞就是以这种不爱钱、不惜死的精神，精忠报国，奋斗了一生，赢得了众人的口碑和世世代代的纪念。

修身感悟

"文臣不爱钱，武臣不惜死"，是岳飞对天下的理想，廉洁和忠勇也是他的两大基本品质。他一语道破了天下大治的根本标志和努力方向，可谓英明。

作为屡立战功、地位显赫的国家栋梁，不但不居功自傲，反而努力收敛自己，甚至对儿子的战功隐匿不报，无非就是想为国家多做贡献而不讲求享受，要求自己不为钱财分心，专心致志地杀敌报国。如果国家能多几个这样的人，南宋的政权也不至于处于风雨飘摇之中。

脱脱逮捕行贿者

脱脱年少丧父，母亲一人把他养大。他自己也很争气，学习看书非常努力，稍微大一些之后，在元世祖身边任卫士，经常受到教诲。他喜欢与儒士交谈，每次听到、看到善言善行，如获至宝。

后来脱脱随着元世祖征伐，立下不朽功勋。元成宗即位之后，官至上都留守、通政院使。大德三年，因为江浙行省地大人众，不是有名望的大臣不足以镇之，朝廷在讨论封疆大吏的人选。于是，任脱脱为荣禄大夫、江浙等处行中书省平章政事。他一到任，就告诫左右，不准干预公事，并对所属官员说："我的仆从如果有私自嘱托你们什么事情，千万不要听信。对你们来说，如果是涉及军民的大事，有关利害的，必须告诉我，应该说而没说的，是你们的责任，如果你们说了，我却没有听进去，就是我的罪过了。"由于脱脱政令严肃，属官都能恪尽职守。

当时，朱消、张肖任参知政事，负责海运诸事宜。他们两个人依恃自己的势力，多行不法，不择手段地聚敛财富，一时间成为当地巨富。因为害怕事发被查处，就派人以黄金50两、珠宝三囊贿赂脱脱，想请他庇护他们的罪恶。脱脱见到之后大怒，立即将他们逮捕，关进监狱里，并派使者上报朝廷。然后立案彻底清查这两个人贪赃枉法的行为，并把他们绳之以法。元成宗高兴地对众人说："脱脱是我家老臣的子孙，志向果然与众人不一样。"

修身感悟

黄金珠宝，人之所好，如遇贪者，求之不得，更何况送上门来的，必然喜笑颜开而纳之。但是脱脱，不仅不接受，还将行贿者绳之以法。这些贪赃枉法者多行不义必自毙。

况钟三留苏州府

一段《十五贯》的戏剧故事，使况钟成为妇孺皆知的清官。而历史上的况钟，也并不亚于戏剧中的况钟，他出身吏员，深知官场的积弊，为官后奖善惩恶，被百姓奉之若神。他任苏州知府12年，"刚正廉洁，孜孜爱民，前后守苏者莫能及。"他死后，苏州吏民相聚哭悼，为他立祠祭礼。现在，在江西省靖安县东门外况钟的坟茔前的两根石柱上题有一副对联：一肩行李，试问封建官场有几？两袖清风，且看苏州太守如何。

况钟于明洪武年间出生于江西省靖安县，为人干练精明，通达事务，所以经常得到官府及朝廷器重。永乐四年，23岁的况钟首被靖安知县俞益看中，选为书吏。经过几番辗转，宣德五年，况钟又被明宣宗朱瞻基任命为苏州府知府。

苏州，当时被认为是全国最难治的一个府。税粮繁重，官吏奸贪，百姓困苦，许多人结伴而逃，不再回来。所以况钟上任前，宣宗不仅设宴为其饯行，而且，还特别给予“敕书”，扩大他的职权范围，特许他直接向皇上选送奏章，规定他“凡公差官员人等，有违法害民者”，可立即“提人解京”法辩。当时，况钟被誉为是一位“手捧天书”的“钦差知府”。一到任上，况钟并未立即当众取出皇帝的“敕书”，而是一面照批公文案件，一面私下里进行明察暗访。待详细掌握了一批奸吏的确凿罪证后，便骤然将他们召来，先宣读“敕书”，后将作恶多端的贪官污吏逐一法辩，当场就处决了6个最坏的奸吏。顿时，苏州一府大震，合郡呼之“况青天”。

况钟在苏州府任所还减轻税赋，平均徭役，为民兴利，劝课农桑。特别是在清理积案，平反冤狱上更是为民所称颂。据记载，他每一日轮治一县事，未期年，勘问过轻重罪囚1520余名。并且常常折狱明断，遇有奇冤者无不昭雪。从此，吏不敢作奸，民无冤抑，都称颂他是包龙图复生，逃民也纷纷回乡。

况钟严于律己，廉洁奉公，生活简朴，他办公和居住的地方布置铺设都很简单，餐桌上也常只有“一肉一蔬”而已，真可以说是“两袖清风”。死后归葬的时候，舟中只有书籍和服用器物，并没有其他贵重物品，所以苏州人都流泪叹息。

在苏州府，况钟曾三次离任，都因百姓挽留，继而复任。宣德六年，况钟首次离任，是因母丧而回籍丁忧。他一走，苏州府便奸吏无法，故弊重生。不久，郡中有37500多人联名上书，请求朝廷召回况钟。因此，宣宗皇帝便命况钟“夺情”回任。况钟一回苏州，便使“法纪复振”。

宣德八年，况钟任期三载后，需进京朝见，于是第二次离任。苏州人民怀念况钟，担心他此去“朝京”而不回。待来年春天，况钟返回苏州后，苏州人民才放下心。民间有歌谣赞颂况钟曰：“太守朝京，我民不宁，太守归来，我民忻哉。”

况钟第三次离任是在正统五年。是年，他任满九载，照例应加升一等，便赴吏部候升。当时又有18000余人联名上书挽留。皇上见状，只好升况钟为正三品官，仍署苏州府事。况钟第三次返苏时，百姓相迎者不远数百里之遥。可见其在民众心目中之地位。况钟治理苏州先后达13年之久，到正统七年十二月，终因积劳成疾，卒于任上，享年60。

况钟死后，不仅苏民痛哭罢市，就连邻郡松、常、嘉、湖之民赴吊者也络绎不绝。在归柩之日，百姓倾城出送，但见白衣冠两岸，夹舟奠别。为纪念“况青天”，苏州府七县大小集镇都建有专祠，岁岁奉祀。百姓家中也悬像祭祀，五百多年来，历代骚人墨客和史学家对况钟均有极高的评价。

清初戏剧家朱素臣的《十五贯传奇》，20世纪50年代被改编为昆曲《十五贯》，在祖国大陆曾连演不衰，此剧即是以况钟办案为题材而编写的。当年毛泽东主席连续两次观看《十五贯》后，称赞它是一出好戏。周恩来总理也说《十五贯》具有相当高的思想性和艺术性。《十五贯》剧本还被翻译成六国文字在国外演出，让“况青天”走向了全世界。

修身感悟

同一个人三次留任同一个郡府，在古代历史中少见；三次皆因百姓翘首盼望，联名上书而留任更是绝无仅有。为母丁忧、回京述职、到期升级，这都是为人、为官者所须经历的，何以苏州百姓如此依赖钟况？原因在于钟况的勤于吏治，他的刚正守法，他的奉公守廉，他的爱民之心，爱民者必为民所爱。这样的为官之风应该大加赞赏。

王翱退珠

王翱为人正直不屈，自奉俭约，在明景帝和英宗天顺年间，长期担任吏部尚书的要职。吏部尚书掌握着官吏选拔、考核的大权，权力非同一般。王翱深知官吏的好坏直接关系到国计民生，因此办事极为认真负责，按照官员的才干和品质严格进行选拔和考核，从不滥用手中的权力，也不凭借手中的权力为自己谋利。

王翱任吏部尚书的时候已经七十上下了，他有个女婿名叫贾杰，在离京城不太远的地方任职。王翱的夫人因为年纪大了，非常想念身居外地的女儿，所以经常把女儿接回北京住些日子，一年中能有好几次。贾杰一直想到北京当官，可他看这个岳父却一直没有帮忙的表示，见到自己的妻子老往娘家跑，就不满地说：“你父亲主管官员的考核调动，把我调到京城易如反掌，这样你就可以和母亲经常见面了，何必像现在这样频繁地两头跑？”王翱的女儿进京的时候把这话跟母亲讲了。这话正合王夫人的心意，她早就盼着女儿、女婿能够呆在自己身边了，就找了个机会对丈夫说了，希望他能通融一下，把女婿调到京师。王翱一听大怒，气得把饭桌都掀翻了，还碰伤了夫人的脸。王夫人一看他气成这样，再也没敢提女婿调转这件事，贾杰夫妇因此一直呆在外地。

王翱任吏部尚书前，曾以都御史的官衔提督辽东军务，在他任职期满即将回京时，一位和他同在辽东任职的宦官出于对他的敬仰，送给他几颗大明珠。那时官场中行贿贪污成风，王翱却坚决拒收这些礼物。那位宦官说：“这几颗珠子是先朝皇帝赐给我的，送您只是做个纪念，没有任何别的意思，您可千万别以为我是在行贿啊，这些珠子可不是赃物，所以您也不必拒绝我了。”王翱见对方已经把话说到这份儿上了，只好收下了这几个珠子，并好好存放了起来。不久，那位宦官死了，王翱把他侄子请来，将这些明珠退了回去。

修身感悟

王翱身居高位，却不利用职位之便为自己家人办事，相比他，现在那些想尽办法为己谋利的人应该汗颜，虽然王翱拒绝夫人、女婿的行为显得有些不近人情，但这就是原则，这就是公正。

面对名贵珍珠的诱惑，本来他满可以随着当时受贿成风的时代条件心安理得地收下的，但是他坚决拒绝，直到别人把话说到无法拒绝的分上，他才决定帮人家临时保管，不得不让人感叹。其实，珍珠就是试金石，古往今来，有多少人能通过这一关呢？

让鹅收礼

明朝，有一个名叫周新的人，曾担任过按察使职务。按察使是负责司法的官儿，权力很大。他上任之后，不少人都来给他送礼。有一天，来了一个人，手中提着一个大盒子，见了周新，不由分说，就把盒子打开。原来里面装着一只黄澄澄、肥嫩嫩的烤鹅，香气扑鼻，还带着热气呢。来人一边说："请大人尝个新鲜，不成敬意。"一边拔腿就要走。周新连忙拉住，反复说明不收礼是自己的老规矩。可是来人执意要送，硬是留下东西出门走了。

周新看到这只烤鹅，心里直犯愁：怎么办？不收吧，东西已留下了；收了吧，有一次就有百次，以后就没法收拾了，而且还会被千人唾、万人骂……忽然，他灵机一动，想出了一个办法。他叫来手下人，吩咐把鹅挂到屋子前面。天长日久，烤鹅变得又干又硬，落满了灰尘。从此以后，若是再有人来送礼时，周新就领他们去看那只悬挂的烤鹅，笑着说："我是不收礼的，你若非要留下就让这只鹅收下吧，要不然就请带回去。"

送礼的人看到送礼只能落得这样的结局，也就不好意思再送了。渐渐地，周新身边的人受他的感染，行贿受贿之风收敛了许多。

修身感悟

在贿赂成风的那个时代，常令步入官场的人难以应付。让烤鹅收礼的做法十分巧妙地解决了这个难题。

在不良的社会风气面前，随波逐流是一种不负责的表现，听之任之是无能的表现，想出办法来解决才是聪明之举。

"天下不爱钱的只此一人"

杨继宗，明朝天顺初年考中进士，授刑部主事。成化初年，朝廷采纳王翱的推荐，升任杨继宗为嘉兴知府。赴任时，仅用一个仆人跟随，官署书斋也都清朴无华。他生性刚正廉洁，人们都不敢有所冒犯。然而他却能经常召集乡间父老询问疾苦，帮助他们解除，又大力兴办社学，民间子弟年满八岁不往就学，则要处罚他们的父兄。杨继宗每遇到学官时都待以宾客之礼，府内教师儒生竟相劝学，一时文教大兴。

御史孔儒来嘉兴清理军籍，各地老人多被他鞭挞而死。杨继宗张榜告示说："有被御史杖责致死的，来府衙报告名姓。"孔儒十分恼怒。杨继宗前拜见他说："为治之道有一定规矩，您只管剔除奸弊，劝诫惩办官吏。那样有挨家挨户稽查考核，则是地方官府之事，不是你风宪官的管辖范围。"孔儒无法与之相难，但心里却深为嫉恨。临行前，他突然闯入府行之中，打开杨继宗的箱箧察看，里面只有旧衣数件而已，也惭愧而去。有经过嘉兴的太监，杨继宗送给他们的只是菱角、芡实之类和历书。太监们索要钱财，杨继宗当即发出公碟去领取库中金银，并说："钱都在，请给我立下印券。"太监吓得咋舌，不敢接受。杨继宗进京入觐，汪直想要见他，他却不肯。明宪宗问汪直："朝觐官中谁廉洁？"汪直回答说："天下不爱钱的，只有杨继宗一个人。"

得知母亲去世的消息，杨继宗立即离任出行，来到骚亭下，将官署中的器物全部清理交付给官府，只带着一个仆从、几卷书而还。守丧结束后，杨继宗以右佥都御史巡抚顺天府。京畿之内有多处权贵的庄田，凡有权贵侵占百姓产业的，就立即夺还给百姓，他还巡查关塞，武备得到很大整饬。遇到星辰变异，杨继宗应诏上疏陈言，历数指斥太监和文武诸臣们贪赃残虐之状，并且请求召回出镇的太监，因此更加被权贵们所嫉恨。治中陈翼奸告他的过失，权贵们趁机中伤他，他因此被降职为云南副使。

明孝宗即位后，杨继宗改任湖广按察使。到任后，他让人打来上百斛水，把厅衙冲洗一番，然后再处理事务，他说："我用来清除污秽。"在任不久，又以佥都御史巡抚云南。云南都指挥使司、布政使司、按察使司有许多旧日同僚，相见十分高兴。见面后他离开座位向僚友揖礼说道："明天要办公事，望诸君能给予谅解。"于是弹劾罢免不称职的八人。不久他便去世了。

修身感悟

简单上任，清廉一生。杨继宗居官于明朝天顺、成化、弘治三朝，那时的官场已不似明初之严整，官吏贪黩渐成风气，杨继宗却身处其中，不为之所染，以至当时掌权的太监汪直都承认："天下不爱钱者，惟杨继宗一人耳。"

他为民请命，不畏权贵，被无礼者突然翻查，却只有旧衣数件；把贪官污吏视作脏物，到达任所后，先清除污秽。杨继宗虽仅官至按察使，但却名垂青史，成为后世敬仰的一代名臣。所以，清廉不论官品大小，为民谋福不论能力高下。

浊世不污，张纬清廉自守

张纬为人一身正气，敢于揭贪保廉，尤其是他拒绝为宦官魏忠贤生祠写上梁文而受到打击，辞官而去，充分显示了他嫉恶如仇和廉洁自持的崇高品质。

张纬年少孤贫，宁可吃糠秕，也不愿意轻易接受别人的施舍，读书却非常刻苦。中了进士之后，被授予户部主事，后来调任广东提学签事。广东的习俗讲究排场，他到的时候，当地为他准备的车子优于其他地方，象牙饰品，奇花异石，摆设璀璨华贵，张纬根本就不看一眼，命令把这些花花绿绿的东西全都撤去。广东地方长官为了巴结当时权倾天下的宦官魏忠贤，为他建了生祠，在生前就开始供奉他，请张纬为此祠题写上梁文以歌颂魏的“功德”，张纬本来就很厌恶魏忠贤的奸邪行为，当即拒绝题写，受到地方势力的排挤和魏忠贤的憎恨。于是，张纬主动辞官回家。他为官清廉，没有积蓄，回家后依旧过着贫苦的生活，穿布衣草鞋，在家里办学堂，教授徒弟。

崇祯帝即位后，张纬被重新起用，历任江西、福建、山东、南京等各地的地方官，后来召入朝廷任右副御史。他揭发贪官王志举，并为清官成勇伸冤，上疏说明了王志举贪污受贿、诬陷好人的罪行，而成勇一心为地方百姓造福，却被冤枉下狱，老百姓听说了之后涕泣而送者达上万人。朝廷下诏逮捕并惩治了王志举，清官成勇重得清白并被重新重用，大快人心。

张纬在位时，不畏权贵，敢于秉公执法，翻了许多冤案，很受皇帝赞许和老百姓的爱戴。

修身感悟

在明朝晚年，魏忠贤一手遮天的时代能够出现张纬这样廉洁公正、不攀附权贵的官员实在是很难得，当他拒绝为魏祠题写梁文的时候，就存在着丢官甚至丢命的危险，但他毫不畏惧，甩甩袖子潇洒地走了。

重新被起用之后张纬仍然保持本色不变，公正廉明，彰显法律的严肃性和庄严性，在阴霾笼罩的晚明时期也算是给百姓的一种安慰吧。

于谦锁宝

于谦是我国明朝著名的诗人，爱国将领，民族英雄，杰出的政治家，军事家，为官清正廉洁，贡献颇多，尤其是在土木堡之变中立下大功，但却遭人嫉妒，被诬陷而死。抄家时，竟然“家无余资”，抄家者见到正屋紧锁，以为一定藏有大量的金银财宝和贪赃之物，打开一看，原来都是皇帝赏赐的物品，丝毫未动。

于谦是浙江钱塘人，从小受到良好的家庭教育，聪明好学，被时人称为“神童”。通过科举考试之后，开始走上政治生涯，开始任山西道御史，后来升为兵部右侍郎，兼巡抚河南、陕西都御史，任期长达19年。土木堡之变后，他任兵部尚书，主持军事，在国家危难之际，成为“救时宰相”。此后一直主持朝政，天顺元年，“夺门之变”后被害。

于谦自从踏上仕途，心中波澜起伏，决心效法前世豪杰，做一名廉官能吏，为国家做出一番事业，为人民谋福利。他在地方任职二十多年期间，体察人民疾苦，惩治贪官污吏，镇压豪强，民间有冤情可以直达军门陈述，他必认真对待，依法处置，因此河南、山西两地人民称他为“于青天”、“于龙图”。

于谦认为名节是最可宝贵的，金钱使人败坏，因此“大节还须咬菜根”，要清心寡欲，生活简朴。他一生正是这样一丝不苟地要求自己，即使身居高位，也从未有丝毫放纵。于谦被任命为右侍郎兼河南巡抚、山西都御史时，年仅33岁。这一职务是正三品，在当时很显贵，但于谦丝毫不改其朴素俭约的本色。他上任时，行李简单，乘坐普通的骡车，既无锣鼓旗仗，又无卫兵仪从，不知情况的人根本不会想到他就是巡抚大人。上任后，无论是明察还是暗访，皆轻骑而行，摒弃前呼后拥、煊赫威势的官场习气。于谦把钱财看得轻如鸿毛，从不聚敛，廉洁自守。他的俸禄，用在自己身上的极少，常常用来救济贫穷的亲朋。平时他自奉俭约，衣不锦绣，食不兼味，从不铺张浪费。

当时，官场十分腐败，贿赂公行，太监王振专权，大臣进京，必须馈送重金礼品，否则后果不堪设想。然而于谦一身正气，对王振一伙嗤之以鼻，从不买他们的账。他每次进京，只带随身行装，有好心人怕他遭殃，劝他说："你不带金银入京，怎么也不带点土特产送一送啊？"他举起袖子笑笑说："谁说我没有带东西呢？你看这不是两袖清风吗？"炙手可热的王振一伙当然不会放过他的，找借口把他投入监狱3个月，在河南、山西百姓的强烈抗议下又释放了他。

于谦执政，日理万机，"日夜分国优，不问家产"，所居的房子仅能遮蔽风雨，门前没有列戟，常常被人错认为乡野人家，与他的地位极不相称。景帝见他家居简陋，赐给他一所宅第，他坚决推辞，景帝不允，他不得已而接受了，但他把皇帝赐给的玉玺物品等存放于正屋中，而他仍旧住在旧屋偏室。所以抄家时，看到了正屋中锁着的皇帝赐给的物品。

修身感悟

于谦青少年时做的《石灰吟》表明了他一生为官的原则：不与世同流合污，坚持自己的理想，清廉刚正，为国为民鞠躬尽瘁，死而后已。然而，历史在某个时段内有时会让人失望，于谦竟然无辜被杀、被抄家，让人心痛。

要坚持自己的理想，留得清白之名，是要有意志，有骨气，有作为，耐得住寂寞守得住清贫。为官者如果能营造一种让有志者得以舒展，让无能奸邪之辈无处可逃的环境，于国于民就有希望了。

"豆腐汤"

汤斌，河南睢县人，曾任陕西潼关道、江西岭北道、江苏巡抚、礼部尚书、工部尚书等职。他一生清正廉明，政绩斐然。

顺治十二年，汤斌出任陕西潼关道。为不扰地方百姓，他用官俸买了三头骡子，一头驮着两副破旧被褥，一个竹书箱；主仆二人各骑一头，像穷书生赶考似的赶路上任。到了潼关，汤斌向守关的把总说明身份后，把总见他一主一仆，人畜俱瘦，行李又少，便使劲地摇头："把你放到锅里煮也煮不出个官味来。"可是，就是这个"煮不出官味来"的四品道员，上任不到3个月，潼关各州县的土豪劣绅就不敢再作恶，地痞流氓也纷纷收敛，百姓则安居乐业，官府讼简刑轻。一时间，“汤青天”的美名家喻户晓。

康熙二十三年，皇帝亲点汤斌出任江苏巡抚。江苏乃丰腴之地，然而赋税等亦比其他地方高出许多，百姓苦不堪言。尤其是在前任巡抚余国柱任职期间，余勾结大贪官明珠，大肆搜刮民脂民膏，属下官员为保乌纱或少受皮肉之苦，也不得不常送红包贿赂余国柱，最后遭殃的是老百姓。汤斌到任后，体察民情，立志刷新社会风气。他特地找来司道开诚布公地说：“我不要你们的钱，你们不准要知府的钱，知府不准要州县的钱，州县不准要百姓的钱。我不容一粒耗子屎，坏了一锅粥！”在江苏，汤斌处处顾念百姓利益，洁己率属，破积习，减税赋，移风俗，济灾民，仅半年时间就受到江苏人极深的爱戴。两年之后，汤斌高升礼部尚书，离任之日，苏州百姓罢市三日，塞道拦留。

汤斌之所以能赢得江苏百姓如此爱戴，用现在的话说，是因为他为官一任，造福一方。汤斌不仅为政清廉，居家也颇有颜回之风。平时采野菜供膳，每餐必有一味豆腐，因而他有一个看似戏谑、实为敬重的外号——“豆腐汤”。汤斌的生活清苦，他的故居板门竹篱，简陋异常，其死时家里仅剩下八两俸银，连买棺材的钱都没有。

修身感悟

“豆腐汤”这个外号叫出了汤斌的清廉俭约，叫出了老百姓对他的爱戴；“汤青天”叫出了汤斌的刚正奉公，叫出了老百姓对他的爱戴。

这样为官一任造福一方的官员，骑驴上任，浑身煮不出来一点官味，而那些搜刮民财、中饱私囊的酒囊饭袋们浑身上下都散发着“官味”，下层吏属的说法道出了官场的流弊，到底什么是“官味”，哪些官最像官，这些问题着实令人深思。

一匹布、两双鞋做寿礼

陆陇其，浙江平湖人，他自幼读书，生性恬淡清高，不为名利所拘，康熙九年中进士，十四年，授为江南嘉定县知县，当时他已经46岁了。

嘉定是个大县，赋税征收多而民间习俗又追求铺张浪费。陆陇其简朴节俭，努力以德教化百姓。遇到父亲告儿子，便含着泪进行劝说，以致儿子搀扶着父亲而归，从此很好地侍奉。遇到弟弟告哥哥，便调查出挑唆者施以杖刑，以致兄弟二人都很感动悔恨。一些品行恶劣的青少年勾结行恶，便给他们戴上枷在路口示众，看到他们悔过了才释放他们。有一富豪家的仆人夺走了砍柴人的妻子，陆陇其派差役将他逮捕治罪，使富豪改变了以往的行为成为善人。遇到官司，陆陇其不用差役去逮人，属于宗族内部争讼的，便以其族长去治办，属于乡里争讼的，便靠里老去治办。有时也让原告、被告双方都到县衙来进行调解，称为“自追”。为了征收赋税，陆陇其建立了“挂比法”，写上百姓的姓名以进行对照比较，至于交纳数额由每人自报。同时又建立“甘限法”，命令将今日限定交纳中所欠的数额日后增加一倍交纳。

当时的江宁巡抚慕天颜贪婪无度，一次借生日为名，大肆搜刮民财，大大小小的官员前往拜寿，带去的寿礼都是非数目惊人的金银，即是稀世珍宝。陆陇其前往祝寿，只从袖中拿出一匹布、两双鞋作为贺礼，并说：“这是我自家所做，不是从百姓身上搜刮来的，作为给您的寿礼吧。”

由于陆陇其不与贪官污吏合流，故而屡次遭人诬陷迫害，几次被罢官。然而他却泰然处之，待恢复官职，仍一心为百姓。陆陇其为官清廉在朝廷内是颇有影响的，他几次被推荐为清廉官，左都御史魏象枢等更是极力保举他，特别是他任职地区的百姓对他十分爱戴，他几次离任，百姓都是含泪相送。陆陇其离任时，只有图书几卷及妻子的织机一部，这与俗语所谓“三年清知府，十万雪花银”形成了鲜明的对照。

修身感悟

在无比排场奢华的江宁巡抚寿礼上，在如山的金银财宝面前，陆陇其只从袖中拿出一匹布、一双鞋作为贺礼，我们可以想见巡抚大人的尴尬，众人的惊讶，但更吸引我们注意力的应该是陆陇其讽刺、玩味的目光，这份寿礼表现了他对贪污行贿的蔑视和挑战，表明了自己与他们划清界限的决心。他的勇气和决心让人振奋。

出于淤泥，而能清廉守正，虽屡次遭陷害，但终究邪不压正，一心为百姓的人百姓总是会成为他们最坚定的支持者。

张伯行的廉政檄文

张伯行，河南仪封人，被康熙帝称为“天下第一清官”。为官清正廉洁，政绩斐然。在福建和江苏巡抚任内，总揽两省军事、吏治、刑狱、经济，可谓位高权重。其间，僚属门生等多有携礼拜谒者，自然都有私事请托，他或婉言辞谢，或严词拒贿。虽然如此，送礼者仍不乏其人。

为了杜绝接踵而来的送礼者，张伯行特地写了言简意赅的《禁止馈送檄》一文，张贴在居所院门上及巡抚衙门外。文曰：“一线一粒，我之名节；一厘一毫，民之膏脂。宽一分，民受赐不止一分；取一文，我为人不值一文。谁云交际之常，廉耻实伤。倘非不义之财，此物何来？”送礼者观之，或良心发现，或自惭形秽，皆悄然离去。于是，这篇檄文便不胫而走，广为传诵，被人们誉为为政清廉的“金绳铁矩”。

张伯行在福建巡抚任上为民做了很多好事，最主要的就是买粮抚民。在他任职期间，百姓没有因灾荒和饥饿而背井离乡。

康熙四十八年，张伯行奉旨调任江苏巡抚，福建的百姓痛哭相送，如失青天。赴任后，张伯行立即发布檄文禁止馈送，严禁下属馈送钱物，以整顿当时日益盛行的贪腐之风。平常公务也杜绝礼品，不受一分一毫。有的州县官吏为了考科成绩，以利升迁，就不顾百姓困苦，任意加重赋税，百姓不堪忍受。张伯行果断地废除了许多的苛捐杂税。

在康熙五十年，江苏乡试发生了作弊案，副主考赵晋内外勾结串通，收受贿赂，大肆舞弊，发榜时，苏州士子大哗。康熙皇帝命令张伯行、噶礼同户部尚书张鹏翮、安徽巡抚梁世勋会审此案。由于牵涉到噶礼受贿银50万两，案子错综复杂，审理一个多月竟然没有任何结果。 张伯行愤而上奏弹劾噶礼。噶礼就买通官吏，得到张伯行弹劾奏稿。然后又捏造事实反过来诬告张伯行。主审官畏惧噶礼的权势，逢迎巴结，案情无法审结。康熙无奈中只得下令：张伯行与噶礼解任，再命主审官审理。

扬州百姓听到消息之后罢市抗议，哭声震动了扬州城。第二天，扬州百姓拥到会馆，因为平时就知道张伯行清廉不贪，肯定不会接受礼物，便用水果蔬菜相送。张伯行依然婉言拒绝，百姓们哭道："公在任，止饮江南一杯水；今将去，无却子民一点心！（不要推脱百姓的一点心意）"万不得已，张伯行才收下一把青菜。受审结束回来听候结果的路上又路过扬州，百姓们为防青天有什么不测，竟有数万人聚集江岸护送。

到最后，案子结果下来，竟然是噶礼免议，张伯行革职治罪。康熙皇帝痛斥大臣们是非颠倒，然后亲降圣旨：张伯行留任，噶礼革职。消息传出，江苏官民额手相庆，纷纷写下红幅贴在门旁："天子圣明，还我天下第一清官。"更有上万人进京到了畅春园，跪谢皇恩，上疏表示愿每人都减一岁，以便让圣上活到万万岁。福建百姓也奔走相告，在供奉的张伯行像前焚香祈祷。可见张伯行受人民爱戴之深。

在康熙五十四年，有人以"狂妄自矜"的莫须有的罪名弹劾张伯行，但康熙皇帝还是认为他无罪可治，留任南书房行走，后来，在康熙五十九年又任户部右侍郎。康熙六十一年，张伯行奉旨赴千叟宴，康熙皇帝称赞他是"真能以百姓为心者"。

雍正皇帝即位后，对张伯行也很敬重，军国大事都听从他的建议。雍正元年，即172年的9月，升张伯行为礼部尚书，两年后，1725年的2月16日，一代清官张伯行不幸病逝，享年75岁。皇帝赐谥号"清恪"，意思是为官清廉，恪勤职守，很精确地概括了张伯行的一生。

关于张伯行的为官做人，只要看过电视剧《跃龙门》的都有直观的印象，他的耿直，他的清廉，他的为民之心，以及百姓对他的爱戴，无不让人震动，继而受感染。

在居所和官衙门上贴上廉正檄文更是表明了不收受贿赂，廉洁奉公的严肃态度，对那些蝇营狗苟之徒免去了许多解释、斥责的口舌之劳。

清官大抵都是不为上司所喜欢的，张伯行也不例外，所以他虽然很得民心，但仍然屡遭弹劾，幸亏康熙帝对他抱有最彻底的信任，他才躲过了一次又一次的劫难，得以继续为国为民殚精竭虑，看来英明的领导也是下属廉明的一个保证。

病死庙中的巡抚岳起

岳起，满洲镶白旗人。乾隆三十六年考中举人，经保举授为笔帖式，连续提升为户部员外郎、翰林院侍讲学士、詹事府少詹事。

乾隆五十六年，岳起升任奉天府尹。前任府尹贪得无厌，岳起到任后，将房屋、器物全部洗刷一遍，说："不要沾染那种污迹！"因此与奉天将军相抵触。过了一年，岳起被提升为内阁学士。不久，被派出任江西布政使，尽心于民事。正遇上水灾，出行查勘圩堤，落入水中而患病。皇帝下诏嘉奖他勤政，允许卸任养病。

嘉庆四年，朝廷起用岳起为山东布政使，不久，提升为江苏巡抚，岳起廉洁正直，所用僮仆仅几人，外出时不要前后侍从的骑卒。他禁止歌姬舞女游船卖唱，无事不许宴请宾客、演剧，苏州奢侈的风俗为之一变。曾上疏陈述漕运的弊端，大致是说："京城漕运一项积习相传，有些人专门营私舞弊。至于米数的盈亏，米色的纯杂，竟然置之不问。旗了运粮，无处不以米作为挟制，也就造成无处不以贿赂换来通融。追究其原因，沿途的刁难，在于旗丁有帮费；而旗丁能够索取帮费，在于州县有超过额定的征收。革除弊端应当断绝它的根源，而严禁多征，这是断绝弊端根源的根本。请命令有漕运任务的各省，列出条款逐项指明以往的弊端，严行禁革，使旗丁及漕运仓场，没办法再有奢望、抱有侥幸的心理。"皇帝下诏嘉奖他实心革除积弊，完全按照他的建议行事。

嘉庆八年，岳起入京朝见皇上，因病留在京城，代理礼部侍郎。正赶上孝淑皇后安葬于陵墓，因为奏折里措辞不妥，被革职留任。不久免去代理的礼部侍郎，随即病故。皇帝深切地惋惜他，赠太子少保衔，按原职给予赏赐和抚恤。

岳起没有儿子。皇帝了解他的家产，方知仅有房屋4间，田76亩。岳起到京城后，没有官邸居住，病死于寺庙之中，妻子始终以纺织为生。按照以往惯例，八旗人员去世后没有继承人的，其财产归公。皇上因岳起家境清贫，将这点财产留下赡养他的妻子，如果妻子死了，便作为官府代管产业，用来作为祭扫、修整坟墓的费用。这在当时是特殊的待遇。

修身感悟

上任即洗刷房屋和器物，表示与前任的贪婪作风彻底决裂，显示了岳起廉洁奉公的决心。在后来的各个任职上，岳起都不畏艰险，对贪赃枉法的事情追究到底，革除弊政，为民着想，苏州的百姓十分怀念他，称他为“岳青天”。

可怜他因为一句话说得不合时宜，被免去官职，本来清贫，此来更是雪上加霜，竟至病死庙中。好在朝廷理解他的贡献，给予特殊照顾，否则妻子将无以为生。为官廉洁至此，留给后人的只有敬佩。

宰相刘罗锅

刘墉在民间无疑是个非常具有知名度的人物，他为官刚直不阿、不畏权势；铁齿铜牙、秉公执法；披肝沥胆、整肃吏治；斗智斗勇、反腐倡廉。他体恤百姓、清正廉洁、为民请命的诸多故事广为民间流传。

早在他在世的嘉庆初年，民间已经开始以多种文学体裁来歌颂他平反冤狱、除暴安良的事迹。当时流传在保定等地的弹词《刘公案》就是歌颂他在任江宁知府和都察院左都御史期间的事迹的。以后又有关于刘墉事迹的多种民间传说流行。近年来，随着电视连续剧《宰相刘罗锅》的播出，聪明机智、正直勇敢、滑稽幽默的刘罗锅形象再次在人们心目中留下了深刻的形象。

他是清代乾嘉年间著名的政治家、书法家和诗人，祖籍山东青州诸城，父亲是刘统勋，雍正年间为进士，乾隆年间曾任东阁大学士兼军机大臣。从刘墉的一生来看，刘墉首先应该是一个忠于职守的清官。在任地方官的二十余年里，他身体力行地实践了亲民之官守土安民、贯彻朝廷政令的职责，保持着洁己率属、恪尽职守、厉行实政的作风。进入中央政府之后，刘墉仍保持了正直清廉的作风。

乾隆中期以后，随着商品经济的发展、封建政治的全面腐败，大小官吏无不以积聚财货为务，贿赂公行，州县有所求就有所馈送，往往以缺分之繁简分贿赂之等差。侵蚀之风“一县如此，一省皆然，一省如此，天下皆然。于是大县有亏空至10余万者，一遇奏销，横征暴敛，挪新掩旧，老百姓不堪盘剥，怨声载道。”更有打着赈灾的旗号贪污公款的恶劣做法，仅乾隆四十六年甘肃冒赈侵贪20000两的大员就有22人之多。高官贪污之普遍，使得乾隆帝也感到十分悲哀。

而刘墉多次主持乡会试和国子监事务，任吏部尚书多年，却能廉洁自持，布衣蔬食，安之若素。乾隆五十三年九月，御史祝德麟弹劾司业黄寿龄受贿一折就称，“国子监考试惟刘墉、邹炳泰二人清介素著，诸生不敢向其馈送营求。”刘墉位极人臣，却家无余财，亲友千里修书向其借债，他却回信只能说抱歉；家里的房子需要修缮，竟也拿不出银两。嘉庆九年七月，刘墉奉命前往江苏为母亲祝寿时，尽管贵为大学士，却仍是残衣破靴的打扮，人们哑然失笑的同时也都十分佩服他的为人。

正是他这种廉洁正直的作风与当时极端腐败的社会政治现实形成的鲜明对比，使他赢得了渴望清明政治的老百姓的衷心爱戴，人民便以各种方式来歌颂他的有关事迹，在他活着时即已流行的弹词《刘公案》就是其中的一种，清代许多有关传说的出现也是这个原因。

修身感悟

刘墉在当时政治腐败、官僚队伍普遍存在贪污腐化的大背景下，却能保持乃祖乃父的廉洁朴素的家风，是非常难能可贵的。他的形象事迹数百年来之所以能够深入人心，被创编为各种体裁广为流传，与他为官、为人的风格分不开，反映了老百姓对于政治清明的渴望。

“刘罗锅”是百姓根据他的身体特征取得昵称，没有丝毫嘲笑的意味，而是真正把他看成父母官，看成能为自己做主的靠山，在人民心中他是巨人！

一枝一叶总关情

郑板桥原名郑燮，号板桥，清乾隆时期江苏人，做过两任知县，工书善画，为清代画坛“扬州八怪”之一。其书画艺术闻名于世，在为官之时，他刚直和不附权势的品格与他的书画几乎同样出名。他关心百姓的疾苦，曾写下“衙斋卧听萧萧竹，疑是民间疾苦声；些小吾曹州县吏，一枝一叶总关情”的著名诗句。他在退官之后，不是用他的书画去奉承和讨好那些达官贵人、富商巨贾，而是专门慰藉平民百姓。

郑板桥好诗画，注意关注现实，认为诗人要“敷陈帝王之事业，歌咏百姓之勤苦，剖解圣贤之精义，描写英杰之风猷。”郑板桥平生特爱画竹咏竹，他常用寓竹诗画来表达个人的情怀。在政治黑暗、社会恶化的岁月里。他将其坚实的个人意志融入诗中，有诗《竹石》曰：“咬定青山不放松，立根原在破岩中，千磨万击还坚韧，任尔东西南北风。”诗人借竹子生长的坚忍不拔表达了自己在困境中不为所动的高尚气节。

因其坚定的为民之举与黑暗的时代格格不入，而得罪了上司和乡绅，无奈之余他愤然辞官回乡，在与百姓临别之际他画竹题诗表明心意：“乌纱掷去不为官，囊囊萧萧两袖寒，写取一枝清瘦竹，秋风江上作鱼竿。”诗中将瘦竹的贫寒清高与自己处境心志相连，比喻贴切恰当，更有一番依依不舍的离别之情，情真意切，句句动心，感人至深。郑板桥自此弃官为民，他带走了两袖清风，留下的却是一身正气和百世英明。

今人看来，郑板桥绝不仅仅是一代才人，更是后世为民之官的楷模，为了百姓利益，郑板桥毫不顾忌自己乌纱的存留。现在赏阅郑板桥的竹之诗画，那纤纤素竹，枝劲叶密，不朽诗篇，字正腔圆，足以是其“拳拳为民之举，殷殷爱民之情”的艺术再现。

修身感悟

郑板桥以他的“难得糊涂”处世观和书画而名传千古，岂不知他为官期间廉洁奉公，关心百姓疾苦，敢于为民请命，不畏权贵。“民”是他自愿的选择，得罪权贵罢官之后，带走了两袖清风，留下的却是一身正气。

有人总结过，郑板桥的民本思想非常突出，其事迹和思想可大致归纳为忧国忧民、农夫第一、务本勤民、泽加于民、扶危济困、教子忠厚、画慰劳人等。

姚母教子

姚梁是庆元县松源镇姚家村人，自幼好学，2岁保举优贡，清乾隆三十年乡试考取举人，三十四年登进士，官至内阁中书，历任礼部主事、刑部员外郎、顺天乡试会试同考官、山东学政、饶州知府、川东分巡备道、江广按察司、河间府知府等职，所至皆有政绩。三十五年后封奉直大夫、中宪大夫、通议大夫，世称“三大夫”。

姚梁为官清廉，政绩累累，备受尊敬。这得益于姚梁从小良好的家教，庆元地方上流传着许多姚母教子的故事。

有一年，朝廷赐封姚梁为察司，要他去各州府查办贪官污吏。这事被他母亲知道了，她老人家深怕儿子胜任不了这桩大事，决定要试一试他。一日黄昏，姚梁刚从外面回家，他母亲劈头便问：“梁儿，我中午煮了一大碗香蛋，好端端地放在橱内，晚上打开橱门一看，竟少了三个，莫非是给媳妇偷吃了，你要替我查一查，我要对家贼施行家教呢！”姚梁听了不觉好笑，心想家人吃几个香蛋，也值得这么认真。于是便对母亲说：“几个香蛋吃了便算，不必追究吧。”不料他母亲却认真地说：“你连家中小事都分不清，还敢上州下府去查案？”姚梁一听明白了母亲的用意，随即找来几个脸盆、牙杯，盛上清水，叫拢母亲、妻儿等全家人，分给每人一个脸盆，一只牙杯，吩咐大家一齐漱口，并把口水吐入各自面前的脸盆水中。

姚梁一个个地观察过去，别人脸盆的口水都清清的，唯有母亲脸盆的口水漂着一些蛋黄碎。姚梁发觉吃蛋的不是别人，正是母亲自己，他正在犯难时，而他母亲却在旁一味催促，问他：“查到了吗？”。姚梁说：“查是查着了，不过……”他母亲紧逼着说：“不过要徇私对否？”这时，姚梁实在无法，只得壮着胆指出：“蛋是母亲吃的。”

姚梁媳妇直怨他不该当众让老人家难堪。谁料，他母亲却哈哈大笑，说：“你能遇事细心，判事无私，我便放心了。”不久，姚梁奉旨到各州府明察暗访，根据查到的实情，严办了一批贪官污吏。传说姚梁“为官清廉耿直，毫不徇私”，取信于民，是与母亲的家教分不开的。

修身感悟

姚母教子的这一则“试廉”故事，让人读了忍俊不禁，然后深思，身为人母，对子女抱有一定的期望，不一定是要取得多大的功名，也不一定是要聚集骇人的财富，而是想让他为官之后，能够清廉耿直，不徇私情，做个被百姓称赞的好官。

如果做家属的都能如此深明大义，如此智慧，为官者的后顾之忧必会解除许多，天下也应该会因此而多一些于民有益的好官。

把行贿者公之于众

政事堂里，文武官员整整齐齐地排列着。清朝宰相刘统勋坐在前面，满脸怒气，久久没有开口。“宰相为何如此发怒呢？”文武官员们心里忐忑不安。

宰相终于开口了，他点了一个用钱买官的“资郎”的大名，大声呵斥说：“你知道吗，半夜三更叫门，不是正当人的行为。”文武官员莫名其妙，这到底是怎么回事呢？原来，这个“资郎”为了讨好宰相，前天晚上趁着夜深人静，给宰相家里送去了厚礼。刘统勋非常生气，拒而未见。

第二天一早，刘统勋决定公开这件事，当众揭露了这个人，同时也警告一下其他想送礼的人。刘统勋在教训了他一番后，又大声说：“今后，明人不做暗事，有什么要说的话，要当着众人说明白，对我有什么不满意的地方，也可以当众提出来，不许偷偷摸摸到家中搞名堂。”众人听了，纷纷点头称是。

刘统勋是山东诸城人，雍正时期的进士，乾隆时累官至东阁大学士兼军机大臣，与刘纶同为高宗所倚重。曾多次察看黄河、运河河工，又充《四库全书》正总裁，四任会试正考官。他一生为官清廉，公正处事，舆情很是认同。

在他为官前，家里原有农田数十亩，茅舍一处，为官50年，未增尺寸。去世的时候，乾隆皇帝悲痛异常，当日亲临祭奠，晋赠太傅衔，赐祭葬，入祀贤良祠，追谥文正。灵柩归故里之前，诏令沿途20里以内的文武官员，均至灵前吊祭。

修身感悟

半夜登门，一定有不可公之于世的企图，宰相刘统勋知道送礼者的意图，心中十分恼火，要知清廉之士平时最厌恶的就是这些行贿之徒。于是，偏要将他这不可公布的事情公开讲出去，给他一个深刻的教训，也达到“杀一儆百”的效果。

要煞贪贿之风有许多种方式，刘统勋采取了最强硬的一种，让人拍手称快，效果也最明显，要根据情况，如果碰到这种公然用钱买官的人，就应该毫不留情地堵回去，还可以拿他作为教材警示后来者。

柳下惠坐怀不乱

柳下惠，原姓展，名获，是战国时期的人。

柳下惠曾做过鲁国大夫，还做过掌管监狱的小官。据说，柳下惠做官期间，为官清正，执法严谨，用我们现在的话说就是一个为国为民的好官了。但是由于他生性耿直，不愿攀附富贵，所以后来弃官归隐，居于柳下，也就是现在濮阳县的柳屯，“柳下惠坐怀不乱”的故事就是发生在这里。

相传在一个寒冷的夜晚，柳下惠宿于郭门，那晚，凌烈的寒风刺入肌骨。柳下惠穿着衣服拥在被窝里，还感觉寒气逼人。柳下惠心里想，不知道这样冷的冬夜，有没有无家可归的人，想想各国征战不休，生灵涂炭，柳下惠不禁辗转难眠。正在这时，忽然传来了敲门声。柳下惠急忙起身开门，原来是一个没有住处的妇女来投宿，只见她冻得浑身抱成一团，还不住的瑟瑟发抖，脸色也冻得发青，眼看就要支撑不住。柳下惠连忙把她让进屋里，并请她上床暖和一下。可是她在被子里兀自缩成一团，浑身发抖，家里并没有暖炉，也没有其他可以取暖的东西，柳下惠恐她冻死，于是就叫她坐在自己怀里，并解开外衣把她裹紧，就这样，那位妇女才渐渐缓过神来。只听她断断续续地说只因出门走亲戚，回来晚了，衣服又穿得太单薄，实在冻得不行了，所以才不得已敲门，并想借宿一晚。柳下惠看她一副可怜的模样，想到如果不收留她，或许她就会冻死在荒郊野外，于是就让她在怀中取暖一晚，可是柳下惠毫无私心杂念，对妇人举止有礼，绝无趁人之危的逾越之举。

“柳下惠坐怀不乱”的故事也流传开来。在他死后，被后人称为“惠”，又因为他居住在柳地，所以世称柳下惠。

修身感悟

“慎独”指的是个人在独处之时，也能自觉地克己守德，谨言慎行，不生有违礼节之念，不做有违道德之事，时时刻刻坚守道义，保持道德修养。柳下惠美色当怀，不为所动，自觉地克制自我的欲念，从而使道义时时刻刻伴随自身，不越雷池半步，守义守节，堪称慎独之模范，为后世所颂扬。

子夏内省

子夏，姓卜，名商，春秋末晋国人，是孔子的著名弟子。子夏少孔子44岁，是孔子后期学生中的佼佼者，才思敏捷，以文学见长，尤其精通《诗经》、《周易》和《春秋》。孔子还专门赞许他的文才。子夏晚年在西河讲学，后来著名的法家代表人物吴起就出自他的门下。

在孔子的诸多弟子中，子夏是特别重礼的一个。为学时，有一次，他问孔子《诗经》中“巧笑倩兮，美目盼兮，素以为绚兮”是什么意思。孔子答道：“绘事后素。”意思是说，绘画之事，先布众彩，然后以素色分布其间以成文。子夏立刻就联想到礼，而说“礼后乎”，即礼乐产生在仁义之后。因此而受到孔子的赞许。

更值得称道的是，子夏平素很注重内省，可以称得上是慎独的典范。

有一天，子夏去拜见曾参，曾参也是孔子的得意弟子，一向严于律己，以孝行著称。曾参看了看子夏，打趣地说：“怎么一阵子不见，你就如此发福啊？”子夏不以为意，反而乐呵呵地回答说：“我打了一个大胜仗，心情舒畅无忧，所以身体就胖起来了。”曾参有些摸不着头脑了，疑惑地问：“这话是什么意思？”子夏说：“我终日在家读书，学习先王（泛指贤帝尧舜等）之道，觉得他们的仁义道德和高尚的德行，实在是高山仰止，令我心生敬佩仰慕之情，觉得能效仿他们一定很快乐。可是出门之后，当我看见富贵人家身穿绫罗绸缎，享受豪宅美食，夜夜笙歌曼舞，逍遥自在。我又不由得心生向往之情，觉得能像那样生活一定很幸福。两个念头不断出现在我的脑海中，激烈争斗，难分胜负，我寝食难安，心中不宁，所以身体日益消瘦。现在先王之道终于在心中占上风，取得了绝对胜利，我的心情又恢复了安宁祥和，所以身体自然发胖了。”

曾参听了，连连称赞子夏，对他更为敬重。

修身感悟

古圣今贤们所说的“人恒过”、“不犯错误的人没有”，并不是说人们可以不自律、不严己、不加强道德修养、不追求高尚品格的遁词。孔子认为，人们如果要不断提高自己的道德品质，就必须“躬自厚”、“求诸己”“内自讼”。他的门生子夏无疑是遵照其教导，严格要求自己的典型。如果一个人通过反身自省，感到自己是忠诚踏实的，那便是最大的快乐。正因为这样，子夏才由瘦而胖，并因此而欢欣愉悦。

第四篇
读懂恬静俭约中的修身故事

《诫子书》中说“静以修身，俭以养德”。恬静表现的是一种安静淡泊的生活情趣，透露出那种岁月静好，现世安稳的生活态度，而俭约是一种美德，做到俭约，细水长流，那么，我们的财富就会越来越多，从而能够帮助更多的人，真正做到“俭约而不简单”。

伯牙、子期知音之交

春秋战国时期，晋国士大夫俞伯牙，是一个擅长操琴的音乐家。他从小就酷爱音乐，曾在当时著名的乐师威连先生门下学习弹琴。伯牙天资聪颖，加上勤奋刻苦，虚心求学，在威连先生的指导下，伯牙的琴艺得到迅速提高，演奏乐曲的技巧登峰造极，无人能及，一时之间名扬各国，享有很高的声望。

有时，为了练琴，他还不远千里专程跑到东海的蓬莱山，那里鸟语花香，山高水美，环境幽雅宜人。伯牙常常被这种自然的美妙气息吸引，沉浸在宁静的氛围中，全身心地弹奏乐曲，心无杂念，达到完全忘我的境界，因此，他弹出的曲子往往妙不可言，绕梁三日，余音不绝，令人称奇。只可惜，自从学成出师后，伯牙再也遇不到一位像老师那样的知音人。思及此，他的心中充满了寂寞和遗憾，经常抚琴慨叹。

一次，伯牙奉命到楚国去修聘，正在长江上航行时，突然狂风大作，江面上白浪滔天。

伯牙只好命人将船停泊在安全的地方。他停船之地，就是现在的湖北汉阳江口。这一天，正好是八月十五，中秋月圆。傍晚时分，月色如水，轻撒下淡淡的清辉，照得四周一片明朗，加上风平浪静，时时传来江水拍岸的轻响，整个景色如诗如画，令伯牙陶醉不已。他兴致所至，心情畅快地拿出自己随身携带的古琴，来到岸边一块凸起的大石块上，对着汉水明月，抚琴抒怀，直弹得如痴如醉，浑然忘我之时，"噔"的一声，琴弦断了。

这时，从山崖背后突然走出一个人来，连声夸赞伯牙的琴艺。伯牙吃了一惊，心里十分诧异：自己走遍各国，也未能寻到知音，不知道这夜里突然冒出来的人是谁？他借着清朗的月光一看，更是惊讶，来人一身樵夫打扮。

伯牙十分有礼貌地向这樵夫询问，两人攀谈起来。这人名叫钟子期，精通音乐，伯牙为了考考他，提出了一系列音乐问题，他都对答如流。伯牙既惊且喜，连忙请子期上船，吩咐童子设案置酒，两人一面饮酒赏月，一面倾心交谈。伯牙说："足下既知乐理，不知道可不可以效仿颜回闻孔子鼓琴，而知孔子有贪杀之意的故事，也来听听我抚琴时的思念呢？"钟子期点了点头，说："我姑且试试看吧，若是猜不着，还望大人不要见罪。”

伯牙于是将断弦重新调整好，沉吟半晌，开始抚弄起琴来。只听得声音雄壮而高亢。伯牙刚刚停手，钟子期就赞叹道：“美哉！峨峨乎大人之志在高山。”伯牙微笑着，沉默不语。他凝神静气一会儿，将琴再一次抚弄起来，这次意在流水，所以琴声淙淙若山涧溪水，清新流畅。一曲刚终，钟子期就脱口而出：“美哉！洋洋乎大人之志在流水。”

钟子期的两次赞美都道出了伯牙的心事，伯牙惊叹不已，欣喜若狂，连忙推琴而起，热情地向子期再施宾主之礼，连连致歉：“失敬失敬，常言道山中之石藏有美玉，伯牙最初以衣帽取人，差点错失了一位贤士。”子期急忙还礼，说：“我就住在附近的马鞍山集贤村，平素爱好音乐，稍有研究，刚才隐隐约约听到有人抚琴，所以循声而来。我久仰先生大名，今日得见，实在三生有幸。”两人一见如故，相谈甚欢。伯牙主动向子期提出，愿结为异性兄弟，以不负两人知音一场。当下，两人便在船中向苍天跪拜，伯牙年长一岁为兄，子期为弟。

伯牙还要返回晋国复命，不能久留，两人依依不舍地告别。临走时，两人约定好伯牙明年中秋再来此地相会。

第二年中秋节，伯牙如期来到汉阳江口。可是等了许久也不见子期到来，心里焦急不安，便操起琴来，借琴音遣怀。他弹了一曲又一曲，感怀去年此时的偶遇，欣喜于陌路逢知音，迫切地希望能见到故人。琴声悠扬，一直传到很远的地方，可是子期还是没有来。伯牙忧心忡忡，深知子期不是背信之人，肯定出了什么事，只好背着琴，朝集贤村的方向找去。

这时，天已大亮了。一轮红日喷薄而出，四处都染上了一层清淡的金色，明朗清新，煞是好看。只是伯牙再也无心观赏美景，视若无睹地向前赶路，自然也没有注意到岸边有一座面对汉水的新坟。远远地，他看见有个人朝自己走来，以为是子期姗姗来迟，满心欢喜，一边挥手示意，一边急匆匆地向那人走去。待走近一看，来人是一个慈祥的老人。伯牙有些失望，但还是谦恭地向老人作了一个揖，询问起集贤村和钟子期的家。老人一听，老泪纵横，悲痛地告诉伯牙他就是子期的父亲，子期劳累过度，不幸染病，前不久已经不治而亡了。这个噩耗有如晴天霹雳，一下子让伯牙震住了，他悲从中来，大呼一声，晕了过去。

伯牙醒来后，老人告诉他：“子期临死前再三提到，他去年曾和先生相约，八月十五在江边相会。他再三叮嘱我们，一定要把坟墓修在江边，面对汉水，为的就是在九泉之下也能听听先生的琴声。先生你看，前面那座新坟就是他的……”伯牙悲痛欲绝，一路跌跌撞撞，摔倒了好几次，才来到子期墓前。他颤抖着抚摸坟前长出的新草，跪拜在地，回想起与子期相交的种种，情不自禁伏在坟上哀哀痛哭起来。老人在一旁也不禁跟着落下泪来，相劝了好久，伯牙才起身。老人说：“先生，子期生前常常提及你的琴声天下无人能及，十分喜爱，你就弹奏一曲，以告慰他在天之灵吧。”

伯牙这才擦擦泪眼，盘膝席地而坐，取出瑶琴，弹奏起那支古曲——《高山流水》。琴声呜咽，如泣如诉，听者为之落泪。弹罢，他从衣夹间取出解手刀，先割断琴弦，再双手拿琴，高高举起，向祭台用力一摔，直摔得玉轸残破，金徽凌乱。

老人吓了一跳，“先生，你这是怎么了？”边说着，边直弯腰去捡瑶琴的碎片。伯牙搀扶起老人，无限凄苦地说：“琴为知音而生，如今知音既逝，琴留着又有何用呢？伯牙此生再也不会抚琴了。”

伯牙含泪向子期坟台告别而去。从此，再也没有人能听到伯牙那无与伦比的《高山流水》。“高山流水”因此成了知音的代名词。

后来，人们为了纪念这两位“知青”的友谊，特地在龟山尾部的小山上，筑起一座古琴台，并将这座小山取名为碎琴山，在距汉阳10余里的地方，还有一个琴断口，相传就是伯牙当年挥琴的地方。还有人专门写诗吟咏这段千古佳话：

摔碎瑶琴凤尾寒，子期不在对谁弹！
春风满面皆朋友，欲觅知音难上难。

修身感悟

古诗有云：“不惜歌者苦，但伤知音稀。”千金易得，知己难求。古往今来的文人贤士都以得到一个惺惺相惜的朋友为幸事。大概在中国人看来，心灵的互相感应是十分重要的。在满腔才学无处施展之时，能有一个理解自身之人陪伴左右，吟诗酬唱，实在是人生一大乐事，是足可以聊以自慰的。所以伯牙得知音子期而欣喜若狂，因知音不在而决然断琴就在情理之中了。没有人懂得欣赏的琴声，留于世间就变得毫无意义。

庄周梦蝶

庄子，名周，战国时宋人，曾为漆园吏，应该是一个很小的官。但他后来成为中国著名的思想家之一，对后世影响深远。他是道家的代表人物，而且使道家在当时真正成为了一个与儒家、墨家鼎足而立的一大流派。庄子认为宇宙万物只是一些表相，而创造这些表相的是一个超越感官、超越时间和空间本体。这个本体名字叫“道”。庄子常常在各种场合，以各种形式和故事表述他对道的理解。其中，为人们所熟知，且争论不休的就是庄子梦蝶的故事。

话说有一日，当时处境贫困潦倒的庄子，闲来四处走动，想找一处安宁的地方，平心静气，摒除杂念，专心致志地入定修道。走着走着，庄子来到了一片草地上，这里鸟语花香，环境清幽。四周的花开得十分灿烂，一阵清风吹过，空气中弥漫着甜美的香气。蜜蜂嗡嗡作响，蝴蝶翩翩飞舞，微风拂面，毫不惬意。庄子静静地坐在草地上，心神愉悦地闭上眼，感受这难得的舒适和安宁。

坐着坐着，庄子睡着了，他做了一个梦，梦见自己也变成了一只美丽的蝴蝶，他不敢相信地拍一拍自己的翅膀，果然飞起来了，他飘飘然，十分开心。这时候根本就忘了自己是庄周，是人世里看来微不足道的一个人。他在山川林间、在树丛中、在花草上无拘无束地飞翔，欢天喜地，自由自在。他更喜欢自己变成蝴蝶的生活，一会儿站在花蕊上汲汲香喷喷的花粉，向各色鲜花伸展翅膀微笑。一会儿向下飞，歇在草尖上采露水，露珠晶莹剔透，一颗一颗在草间滚，他就追赶着露珠快乐地嬉戏。累了就扑翅于树林绿叶间，歇歇脚，聆听清风吹拂林间发出的沙沙声。他完全沉醉在成为蝴蝶的事实中，根本记不得自己姓甚名谁，身在何处。

过了不久，庄子醒过来了，他睁开眼，看到自己还是俗尘凡人，身在这人世间，并没有变作蝴蝶，长出翅膀。他方才觉醒刚才的一切只不过是一场梦。只是梦中的想像太真实、太美好，一切历历在目。

在一般人看来，一个人在醒时的所见所感是真实的，梦境是幻觉，是不真实的。庄子却不以为然。虽然，醒是一种境界，梦是另一种境界，二者是不相同的：庄周是庄周，蝴蝶是蝴蝶，二者也是不相同的。但是庄周与蝴蝶有分别吗？他们都只是一种现象，是“道”运动中的一种形态、一个阶段而已。所以，庄子不由自主地疑惑着：究竟是庄周做梦变成了蝴蝶呢？还是蝴蝶做梦变成了庄周呢？

后来，唐朝著名诗人李商隐在他的千古杰作《无题》中咏到此事，诗句是这样的：

庄生晓梦迷蝴蝶，望帝春心托杜鹃。

修身感悟

在庄周看来，人与蝶没有分别，万物与我合一。也就是说，人生只是一场大梦，在梦中醒，在梦中睡，在梦中悲欢离合……若能观人生如梦，则是非、人我皆如梦中事，若能参破，视死生如梦，物我两忘，则必能物我合一，得到解脱。这正是庄子倡导的一种超脱、自由的精神境界，千百年来感动了无数人。即便在今天，也具有深远的意义。

颜回不改其乐

孔子门下有很多学生，号称三千弟子，其中优秀的学生有七十二人、在这些学生中，孔子对颜回的评价格外高。颜回家境贫寒，和老父亲住在十分简陋的茅草屋里。颜回十分好学，尽管生活清寒，他还是去拜孔子做老师，认真学习。为了能够补给家用，在学习之余还要想办法工作，好侍奉自己的老父。颜回就这样整日奔波劳碌，听完老师的教导后，就又赶去工作的地方，用赚得的工钱给家里带回吃的食物，然后自己再温习白天所学。

颜回的同学中有不少是慕孔子之名而来的富家子弟，他们每日听完老师的教导后，就会无所事事，修习些其他技艺。可是他们发现每次颜回都会缺席，这让他们有些不满。有一次下课后，他们拽住颜回要一起去练习射箭，颜回虽不多分辨，但是坚持现在就要离开，一定不能够和他们一起练习。这几个人看颜回很是坚决，也就只好放开他了。可是他们很好奇，是什么事情这样吸引颜回呢？老师总是夸奖颜回，不会他有什么独特的修持方法，故意躲开我们吧。于是，他们就尾随颜回，想看看他到底在做些什么。没想到，他们发现颜回竟然是出入市井，为别人帮工，最后拿到工钱只能够买上一篮子米饭。可是，颜回却开开心心地回到他那个简陋的不能再简陋的家，和家人一起享用他的劳动成果。

这几个同学真是大惑不解，心想真没想到颜回每日生活得这么辛苦，还会那样刻苦用功的学习。最不可思议的是，为什么他还能那样发自内心地笑出来呢？他们自问自己，要是在颜回这样的景况，只能有一间陋室遮风避雨，每日辛苦做工，还只有米饭、清水果腹，恐怕愁也要愁死了吧，那还能如此快乐吗？于是，他们直接去问颜回。颜回笑笑，简单地回答："其中自有乐趣，只是我知道，诸君不晓得而已。"

他们最终还是想不明白，就向老师孔子请教。孔子听后，点头称赞说："一箪食，一瓢饮在陋巷，人不堪其忧，而回也不改其乐也。"

修身感悟

对贫富每个人有着自己不同的见解。孔子很赞赏颜回，就是因为颜回符合了他对贫富忧乐的见解。孔子曾经说过，“饭疏食饮水，曲肱而枕之，乐亦在其中矣”，意思就是说，吃粗粮喝凉水，睡觉时弯着胳膊当枕头，这里面自有乐趣，为什么能乐在其中呢？

大概是因为精神世界的富有、博大，所以在贫困面前能那样的镇定自若，并能体会出其中的乐趣。而一切精神世界贫乏的富贵之人，是体会不到这种快乐的。

荣启期自得其乐

荣启期是春秋战国时期很有名的隐士，在动乱的年代里，有着庄子思想的他相信无为而治，在自然中寻求自己的安宁和满足。他隐居山林，自给自足。当儒士策士们为了自己的观念和名利积极进取入世，蹿梭在各国之间时，荣启期安守清寒，自得其乐。

一天，荣启期刚刚做完自己田地的工作，然后他开心地在郊野中行走。他穿着粗糙的皮衣，腰里系着一根绳子，邋里邋遢的，他面目清瘦，肤色黝黑，一看就是终年辛苦劳作的人。可是他却愉快地一面弹琴，一面唱歌，无忧无虑的。

荣启期走到半路上遇见了这时一直游历各国的孔子，孔子看着他的行状，有些不理解，问道：“您这样贫穷却又如此快乐，这是为什么呢？”

荣启期回答说：“我快乐的原因太多啦，大自然孕育各种飞禽走兽、昆虫鱼虾，只有人最尊贵。我能够做人，这是第一快乐；人有男女之分，男的尊贵，女的卑贱。我生为男人，这是第二快乐；人生下来，有的没有看到日月便夭殇，有的还没有脱离母亲的怀抱便短命而亡，我却活到90岁了，这是第三种快乐。贫穷是人的一般情况，死亡是人的必然结果，人们害怕恐惧的不过是人生的一般情况和最终的结果罢了。我之所以可以如此安然地面对，也不过是安于一般情况，等待必然结果，还有什么忧虑呢？”

孔子说：“好呀，你真是一个能够宽解自己的人。”

修身感悟

自得其乐并不容易，它是寻找生活乐趣的必要条件。做到自得其乐，第一，必须知足，俗话说，“知足者长乐。”第二，善比，要善于发现自己的优势，不能终日这山望着那山高。第三，有点儿幽默感，要能够用微笑迎接厄运，学会自我解嘲，在某种意义上说，阿Q的精神胜利法还是有用的。只有这样才能尽享生活的乐趣，不至于终日陷在没有止境的自寻的烦恼中，悲伤自怜，难以见到生活中生命的阳光。

蔡邕听音辨事

汉代大文学家蔡邕不仅在汉赋史传上有很高的成就，音乐造诣也十分高超。尤其是他在琴的演奏和感悟能力更是超群。

在乐器史上十分有名的“焦尾琴”，就是在蔡邕手中诞生，这和他超绝的辨音能力密不可分。相传，有一次蔡邕因公干来到吴越之地，这里一向盛产上好的桐木，是出产好琴的地方。对琴爱之痴迷的蔡邕自然不会放过这个能寻觅好琴的机会。可是几天下来，他去过了好几家极有名气的制琴作坊，虽然其中都有上乘之作，但是都不是蔡邕希望的那种。所有的琴木还是过于一般，眼看着他就要返回京城，蔡邕很遗憾认为自己这次吴地之行恐怕要空手而回了。

就在蔡邕准备启程回京的前一天，他闲来无事，又信步在江边散步。不知不觉间，走到了一个靠着江边的小渔村。蔡邕觉得走得累了，就在村边的一家小茶肆里要了些茶水。茶肆条件简陋，店家煮水的炉灶就在草棚外不远处，这样从江中取水倒也方便。这会儿，店中的小伙计正在往炉灶中添些桐木来烧水。蔡邕一边休息一边喝茶，忽然听到顺风传来极为清脆的木材爆烈声，蔡邕立刻站起来循声望去，原来就是被小伙计塞进炉灶的一大块桐木，刚刚燃着发出的响声。蔡邕马上跑过去，把那块桐木从火中拽出来，又抓过旁边的水桶浇灭已经烧着的一端。小伙计被这位穿着儒雅的老先生的举动弄懵了，直到看到炉膛里没了柴火，才一把抓住蔡邕：“你，你做什么？我这是烧水用的柴，你看你这么一来，我的火都要灭了！”蔡邕赶忙拱手一揖，解释说：“这位小兄弟，真是对不住了，只不过这实在是一块不可多得的上好琴木，就这样烧掉了，着实可惜。老夫也是一时救它性急，没能先告知一下。这会儿快放些柴进取，还来得急吧。小兄弟，这块儿木头就卖给我吧？”小伙计觉得这老先生说起话来完全不着边际，不就是一块形状不整，什么都干不了的破木头吗，都被人丢来烧火了，他倒当成宝贝了。

于是，小伙计先在炉灶里丢了些干草，然后又加进柴火，看着火又渐渐旺起来了，才对蔡邕说："唉，先生，那不就是一块没什么用的木头吗，您看它形状古怪，既不能做门，也不能做梁，更别提做家具了，您倒是把它当成宝贝一样，算啦，反正烧也烧了，您既然想要，就送您好了。"蔡邕连声道谢，赶忙把这块木头带到了制琴作坊。制成后果然音色美妙，是难得的好琴。不过，琴尾还有点焦痕，于是人们就干脆叫它"焦尾琴"了。

蔡邕在家乡陈留闲居，邻人准备了酒食要好好招待一下久未还乡的蔡邕，还说要和他一起探讨琴艺。可是蔡邕被事情缠住，等他到了邻居家里，酒宴已经开始，大家喝得十分欢畅，这时还有个喜好弹琴的客人在屏风后面弹起了琴，以助酒兴。蔡邕走到门外，听见琴声，就习惯性地停下来听琴。可是，他越听越觉得这琴音中暗藏着极浓的杀意。这让蔡邕颇为起疑，心想："呀！既然是以琴会友，为什么这琴音之中有如此强烈的杀意呢？还是小心为妙。"于是连门都没进，转身回去了。

门上的仆人看到蔡邕刚到就转身回府，不知是什么原因，但是他们知道蔡邕是家中主人的贵客，不能怠慢，就赶快跑进去把这件事告诉主人说："蔡君刚才来过，可是不知什么原因，一到门口就离开了。"主人一听，赶紧亲自来到蔡邕家里，问明缘故。蔡邕就把刚才听琴的事情说了。主人觉得很不可思议，就叫来刚才弹琴的客人，问他怎么会在琴声中藏有杀机？那个人说："哎呀，这可是蔡先生误会了。只是刚才我弹琴的时候，看见一只螳螂正想捕杀一只蝉，那蝉并不知危机四伏，还悠然挥动翅膀，像是要飞走又不飞走的样子。那只螳螂就看着蝉愈飞不飞的状态时进时退。我当时心中很是紧张，唯恐螳螂错失良机捕不到那蝉。这难道也成了杀心，在我弹奏的音乐上表现出来了吗？"蔡邕微微一笑说："这已经足可以说明问题了。"然后，就不再提及此事，和邻人相携赴宴，畅谈琴赋去了。

修身感悟

生活中并不缺乏美，只是缺少发现美的眼睛，同样的道理，生活中并不缺少情趣，只是欠缺体会情趣的心灵。要去全身心的领会，从一个又一个的小小细节中品尝出生活的醇味。情趣并非什么高不可及的阳春白雪，只是在那些具备灵动心灵的人们那里，自然的些许变化、生活的微小感动，都可以成为情趣的不尽源泉。

司马相如凤求凰

卓文君是蜀中第一豪门卓王孙的掌上明珠，不单是姿容秀美，更有蜀中第一才女之名。只可惜红颜却薄命，她新婚不久，丈夫就一病呜呼。刚刚出嫁就守寡的卓文君，在婆家住着也觉得百无生趣，就回到父亲家中寡居。卓王孙心疼女儿，也就依然让她住在原来的楼阁。

卓文君虽然衣食无忧，但是空负一身才名，却只能埋没深闺没人欣赏，每每念及此，总是不觉悲从中来。恰在这时，当时天下闻名的才子司马相如来到蜀中。对于司马相如，文君小姐早就慕其才名。当相如的那篇《子虚赋》传抄到蜀中时，世人传抄，市价索要500金，她非要父亲买来一阅。读过之后觉得此人文采蜚扬，果然名不虚传，但不知道他长相是什么样的。这次，相如来到蜀中，文君听说他风度雍容闲雅，就更想亲眼看一看是怎样的风采。她借机向父亲进言，劝说他把司马相如请到家中，卓王孙一向自诩风雅，没有多想就应承下来，设下盛大宴会邀请当时蜀中名人，特别邀请了司马相如。文君小姐就在宴会当天，躲在屏风后面，想一睹司马相如的风采。

在卓王孙的盛宴上，百余名客人见司马相如果然仪表不俗，风度闲雅，一座尽为之倾倒："啊呀，真不愧是海内知名的文士呀！""司马兄文采、风度，皆不同凡响呀！"

司马相如谈吐适宜，风趣，使得众人更为钦佩。酒至酣处，和司马相如同来的王吉取一架琴，置于座上，弹奏一曲以助酒兴。一曲停下他起身道："诸公见笑了，王某献丑不过是想抛砖引玉罢了。"然后将目光转向相如，"相如兄好琴赋，何不一娱？"

相如此时已有几分酒意，但他心明如镜：他来蜀中已有些日子，早就听闻卓王孙有一女对文学和音乐极有造诣，新寡在家，自己的琴艺闻名天下，公认可与"好音"的楚王、著名的音乐家蔡邕比肩。王吉与自己友善，他此举显然有意撮合，对文君小姐的不幸遭遇，也只可用琴声表示其同情与爱慕。于是欣然领命，略整衣冠，盘腿坐于琴前。一时间满座为之寂然。

相如调定宫商，弹奏起来。起初不过轻挑慢剔，声响悠柔。一段之后，散泛相错，其音清脆。两段以后，吟揉渐多，绰注滞回，似有无限思诉：

凤兮凤兮归故乡，游遨四海求其凰。

有一艳女在此堂，室迩人遐毒我肠，

何由交接为鸳鸯？

凰兮凰兮从凤栖，得托孑屋永为妃。

交情通体必和谐，中夜相从知者谁？

相如的歌声萦绕在座宾客耳际，大家都听得忘乎所以。文君小姐在珠帘之内，屏风之后，更已听得如痴如醉。终于能够一见司马相如真容，文君小姐的心竟然好像少女一般跳个不停。虽然有珠帘相隔，犹可见相如风度神采，当真是一表人才，气度不凡。

文君听得相如的琴声以及歌唱的这曲《凤求凰》，已揣测出司马相如的弦外之音了。

“凤兮凤归故乡”——这个“凤”不就是相如自己么？

“游遨四海求其凰”——“凰”是凤凰的雌鸟，一定是指配得上他的佳人。想到这里，文君小姐一想到自己能“闻弦歌而知雅意”，觉得两人竟然这般心有灵犀，不由得会心地笑了。

“有一艳女在此堂”——艳女？在此堂？莫非，莫非是指我？难道他竟然知道我在此吗？一念至此，文君小姐不由得脸红耳热，一颗芳心跳动不已。并不是她对自己的容貌没有自信，而是被这突如其来的褒扬所感动；同时，被一个陌生的男子当众称赞，她又不免有女儿家的羞涩。

“室迩人遐毒我肠”——啊！与他虽近在咫尺，却如远隔天涯。难道他当真已经觉察我在室内听他弹琴作歌吗？

“何由交接为鸳鸯”——天哪！这不明明白白地说要同我结为夫妻吗？

文君听到这里，想到这里，不由得甜蜜地笑了。

下半阕歌完全是相如在以“凰”的口气作答了“得托孑屋永为妃”，文君知道《春秋左氏传》中说：佳偶曰妃，怨偶曰仇——他不但要与我结为大妻，还要成为恩爱白头的“佳偶”。只是，最后这一句，“中夜相从知者谁？”中夜，不就是半夜吗？相从，他让我到他那儿去，知者谁，就是这件事不能让旁人知晓。

文君确信自己对曲子的理解准确无误，她感到既兴奋，又紧张。知音，这个就是千载难逢的知音吗？今日，我理解他琴弦外之音，异日我之心他又何尝不知？

对文君小姐来说，能得到这位海内知名才子的爱正是她所渴望的幸福。但是，司马相如这一仓促突然的大胆要求，又使她倍感为难。

一曲《凤求凰》已经深深打动了文君小姐的心，她觉得若是就这样错过司马相如，也许此生就会寂寥而独守空闺了。几经犹豫，文君小姐终于下定决心，放下自己的身份、地位，就在那天深夜与司马相如相携而去，隐居蜀中市井。

修身感悟

从《诗经·关雎》开始，君子对淑女的仰慕与追求就充满了情致雅言，他们使用情真意切、文辞华美的诗词，将一段段情感装点得绮丽多情。

司马相如一曲《凤求凰》不但作得优雅，而且相当巧妙。他使用了只有文君和自己这样的有心之人才听得懂的语言，当众向文君表达了自己的倾慕。正是这种大胆婉转而又优雅的方式打动了文君的心，成就了一段旷世惊俗的爱情。

张汤审鼠

西汉时，有个孩子名叫张汤，他自幼就十分喜欢律法国典，很愿意研究有关断案的事情。只要是说起这样的故事，他比谁都听得认真。不过，真没想到，他喜爱断案的兴趣竟然让他用在为自己洗脱冤屈上来了。

有一天，张汤的父亲外出办事回来，发现放在厨房里刚刚做好的肉不见了，那是要中午招待客人用的，这下子父亲可是勃然大怒。他把几个孩子都叫过来，一问发觉只有张汤最有可能到厨房里来拿肉吃，就二话不说抓起鞭子狠狠抽打他。张汤很吃痛，他大喊："我没有偷吃肉！肉一定是被厨房里的老鼠吃掉的！"父亲一听，以为是张汤自己做错了事还想给自己找借口开脱，就更加生气了，鞭子抽打的更加厉害。张汤一看，辩解只会给自己带来更大的痛楚，干脆闭口不再说话。小张汤咬紧牙关，不让自己流下一滴泪来，但是他心里暗暗发誓：我一定要捉住那只偷肉吃的老鼠！

父亲一住手，张汤也不顾母亲的安抚，开始挖鼠洞。不一会儿，他就在老鼠洞里发现了那只老鼠和老鼠吃剩下的肉。张汤逮住老鼠，又把它吃剩下的肉用纸包起来。接着，张汤就在家里设置公堂，完全按照审理案件的全部程序一一完成对老鼠的审讯。最后，以物证确凿对老鼠进行了宣判。

父亲一直在一旁看着张汤对老鼠进行审讯和执行处决的全部过程，他发现自己的儿子就像一个老练沉稳的法官，感到十分吃惊。他不禁为自己不分青红皂白责罚儿子的做法感到愧疚。此后，父亲让张汤努力学习法律知识，专心研究如何判案和定罪，希望张汤将来能够成就一番大事业，为张家光宗耀祖。

张汤长大以后，在判案和定罪方面显示出卓越的才华，得到汉武帝的赏识和重用，成为朝廷上举足轻重的大臣。

修身感悟

俗语说得好："三岁看大，七岁看老"。孩子们自以为是的举动，在成人眼中也许只是可笑的胡闹。可是，就是这种"胡闹"，恰会成为一个孩子一生事业的起点。所以，为人父母者，要懂得欣赏孩子们的天真给生活带来的乐趣，呵护幼稚中萌生的志趣的幼芽。

张汤有一位明理的父亲，他很能够欣赏孩子在生活中的"胡闹"举动，还善加维护，终于铸就了一位司法重臣。

嵇康广陵绝唱

嵇康是魏晋时期著名的"竹林七贤"之一，他除在文学、思想上取得了非凡的成就之外，在音乐方面也颇有建树。嵇康从小喜欢音乐，并对音乐有特殊的感受能力，天赋极高。《晋书·嵇康传》曾提及，嵇康"学不师受，博览无不该通"，这与他思想上的狂放不羁、不受礼法约束有很大关系。嵇康可谓一代音乐奇才，他精于笛，妙于琴，还善作音律。他谱过不少曲子，也写过一些讲音乐理论的书，尤其擅长弹奏七弦琴。嵇康创作的《长清》、《短清》、《长侧》、《短侧》四首琴曲，被称为"嵇氏四弄"，与蔡邕创作的"蔡氏五弄"合称"九弄"，是我国古代一组著名琴曲。隋炀帝曾把弹奏《九弄》作为取士的条件之一，足见其影响之大、成就之高。

嵇康对琴及琴曲如痴如狂，十分喜爱，为后人留下了种种迷人的传说。

据说，嵇康有一张非常名贵的琴，为了这张琴，他居然卖去自己在东阳的旧业，还向尚书令讨了一块精美的佩玉，将玉截成薄片镶嵌在琴面上作琴徽。此琴可谓价值连城。嵇康视之如命。有一次，嵇康的朋友山涛喝醉了，趁着酒性，直嚷嚷着要剖开这琴，嵇康以生命相威胁，才使此琴免遭大祸。

当然，关于嵇康和音乐的故事，最著名的还属他临刑的那一曲千古绝唱

《广陵散》：

有一次，嵇康因事到洛西去，晚上留宿在华阳亭。这晚月华如水，景色幽雅，嵇康突然有了弹琴的兴致，就取出琴，坐在院子里弹了起来。一曲接一曲，一直弹到夜深人静。这时，忽然进来一位客人，一身古人打扮，十分诡异。嵇康一向放荡不羁，视世间礼法为无物，也不以为意，客气地请来人坐下，两人谈论起音乐方面的理论。没想到，来人有很高的音乐造诣，对很多问题的见解十分高明。嵇康喜出望外，更加急切地向来人提出很多自己的疑惑。两人相谈甚欢。兴之所至，来人向嵇康要过琴来，说要为他弹奏一曲。嵇康连忙把琴摆好，恭请客人弹奏，自己在一旁细细聆听，听了一会儿，他立刻被客人高超的琴艺吸引住了。

这首曲子嵇康从未听过，一开始，琴音刚劲有力，仿佛有满腹心事，要讲述一段动人心弦的故事。接着古琴流出一派和谐之音，仿佛置身于天上，幸福安详，突然，情调一转，一阵浑厚的低音想起，有如炽烈的岩浆在沉睡的火山中翻滚着要爆发出来一样，充满了如火的愤怒和激情。渐渐地，声调低缓了些，响起了慷慨激昂的音调，悲愤沉痛，如金甲共鸣，渐渐有肃杀之意，似乎身在旷野之中，草木凋零，鸟雀四处惊散，令人闻之胆寒。蓦地，琴音一收，似乎在慨叹易水萧萧，壮士不归。整个节奏有张有弛，收放自如，隐隐又暗含激越、愤慨之情，嵇康听得如痴如醉，完全沉醉于音乐营造的氛围中，只觉得周身一股热血沸腾，激动得无以复加，仿佛所有的汗毛都竖了起来。客人一曲弹完，嵇康还久久回不了神，独自坐在那里细细体味，待心绪稍稍平静，嵇康敬佩地询问客人从何而来，姓甚名谁。客人微笑不答，沉思良久，开口道："这首乐曲和一个故事有关。

相传，战国时韩国有个叫聂政的人，他的父亲是当时颇有名气的造剑工匠，接受了为韩王铸造宝剑的任务，因为没有按期完成，被韩王杀了。聂政悲愤不已，发誓一定要为父报仇，跑去行刺韩王，但没有成功。他从宫中逃出来之后，韩王命人画出他的画像，到处张贴，在全国通缉他。他自行毁容，遁于深山，苦学琴艺达10年之久。终于凭借一股惊人的毅力，练成一身超凡的琴艺。等到他身怀绝计重新回到韩国时，已经没有人能认出他了。他来到离王宫不远的地方，静静地坐下来弹琴，琴声精妙绝伦，十分动听。所有路过的行人都情不自禁地停下脚步，连牛马也不肯离开。一时之间，全城为之轰动，人们争相前来听聂政的乐曲。消息自然传到了韩王耳中，韩王下令召他进宫去演奏。聂政进宫之前，就暗自在琴腹内藏好一把锋利的匕首。韩王听到聂政的演奏，也完全被他那不同凡响的乐声迷住了。趁着韩王疏于防备之时，正在弹琴的聂政突然从琴内抽出匕首，以迅雷不及掩耳之势，猛扑上去，一刀刺进了韩王的胸膛，韩王当场毙命。他知道自己难以逃脱，为了不连累年事已高的老母，他从容地用匕首剥掉了自己脸上的面皮，使自己的容颜完全辨认不出，自杀身亡。

客人沉痛地讲完后，告诉嵇康，他刚才弹的曲子名为《广陵散》，表现的正是聂政复仇的故事。

嵇康听了，激动难耐，主动恳求客人教他弹奏这曲《广陵散》。客人也不拒绝，拿起琴一段一段地教了起来。嵇康亦不辞辛苦，一遍又一遍地反复演练，等到他流畅而熟练地弹完曲子时，回头一看，客人早已不知所终。

因为这段奇遇，嵇康十分珍视《广陵散》，从不肯轻易示人，很多学琴的人请求嵇康教他们这首名曲，也被嵇康拒绝了

后来，嵇康因为不满司马昭一手遮天，获罪于他，被判死刑。临刑时，很多太学生赶来向行刑官请求，希望可以让嵇康教会他们《广陵散》，以免这首流传已久的名曲失传，可是请求被拒绝了。嵇康请求可以让他最后弹一次琴，他要过琴，从容不迫地看着日影，弹起来。琴声如诉，悲愤而坚定。一曲终了，嵇康慨然长叹：“《广陵散》于今绝矣！”

他用生命解释了音乐，音乐成了他生命最后的绝唱。

修身感悟

人生最有境界之时莫过于面对死亡，无所畏惧，反而以一种从容闲适、悠然诗意的形式祭奠自己最后的岁月。所谓视死如归，莫过于此。对嵇康而言，身处乱世，无力回天，唯一能做的就是以音乐、诗酒为伴，清高自持，傲然于浊世之中。所以，对他而言，《广陵散》不仅仅只是一支乐曲，而是一种生命形式的象征，是他傲岸人格的真实写照。他以一曲《广陵散》作为人生的终结，也就毅然宣告了对自身选择的不悔。他和《广陵散》因之成为对文人傲骨的诗意表达。

王羲之以书换鹅

在“王马共天下”的东晋时期，有一个我国历史上有名的书法家，他就是王羲之。

王羲之从小喜爱写字。据说他平时走路的时候，也随时用手指比划着练字，日子一久，连衣服都划破了。经过勤学苦练，王羲之的书法就达到很高的水平。因为他出身士族，加上他的才华出众，朝廷中的公卿大臣都推荐他做官。他做过刺史，也当过右军将军（人们也称他王右军）。后来又在会稽郡做官。他不爱住在繁华的京城，见到会稽风景秀丽，非常喜爱，一有空，就和他的朋友们一起游览山水。有一次，王羲之和他的朋友在会稽郡山阴的兰亭举行宴会。大家一面喝酒，一面写诗。最后由王羲之当场挥笔，写了一篇文章纪念这次宴会，这就是有名的《兰亭集序》。那幅由王羲之亲笔书写的《兰亭集序》，历来被认为是我国书法艺术的珍品，可惜它的真迹已经失传了。

王羲之的书法越来越有名。当时的人都把他写的字当宝贝看待。据说有一次，他到他门生家里去，门生很热情地接待他。他坐在一个新的几案旁，看到几案的面又光滑、又干净，引起了他写字的兴趣，叫门生拿笔墨来。那个门生高兴得不得了，马上把笔墨拿来给王羲之。王羲之在几案上写了几行字，留作纪念，就回去了。

过了几天，那个门生有事出门去了。他的父亲进书房收拾，一看新几案给墨迹弄脏了，就用刀把字刮掉。等门生回来，几案上的字迹已经不见了。门生为这件事懊恼了好几天。

又有一次，王羲之到一个村子去。有个老婆婆拎了一篮子六角形的竹扇在集上叫卖。那种竹扇很简陋，没有什么装饰，引不起过路人的兴趣，看样子卖不出去了，老婆婆十分着急。王羲之看到这情形，很同情那老婆婆，就上前跟她说："你这竹扇上没画没字，当然卖不出去。我给你题上字，怎么样？"老婆婆不认识王羲之，见他这样热心，也就把竹扇交给他写了。王羲之提起笔来，在每把扇面上龙飞凤舞地写了五个字，就还给老婆婆。老婆婆不识字，觉得他写得很潦草，很不高兴。王羲之安慰她说："别急。你只告诉买扇的人，说上面是王右军写的字。"王羲之一离开，老婆婆就照他的话做了。集上的人一看真是王右军的书法，都抢着买。一箩竹扇马上就卖完了。

许多艺术家都有各自的爱好，有的爱种花，有的爱养鸟。但是王羲之却有他特殊的癖好。不管哪里有好鹅，他都有兴趣去看，或者把它买回来玩赏。山阴地方有一个道士，他想要王羲之给他写一卷《道德经》。可是他知道王羲之是不肯轻易替人抄写经书的。后来，他打听到王羲之喜欢白鹅，就特地养了一批品种好的鹅。王羲之听说道士家有好鹅，真的跑去看了。当他走近那道士屋旁，正见到河里有一群鹅在水面上悠闲地浮游着，一身雪白的羽毛，映衬着高高的红顶，实在逗人喜爱。王羲之在河边看着，简直舍不得离开，就派人去找道士，要求把这群鹅卖给他。那道士笑着说："既然王公这样喜爱，就用不着破费，我把这群鹅全部送您好了。不过我有一个要求，就是请您替我写一卷经。"王羲之毫不犹豫地给道士抄写了一卷经，那群鹅就被王羲之带回去了。

修身感悟

爱其所爱，求其所求，为自己的兴趣爱好投入几乎全部的心力，这样的人不但能够成为专才，最重要的是他们的生活会充满自足自得的乐趣。

如果道士专门向王羲之讨要《道德经》，就算是出再高的价钱，对于王羲之来讲也是难于看在眼里的吧。可是，为了他喜爱的白鹅，怎样的要求他也答应，真是坦率洒脱的性格。

王羲之食墨

王羲之之所以能够成为一代书圣，除了天分之外，更重要的是他对书法孜孜以求的执着精神。他的笔力能够入木三分，是和他一向苦心研习分不开的。而且，因为他过于醉心书法，还会闹出小笑话来呢！

王羲之最爱吃夫人亲手调的蒜泥，要是有刚出笼的馒头就上蒜泥，对于王羲之来讲是人间难得的美味。每当他全神贯注在书房里练字时，夫人有时就会弄些餐点让他先吃些。要是到了吃饭的时候，他还不肯放下笔来，就只好将饭菜送进书房了。而且，必须亲眼看着王羲之吃完，要不就会出问题。

有一天，夫人给他送来他最爱吃的蒜泥和馍馍。可是他连头也不抬，仍然继续挥笔疾书，练习写字。夫人苦笑了一下，丝毫没有办法。眼看着王羲之一点也没有要停笔休息的意思，夫人就把蒜泥和馒头放在王羲之伸手可及的地方，然后退了出去。过了好一会儿，就快要吃饭了，夫人想那点蒜泥和馍馍怎么也该吃完了吧，就过来书房想收拾碗盘。进了书房，一看乐了，只见王羲之满嘴乌黑，手里还拿着一块沾了墨汁的馍馍。原来，王羲之根本没看盛蒜泥的碗在哪里，只是左手抓起馍馍蘸着东西就往嘴里送，万万没想到，他竟蘸到了砚台里。于是就有了王羲之食墨这一幕。

一向温淑娴静的夫人也禁不住放声大笑起来。王羲之还是没有注意，他一面继续写字，一面随口夸奖夫人说：“你今天做的蒜泥真香呀！”王羲之说完这话，举起左手来，还要把蘸了墨汁的馍馍往嘴里塞。夫人赶快走过去，把那块蘸了墨汁的馍馍夺下来，打趣地说：“你吃的是什么馍馍？好香的黑馍馍啊！你是从哪里弄来的？”王羲之听夫人这么说，才停住了笔，抬头一看夫人手里拿的黑馍馍，这才意识到自己错把墨汁当蒜泥了，也不禁哈哈大笑起来。

后来，夫人为了不让这样的事件重演，不论是自己送饭到书房还是让仆人送去，都会先等着王羲之吃完了，才放心地离开。

修身感悟

太过于专注自己喜爱的事情，有时就会忽略在自己看来不太重要的事情，还会因为不在意而闹出小笑话来，这也许就是生活中的志趣吧。如果能为自己确定下志向，专心致志，即使为此出现了无伤大雅的错误，那就算是生活的调剂品吧。

谢道韫咏雪

淝水之战中立了大功的谢石，是宰相谢安的弟弟，谢玄，是谢安的侄子。谢家是东晋有名的门阀地主家庭。门阀地主就是靠着祖宗世代做官的政治地位，获得了大片土地的名门望族，是士族地主中的最高阶层，从东汉末年以来逐渐形成的。谢家是门阀地主中最有名望的一个家族，一家出了许多个大官、将军。跟谢家有同样地位的是王家，就是书法家王羲之的家族，他们两家被合称为王谢。王谢两家不但具有同等的地位，而且还是亲戚，王羲之的二儿子王凝之就娶了谢玄的妹妹谢道韫做妻子。谢道韫是东晋有名的才女，文思敏捷，学问渊博，是一个了不起的妇女。谢道韫咏雪是一个流传了1000多年的故事。

谢道韫的父亲谢奕，是谢安的哥哥，做过安西将军。他把儿子谢玄培养成了有名的武将，而对女儿道韫，则教她诗赋，把她培养成了一个很有文才的女子。谢道韫十几岁的时候，就能够写出创意新颖、文词优秀的诗赋了。

谢安早就听说这位侄女很有学识，就有心想考考她。有一天，他问谢道韫：“《诗经》三百篇，哪些篇最好？”谢道韫略一思索，回答说：“我最喜欢歌颂尹吉甫和仲山甫的那两篇诗。”原来，尹吉甫和仲山甫都是西周末年宣王时候有名的大臣。西周传到宣王的时候，力量已经大大削弱，内忧外患，西北的猃狁族不断来骚扰周朝统治的地区，内部的各家诸侯也不服管束。尹吉甫是征讨猃狁并且取得了重大胜利的大将；仲山甫是直言敢谏，劝周宣王不要对老百姓压榨得太紧的文臣。由于这两位大臣的辅佐，周宣王时西周又一度出现了复兴的景象，历史上号称“宣王中兴”，尹吉甫和仲山甫都被视为中兴名臣，因而在《诗经》中有两篇专门歌颂他们的诗。谢道韫说喜欢这两篇诗，就是把这两篇诗跟自己生活着的东晋的社会现实结合起来有感而发的。当时北方中原地区已经是匈奴、鲜卑、羯、氐、羌等少数民族统治的天下；东晋只剩下江南的半壁江山，但是东晋朝廷里的风气却很坏，大官们只知道争权夺利，希望争夺更多的利益，根本没有把国家大事放在心上，更没有兴师北伐收复中原的雄心壮志。即使有人愿意北伐，他们还要进行牵制、破坏。谢道韫喜欢歌颂尹吉甫和仲山甫的诗篇，其实是希望在东晋社会里也能出现像尹吉甫和仲山甫那样的人；同时也表示她对东晋统治阶级满足于偏安之局的不满。由此可见，谢道韫并不是一个关在深闺大宅里只知道吟风弄月的豪门闺秀，她对于历史上的兴亡和眼前的局势都很关心，而且有着相当的见解和视野。谢安也是一个很有头脑的人，他当然能够体会出侄女的用意，所以他称赞谢道韫说；“你这位女诗人，对《诗经》的体会可真深刻啊！”

有一年冬天，谢安闲来就把家里人都召集在一起，围着炉火举行家庭宴会。宴会开始不久，天空就纷纷扬扬地飘起雪花来了。谢安喝了几杯酒，兴致勃勃，他一手摸着胡子，一手指着天空中的雪花，对子侄们说：“俗语说，瑞雪兆丰年，明年准是个好年景，对着这样的雪景，应当咏几句诗才好。诗应当有比兴，要有另外一种事物来跟雪相比，既要说出雪的特征，又要有美的境界。你们谁先来？”

谢安的一个侄子，也就是谢石的儿子、谢道韫的堂哥哥谢朗，首先自告奋勇站起来说：“我来！”他对天空凝视了一会儿，然后摇头晃脑地念道：“撒盐空中差可拟”，意思是说，下雪就像天空在撒盐。谢朗这句话刚一出口，立刻就引起了哄堂大笑。他拿撒盐比作下雪，的确太粗俗了，一点诗意也没有。大伙儿嘲笑他说：“谁在天空撒盐？把这么多盐撒到田地里，明年还能丰收吗？你这种诗实在要不得！”这时候，只见谢道韫若有所思地站起身来，缓步走到窗前，抬头望望天空，又看看庭院里光剩了枝干的柳树，然后轻声地吟咏道；“未若柳絮因风起”，意思是说，纷纷扬扬的雪花还不如比作被风吹起的柳絮更贴切。谢道韫刚吟完，大伙儿不约而同叫好，觉得这句诗真是与众不同，不但立意新颖，文词幽雅，并且还隐隐地表达了由下雪的冬天联想到柳絮飘扬、万物欣欣向荣的春天。所以都不禁同声地叫起好来。谢安听了，自然也很满意，他跷起大拇指夸奖说："我看还是我这个侄女有文才！"

谢道韫咏雪的佳话很快传了出去，书法家王羲之听说谢家有这样一位才女，就请了媒人去给自己的二儿子王凝之做媒。谢家对王家当然很满意，媒人一说就成，谢道韫很快就嫁到了王家。王家跟谢家的不同点是文人多，武将少。王羲之的几个儿子，有的是著名的书法家，写得一笔好字；有的是文学家，写出来的诗文都很漂亮。谢道韫的丈夫王凝之，就是一位擅长草书、隶书的书法家。谢道韫和王凝之结婚以后，两口子恩恩爱爱，举案齐眉，谈书论诗。可谢道韫一回到娘家就有些不高兴。谢安以为她不满意自己的丈夫，对她说："王郎是当今书法名家逸少的儿子，他自己也写得一笔好字，是个很难得的好青年，你还有什么不满意的？"谢道韫回答说："我并不是不喜欢王郎，而是觉得我们家一门武将，叔叔伯伯多是战场上立了功的元帅、将军，兄弟中也多是些赳赳武夫，我真没有想到天地之间居然还会有像王郎这样文质彬彬的才子啊！"谢安听她这么一说，才知道谢道韫原来是嫌自己家里的兄弟文才太差。他不由得想起侄女责备谢玄的话来。谢道韫常常责备自己的兄弟谢玄学习没有长进，她说；"你的学习没有长进，是因为事情太忙，分了你的心，还是因为你天资有限呢？我看恐怕还是用功不够吧。我劝你还是多用点功吧！"

谢道韫不但富有文才，写出了不少优美的诗赋文章，而且口才也很好，长于辩论。有一次，王凝之的弟弟王献之跟几个朋友辩论，眼看理屈词穷，将要败下阵来了。谢道韫躲在屏风背后，早听得一清二楚。她叫人去告诉王献之说："小叔不必担心，嫂嫂来给你解围。"然后，谢道韫叫人挂起一幅青绸帘子来遮挡自己，坐在帘子背后帮王献之跟朋友们辩论。她接过王献之的话茬，把王献之说过的论点充分加以发挥，比喻生动，逻辑严密，说理透辟，使满座的人为之倾倒，谁也没有能力驳得倒她，朋友们只好个个认输而去。

修身感悟

极富才情的人，往往像是有魔力一样，能够把他周围的人、事或是生活点缀得多姿多彩。因为他们见地卓越，表现出众，可以带给循规蹈矩的人们耳目一新的愉悦和钦佩。

谢道韫见识不似女子，诗作别致清丽，才情横溢，创作了无数充满想象力和诗性的优美之作，令人读来妙趣横生，浮想联翩，实在称得上一代才女。

陶渊明无声胜有声

陶渊明是东晋大将军陶侃的后人，虽然陶家曾经十分荣耀，可是到了陶渊明这一代，却渐渐衰落下来。尤其是陶渊明本人虽然是个饱学之士，却十分欣赏老庄溢出尘世的思想和归隐山林的做法。所以，更是无心仕途，只想隐居田园，过自己逍遥自在的生活，希望和自然相亲相近。

陶渊明并不是没有出仕做官的机会，一次，他家的世交老友想尽方法在朝廷为他谋得一个小小地方官的职务。官职虽小，但也算是让读书出身的陶渊明可以养家。没想到，陶渊明到任之后倒也还算清明尽职，只是一次朝廷派来的督察前来巡视，他手下人赶忙提醒他，让他穿好官服前去迎接。陶渊明十分厌恶这样的阿谀奉承，觉得在官场中这样忍辱偷生，还不如就此归隐，虽然清贫也好过这样子违心的做官。于是，他没等上边来的督察来到官衙，就挂印而去，还留下了“不为五斗米折腰”的名言。后来，陶渊明又有几次出任小官的机会，可是每一次，几乎都是因为他不肯与权贵世俗同流合污，要么被贬，要么弃官，到了他41岁的时候，陶渊明终于下定决心归隐田园，还写了一篇自明心志的《归去来兮辞》。从此，他与田间农夫一起耕耘着几亩薄田，清清苦苦地过着日子。可是，他却觉得这才是他长久以来追求的生活，悠然自得，无所牵绊。徜徉在大自然中，尽情享受田园生活。

陶渊明十分喜欢酒，尽管归隐之后没有了美酒醇浆，但是一杯浊酒也很让他知足常乐。关于饮酒，他就写了一系列的诗歌来表达自己的心情感受。酒确实能让陶渊明感受很多也许在平素体会不到的东西。比如，陶渊明并不会弹琴，更不懂音律。可是在他简陋的书房里却挂着一张古琴。这张琴木质古朴，还隐隐有雕描的修饰，只是仔细一看才会发现这张古琴的独特——没有琴弦。这张琴并不是陶渊明挂出来附庸风雅的，尽管他不懂实际上的琴音琴律，可是他却听得到不用琴弦也可以奏得出来的优美旋律。尤其是他喝酒喝到兴头上了，就会取过琴来，抚弄一番。那样子就像是在弹奏，可是实际上是不可能有乐音的。不过，陶渊明却有着自己的乐趣和心情。在一首诗里，他这样表达自己的心情：

琴上无弦心有弦，
听似无声胜有声。
万般情思抚弄里，
陋夫莫笑智者痴。

可见，当时怕是也有人在嘲笑陶渊明这样看似毫无厘头的做法吧。不过，恐怕只有陶渊明这样心无旁骛、任性自然的真性情之人，才能真正体会“无声胜有声”的境界吧。

修身感悟

“琴上无弦心有弦，此时无声胜有声”，有和无的关系在陶渊明的手指下有了最恰当的阐释。修身颐养性情，就是要能够摒弃人与生俱来的缺憾，希望能突破自身的局限，达到与天地相和谐的状态。

能够达到这样的状态就要有舍有得，在生活的点点滴滴中体会蕴于其中的乐趣。

陈抟高卧

陈抟是魏晋南北朝著名隐士，宋太宗赐号希夷先生，在中国道教史上，他被列为“高祖”，道教徒把他奉为道教至尊，称为“老祖”，地位仅次于老子、张陵。

陈抟一生充满神秘色彩，民间流传着很多关于他的传说故事，不少文人墨客对他也是相当青睐。《群谈采余》上就曾记载陈抟十分传奇的出生。据说，有一渔翁捕鱼收网时得到一个庞然大物，皮为紫色，形状如球。渔翁就将这个怪东西带回家，正要放在锅里，想煮着吃，突然室内雷电大震，渔翁赶忙把它取出扔在地上，那层怪皮一下子裂开，现出一个小男孩，这便是陈抟。

陈抟青年时热心仕途，刻苦攻读，熟读经史百家，只可惜与仕途无缘，一直难以考取功名，在最后的希望破灭后，他开始求仙访道，学得精深玄妙的内丹修炼术，曾与吕洞宾，麻衣道者为友。

陈抟在中国历史上一直是以善睡闻名的，据说在他隐居华山时，一睡就是100多天，不动、不饮、下食，实在令人难以置信。

传说当时周世宗不信鬼神，怎么都不肯信这个传言，就干脆把陈抟请来，让他睡在宫中，自己要亲眼看看陈抟善睡是真是假。陈抟得知周世宗的用意，当即进《对御歌》一首。内容是这样的："臣爱睡，臣爱睡，不卧毡，不盖被，片石枕头，蓑衣铺地。震雷掣电鬼神惊，臣当其时正鼾睡。闲思张良，闷想范蠡，说甚孟德，休言刘备，三四君子，只是争些闲气。怎如臣，向青山顶上，白云堆里，展开眉头，解放肚皮，且去觉睡！管甚玉兔东升，红轮西坠。"

世宗听完，拍案叫绝："哈！好一个潇洒尘外的睡仙啊！"没想到还没等周世宗说完话，陈抟就已经倒地大睡，只见他侧身而卧，呼吸平稳，没有一点声息，面色红润，泛着浮光。世宗心想，果然名不虚传，当真是说睡就睡。不过倒要看看他能睡多久，便吩咐人好好侍候，自己每天来看一次。

就这样一天、二天、三天、五天……，转眼间一个多月过去了，陈抟仍是不动、不饮、不食，而且面色不改，甚至六脉俱无，闭气凝息。世宗大为惊叹，也更加好奇，叹为神人。待陈抟醒来，周世宗问他；"先生当真是一睡不醒，名不虚传，能不能告诉寡人先生是怎么做到的呢？"

陈抟埝须而笑，说："至人之睡，留藏金息，饮纳玉液，金门牢而不可开，土户闭而不可启，苍龙守乎青官，素虎伏西宝，真气运炼于丹池，神水循环五内。如此即可。"周世宗听得一头雾水，似懂非懂，又问："这一个多月来，先生连身也没翻一下，难道就没做过梦吗？"陈抟说："至人本无梦，其梦乃游仙。真人亦无睡，睡则浮云烟。炉中长存药，壶中别有天，欲知睡梦里，人间第一玄。"

周世宗听完，无可奈何地说："先生说的境界实在很玄妙。您自可高卧无忧，尽察天地自然之象。先生之睡是仙人的修行啊，只怕寡人凡俗之身，是怎么也体验不到啦！"陈抟摇头说："非也，只要抛得世间牵绊，何人不可似至人一般高卧呢？"

修身感悟

世俗之人，由于沉浮在宦海情场之中，名利声色都会扰乱他的志向，酒肉膏粱都会蒙蔽他的判断。醉心尘俗的人，即使在睡乡梦境也难得安宁。相反，心志淡薄，胸襟开阔，不在日常生活中蝇营狗苟，即便在睡梦中也是在修身养性。

陈抟之所以能够高卧，就在于能体味"闲情"，即便身在尘俗之中，依旧能够安枕而眠。如果现代人也能够像陈抟这样把握到"闲情"，保持内心的平静，哪怕是身在名利之中，仍能抛开名利的困扰，安枕高卧，达到“隐于睡”的境界，想必不单会对身体有益，更能颐养性情吧。

顾恺之“三绝”

顾恺之对于诗书画都很下工夫，所以20岁左右，就成为东晋文坛上的十分有名的人物，被人们称为“三绝”，即“才绝、画绝、痴绝”。

不过，顾恺之并不像其他的聪明人那样，自以为聪明就不肯用功学习。相反，他很爱学习，并且学习的兴趣非常广泛。据说，他为了钻研写诗，常常和谢瞻一起吟诗。谢瞻在当时文坛上负有盛名，据说6岁的时候就能写出很好的文章了。顾恺之每做好一首诗，都要到谢瞻府上，请他提提意见。谢瞻非常称赞，也很欣赏他的诗。有一天夜里，在皎洁的月光下，他们两人又在一起吟咏诗篇。时间长了，谢瞻感到很累，要去睡觉，就让别人代管自己和顾恺之一起朗读。专心致志的顾恺之，直到第二天早上都没有发觉谢瞻已经不在旁边了。

所谓“痴绝”，指的就是顾恺之在生活上表现出一种天真、爽朗、不爱计较得失的性格。他为人诙谐，爱说笑话，饶有风趣。有这样一个小故事：他有一橱画，寄放在好友桓玄的家里，他哪里知道，贪心的桓玄竟把画偷走了。后来还对顾恺之谎称，是一时不慎失窃了。顾恺之知道自己心爱的画丢失了，当然着急万分直接到桓玄府邸上查看，结果存放画的屋门上的封条还是完好无损。这下顾恺之当然心中清楚，但他并不责怪桓玄，只是诙谐地说：“我的画显灵了！成仙了！飞上天去了！”

“才绝”是指他精通诗歌文赋，写下了许多优秀的作品，被人传诵。当然更为重要的还是他在绘画艺术上取得的成就，已经达到了随心所欲的佳境。这就是人们所说的“画绝”。

晋哀帝兴宁二年，江宁的和尚慧力主持兴建瓦官寺，寺里的和尚为了筹集资金，摆设酒宴，邀请名士官僚来寺中鸣钟击鼓，并且借机向他们化缘募捐。可当时一般的士族官僚捐的钱没有一个超过10万的。但顾恺之却满口答应一个人捐助一百万。大家见他认捐的数目如此巨大，都不太相信，认为他不是在说大话，就是在开玩笑。过了一些日子，和尚拿着化缘薄来向顾恺之讨捐款。顾恺之不慌不忙地对和尚说；“你们在新盖的寺庙里准备好一洁白墙，我自有道理。”和尚不知道他要干什么，也不便追根究底，只好照着他的话去做。

就在新寺落成不久，顾恺之带了绘画的工具，来到了寺庙里。他在那里住下，在白墙上作起画来。他画的是佛教故事里的菩萨——维摩诘的画像。维摩诘是印度梵文的译音。它的意思是清净无垢、名声远布的菩萨，很受佛教僧侣和信徒们尊敬的一尊菩萨。顾恺之经过一个月的辛勤劳动，画像基本已经完成了，只是没有画画眼睛。

这是顾恺之画人物像的习惯，据说，他的人物画很少为人物点睛的，原因很简单，一旦点上眼睛，那人物就活脱脱要从画上走下来似的。这次，顾恺之对庙里的和尚说：“明天你请大家来看一幅画。告诉大家，在第一天我要为画像开光。然后，头一天来看画的人要捐10万钱；第二天来看的人可以减一半，只捐5万钱；第三天，来看的人愿意捐多少就捐多少。”这消息一传出去，整个建康为之轰动，顾恺之要亲自为画像点睛，而且还是维摩诘的“开光”！大家都想去一饱眼福。

到了那天，人们争失恐后地来到寺庙里，打开窗户一看，只见墙上是一幅维摩诘的画像。顾恺之正在举笔给维摩诘点眼睛。这点睛俗语叫“开光”，当真是传神的一笔，也是特别重要的一笔。维摩诘的眼睛一经顾恺之点出，整个画像就栩栩如生，像真人一样有了表情。他那微妙的目光，他那慈祥庄严的神色，好像是在那里沉思，又好像在那里和人谈话，真是神态自若、惟妙惟肖，给人一种宁静圣洁的感觉。寺庙里的和尚见来的人很多，趁机拿着化缘簿向大家募捐，很快就募足了100万线的数目。顾恺之给维摩活点睛，也成了千古传颂的佳话，足见其绘画之绝。

修身感悟

情感苍白、自身贫乏的人，很难感受到生活的趣味、人生的多彩。因而，丰富自己的才情，首先使自己的生命多上几抹色彩，才可能看到周遭世界的五光十色。

顾恺之嬉笑之间，洒脱自如，点画之下就可以赋予线条生命。这些源泉就在于他自身生活和生命的多彩和丰富。

破镜重圆

南朝末年，偏安一隅的陈后主十分昏庸，终日沉溺酒色，不理朝政，只是一味在后宫游宴，与宠妃、贵嫔厮混。宫廷里宦官横行不法，朝堂上贪官污吏你争我夺，弄得民间怨声载道，国势日衰。同时，在北朝隋已经代周而起，在隋文帝杨坚立兴图志下，国势日隆，大有吞并南陈，一统中华之势。

陈后主的妹妹乐昌公主，自幼生长在深宫里，长大以后嫁给了太子舍人徐德言。夫妻二人感情很好，一向过着不问世事的自在生活。只是他们并没能一直这样悠闲下去，到了开皇八年，隋文帝下令南伐，发兵50万准备渡江，陈后主听说以后并不在意，自以为“王气在此”，照旧纵酒行乐。驸马徐德言虽然不是谙熟政治，却也预感到亡国之祸即将来临，他自知恐怕难以免于劫难，便对乐昌公主说：“以你的才貌品性，国亡之日恐会被权豪人家所夺。以后若是我们两人情缘未绝，或许还有能够相见的一天，不如准备一件东西作为日后重逢的信物，好能缘续今生。”于是他拿起公主梳妆台上的一面铜镜，将其一破为二，夫妻各执一半，并且与乐昌公主约定，如果夫妻失散，公主不幸被掳，就要在正月十五那一天让人拿着镜子到京城市上去卖，自己在那时定会去寻找。果然没有多久，在隋的大举进攻下，陈几乎是毫无还手之力便亡国了，徐德言夫妻二人也在一片混乱中失散。乐昌公主被俘虏以后，落到隋宰相越公杨素家作妾。徐德言历尽艰辛，也辗转来到长安。

徐德言一直在四处打听妻子的消息，只是陈刚刚灭亡，陈的旧贵皇族流落或是被俘京城的很多，一时半会儿真是毫无头绪。尽管徐德言十分担心妻子究竟处境如何，但是也没有办法，只有静静等待正月十五日，也许能有妻子的消息。正月十五那天，徐德言一早就急忙去市上寻访，果然不久就看见一个仆人手执半边铜镜正在叫卖。由于要价很高，惹得路人嘲笑不已。徐德言就把这个人领到自己的住处，取出另一半铜镜，恰好合二为一。他悲喜交加，题了一首诗让仆人捎回。“镜与人俱去，镜归人不归。无复嫦娥影，空留明月辉。”

仆人回府把这首诗交给了乐昌公主，公主看到这首诗以后，万分难过，泣不成声，哭倒在房中。晚上，杨素要招待贵宾，命乐昌公主出来献曲。乐昌公主实在没办法强颜欢笑，就托病没去。杨素并没有怪罪，只是向她问明了事情的原委。乐昌公主没有隐瞒，把她和徐德言的故事前前后后详细告诉了杨素。杨素听后很受感动，他差人召见徐德言，宴请这对旧日夫妻。席间，杨素令乐昌公主赋诗，公主吟道："今日何迁次？新官对旧官。笑啼俱不敢，方信做人难。"短短四句，把那种又惊又喜、又悲又惧，饮泣吞声，左右为难的心情表达得十分真切。后来，杨素高抬贵手，将公主归还给徐德言，让他们一同回江南去了。

后来"破镜重圆"就成了人们非常熟悉的一句成语了。

修身感悟

真正的深情不是简单可以用雅致情趣一言以蔽之，那是在日积月累之中积淀起来的，可以共度危难，经历风雨的动人情感。人们会为之感动，并将这样的故事传为佳话。就像是乐昌公主和徐德言情深意重，离而不弃，最终不但能以镜为凭重新找到对方，还以此感动杨素，终于放他们重新团聚相守。

高适的"一江"与"半江"

唐代著名的边塞诗人高适，在出任两浙观察使时，曾经奉命到台州去巡查。那时正直初秋，一路上秋高气爽的天气，让高适的旅途那么乏味。特别是路过杭州清风岭时，山色秀丽，风景宜人，使得高适流连忘返，最后还留宿在山中的古寺里。

在寺里吃过晚饭，高适看见空中的明月高悬，夜空就像洗过的似的清透，清爽的晚风微微拂面，让人感觉很是舒服。于是，他信步走出山寺，在庙门外欣赏夜景，从山上望去，山下的钱塘江水映照着天上的皎月，随着微微的秋风，泛着粼粼的波光，满满一江水温柔地拍打着青色的山石。高适完全沉醉在眼前的美景中，直到幕僚叫他，才回房休息。

回到僧房，高适还是不能忘记从白天起就在山岭上的所见所感，一时诗情激荡，就提笔在墙上题诗一首：

绝岭秋风已自凉，鹤翔松露湿衣裳。

前村月落一江水，僧在翠微闲竹房。

第二天清晨，高适为了赶路，起了大早。这时月亮早就落在了西山后面，朝阳还没有完全露出颜面，高适这时已经下了清风岭，正要准备过江。可是他发现江水已经退了很多，完全不像昨晚所见的那样，是满满一江水了。这时他才想起来，钱塘江是随潮汐涨落的，月升时江水就会随潮水而涨，江面就会宽阔起来；月落时江水又会随潮汐退去，只剩下半江水。这一下子，高适立刻想起自己在僧房里留下的那首诗，其中那句“前村月落一江水”，岂不是不符合眼前的现实了吗？这让一向严谨的高适懊恼万分，他后悔不该把看见月到中天时的江水，当作月落时的江水写入诗里。高适恨不得现在就回去马上把墙上的诗修改一下，可是因为急着赶路，也就只好作罢了。

过了一个月，高适在台州的公干终于结束了，当他返回住地的时候，再次路过清风岭，他还是对自己那首有问题的诗耿耿于怀，于是专门到他题诗的僧房，准备修改一下题诗。但是，当他看到自己的题诗时，不由得会心一笑。原来，他已经晚了一步，不知道是谁已经把“一江水”的“一”字添了几笔，改成了“半”字。

“前村月落半江水”，高适念罢，直说：“改得好！改得好！只可惜无缘见到这位‘一字’知音了。可惜！真是可惜啊！”

修身感悟

伯牙、子期之所以能够通过音乐结为生死之交，就是他们都明白音乐里面传达出的彼此的心意，进而互相指点，彼此钦佩，也因此被称为知音。高适一时不慎在诗中出现了错误，那不知名的诗人，不但领悟高适诗中情意，更发现了高适的失误，这巧妙的一改可谓是高适的“一字”诗友。

李白“上当”

唐代大诗人李白，一生喜欢游览名山大川，又嗜酒如命。

李白路过泾川，当地有个性格非常豪放的人，名字叫汪伦。汪伦闻讯，立即写了一封信给李白：“先生好游乎？此地有十里桃花；先生好饮乎？此地有万家酒店。”

李白接信后非常高兴，很快就来到了汪伦的家里。汪伦十分热情地接待了这位久仰大名的诗人，随后对他说："实不相瞒，我所说的'十里桃花'，是指这里有个桃花潭；'万家酒店'是因为有家姓万的人开的酒店，并非真有十里桃花、万家酒店啊！"李白听后哈哈大笑，虽觉"上当"，可对于汪伦的心意还是能理解的。

汪伦对李白一见如故，十分友好。李白临走的时刻，特地赋绝句一首，这就是流传千古的《赠汪伦》：

李白乘舟将欲行，忽闻岸上踏歌声。

桃花潭水深千尺，不及汪伦送我情。

修身感悟

欺骗，总会召来被骗人的怒气甚至是报复。但是，要是无伤大雅的善意谎言，再稍加注意言词巧妙并富有意趣，那就是一个会令人展颜一笑的小小插曲。这样，非但不会让人生气，还会敬佩其人的才情雅趣吧。

汪伦为了能见到李白，投其所好，极为合理地利用同音误导李白，使他认为这里有无限美景，不尽好酒，从而成功地把他引到自己的家乡，还留下了这样一首友谊深重的千古绝句。

白居易诗约韬光

唐代著名诗人白居易生性好茶，而且还很讲究对于茶的选择和烹制。据说，他对水、茶具的选配，以及火候汤色的把握都很讲究。他烹茶爱用山泉水，但又不单单是山泉水最好，他也会因地制宜时常因地择水。或者，按季节有选择地使用雪水，有诗为证"吟咏霜毛句，闲尝雪水茶"；有时也会用河水，"蜀茶寄到但惊新，渭水煎来始觉珍"。但是都要求水质洁净清透，诗人就觉得珍贵。而且，诗人煎茶的手艺也是十分高超的，他会细心地添汤舀水，耐心等待水沸直到"花浮鱼眼沸"，然后再将碾得嫩黄如尘的茶末投入茶瓯。

白居易还很有兴致亲手开辟茶园种茶，他在江州任司马的时候，就在香炉峰遗爱寺的旁边开辟了一片茶园，以种茶育药为产业，和诗友一同品茗论诗，劳作游戏。在他种的茶里，最好的就是云雾茶了。也许正是诗人对茶如此偏好，才会在民间流传很多关于白居易与茶的故事佳话吧。

据说，当年白居易任杭州刺史的时候，更是在这龙井之乡如鱼得水，尽享茶之乐趣。在此期间，他饱览了西湖的湖光山色，沉醉于西湖的香茗甘泉，与文人诗僧品茗吟诗，酬答往来，还留下了与灵隐寺韬光禅师汲泉煮茗的一段趣闻。

话说有这么一天，白居易在自己的官衙待着觉得很没有意趣，就决定煎些香茶聊慰寂寞之感。顺便就想到自己一个人就算是有再好的茶，一人独乐还是没有情趣。突然，他灵光一动，突然想起前些时候，灵隐寺的韬光大师来官衙拜会，自己那会儿正政务缠身，竟没能好好招待大师，现在想来还是遗憾非常。好不容易今日如此得闲，为什么不再请来大师，一起品茗论诗呢？主意一定，白居易就以诗邀请韬光禅师到城里来做客，只是他生性不拘小节，就半开玩笑似的写道："命师相伴食，斋罢一瓯茶。"

没想到，韬光禅师却没那么好开玩笑。大师觉得，白居易本就是公门中人，若非他诗名才气，自己断不会与官家有什么瓜葛来往。白居易这样邀请的语气，使得韬光禅师心有不满。他不肯屈从，就以诗回敬："山僧野性好林泉，每向岩阿倚石眠……城市不堪飞锡去，恐妨莺啭翠楼前。"干干脆脆地回绝了白居易的邀请。看到大师的诗句，白居易才猛醒，知道自己这次的玩笑是开过了头。于是，他立刻亲自登山拜会大师，以自己的诚心和烹茶的手艺与大师尽释前嫌。他和韬光一起品茶论诗，传说杭州灵隐韬光寺的烹茗井就是当时白居易的烹茶处呢。

修身感悟

才智足以达情，爱好足以寓娱，那无论是何时何地，生活在什么样的状况之下，想必都可以体会到细枝末节的诗情画意，不单愉悦自己，更能与人同乐。

白居易不但好茶，更是擅诗。他能够把自己对茶的喜爱、对人的邀请都用诗歌表现出来，并以此结交茶朋诗友，当真是不亦乐乎。

燕子传书

白居易一首《琵琶行》道出多少商人之妻的心酸和无奈，可是在当时的社会，确实有许许多多这样只能守望家门，痴痴盼着自己的丈夫快点回家的商人妇。甚至她们还不比白居易《琵琶行》中的琵琶女，尚可跟在丈夫身边，只能一人独守，望着春去秋来，慢慢耗尽自己的青春年华。只是，商人远行，可以在别处另安家室，但是女子却只能蹉跎岁月不知远方的丈夫什么时候才能有个音讯。她们想着盼着，只希望有可以让丈夫知道自己在家中对他的思念和记挂。

在开元年间，长安有个叫郭行安的人，他把女儿郭绍兰嫁给巨商任宗为妻。成亲没有多久，任宗就抛下新婚的妻子前去湘中一带做生意。当时，丈夫对郭绍兰信誓旦旦，多则半年，少则数月，肯定回来与妻子相会。可是这一走，竟是一去数年。虽然中间还有几次报平安的书信传回来，可是总是见信不见人。到了后来，几乎连信都不肯再写。偌大个家宅，虽然使奴唤婢，锦衣玉食，但是总是绍兰一个人，难免会觉得孤清冷寂。可是，她的思念和无奈却没有办法让远方不归的丈夫知道。她多想丈夫能够知道自己的一片诚挚，回心转意不是这样常年在外，也能回家来看看自己这个孤独的妻子。绍兰一个人在家里苦闷异常。

一日，她看见家里正堂中有燕子在梁间嬉戏，一时感伤，便向燕子叹道："听说你从海东面来，湘中是来回必经之地。我夫婿离家不归已经好几年没有音讯了，生死存亡全然不知，燕子啊燕子，你若是有灵有知，可请你代我投书给他！"说罢泪如泉涌。没想到那只燕子似乎真的听懂了郭绍兰的话似的，在梁上回旋飞鸣。绍兰万分惊喜，忙说："你如果答应我的话，就快飞到我怀中来。"燕子果然闻声就落到她的膝上。于是绍兰扯下一块白绫衣襟，咬破手指，写下一首诗系于燕足，诗中说："我婿去湘湖，临窗泣血书。殷勤凭燕翼，寄予薄情夫。"

刚刚系好，那只燕子双翅一振，高飞而去。这时的任宗正在荆州，一天正策马在路上奔波，忽然一只燕子飞落到肩上，他惊奇之中发现燕足上系着一封诗信。读罢诗信，任宗颇受感动，第二年便返回家中了。这段燕子传书的佳话在《全唐诗》注中也有简单记载。

修身感悟

虽然有点像神话一样，但是足可见绍兰用情之深可以感动天地，以至燕子也会为其传书以寄相思。古往今来，谈"情"的可谓多矣，不过"情"无形无态，尽管"情到深处意自现"。即使简朴，也能通情达意；若是再精细些，传达的就是"情趣"。

薛涛笺

薛涛，唐中期著名女诗人，曾经和很多著名诗人相互赠诗唱和，才名卓著。薛涛虽然也曾出身世家，但是家道中落的噩梦使得这位也曾经养尊处优的贵族小姐，不得已为了讨生活，自入乐籍（唐代，以姿色、歌舞、才艺娱人的女子，身份低微。）。薛涛才思敏捷，出口成章，凡是有她到场的宴会总会声色俱佳，使得宾客们尽兴而归。所以，薛涛一向是高官贵族府上的常客。后来，薛涛曾经依附过成都的长官，还曾经一度认为自己可能找到了最后的归宿。可是，有一次，薛涛与这位高官一起出行前往松州，在路上，薛涛以这位长官准夫人的身份接受了沿途小官吏们的谒见。薛涛只是一时贪玩，却万没想到这个曾经给了她校书职位，一直对她倍加欣赏的人，竟然大发雷霆，还险些将薛涛依法治罪，流配远方，在很多人的劝阻下，才放过薛涛。薛涛从此再不敢张扬，也终于认清了自己乐籍身份的悲哀。

松州之行使薛涛彻底认识到自己寄人篱下、卑微低贱的生活处境。回成都后不久，她便脱去乐籍，退居浣花溪畔。她在这里结庐而居，还在门前种满琵琶花，远远望去就像置身于绚丽如霞的花海中。在距离薛涛草庐不远的地方，就是通往长安的大道，那里车水马龙，行人往来不绝。

虽然薛涛脱去乐籍，但是她的才名文笔还是受人仰慕，她住的地方也成了许多文人倾慕之所在。他们或登门拜访，或与这位才女以诗书相往还。这样平静的生活才使得薛涛觉得生活不再无所依托。她每日会客，照顾自己的花花草草，徜徉在浣花溪边，怀古悼今。偶有诗情就想随手记下。薛涛一向好作小诗，可是当时规格统一的纸笺幅面较大，随身带起来很是不方便，用起来就更不方便了。薛涛左思又想，终于有了主意。她自己设计，独出心裁，用浣花溪水和着自己栽种的琵琶花，制成精巧美丽的桃红色小笺。这种纸笺只相当于普通纸张的四分之一，恰好能够写下小诗一首，记事传意很是方便。蜀笺本来就很有名，经薛涛之手这样改造一番，制作工艺就更趋完备。这种小巧、实用的笺纸颇受人们欢迎，文人尤喜用它题诗。后来，人们干脆称这种纸笺为“薛涛笺”。而今，“薛涛笺”风行千年，竟成了精致笺纸的代称。

修身感悟

生活的乏味就在于不懂得将乏味的生活调理得有声色起来。也许就是一张小小的卡片，抑或是一只别致的杯子，那精致细微的趣味，慢慢累积起来就可以把生活填上各种各样的色彩，也在不知不觉间改变了原有生活的味道。

薛涛或许没有意识到，一张小小纸笺的诞生其实是她生活重有亮色的表现，她更不会想到，她的一时兴趣竟然造就了后来流传千年的“薛涛笺”。

崔护人面桃花题都城南庄

“去年今日此门中，
人面桃花相映红。
人面不知何处去，
桃花依旧笑春风。”

这是一首流传很广、几乎妇孺皆知的唐诗。将女儿家的粉面玉颜比作春天里盛开的桃花，怕就是从这首诗中来的典故。不过，关于这首诗的由来，还有一个相当美丽的故事。

相传，有一年清明节前后，天在阴蒙蒙了几天之后，终于云开雾散了。诗人崔护，闷在家里几天了，好不容易见到了久违的太阳，就决定出城去散散心。他一路信步走着，看着沿途春意盎然的田间景致，觉得十分惬意，几天来因为下雨积聚起的不愉快一扫而光。不知不觉，崔护已经从城北走到了城南。太阳也已经日过中天，一直沉醉在无限美景中的崔护这才察觉自己早就走得疲乏不堪，特别干渴难耐。他很想找些水来，抬眼望去，正好看见不远处有一个不大的村子，村口一户人家院墙四周栽满桃树，这时节，桃花正开得繁盛，远远看去就像是一片粉红的云烟。也许就是受这一片桃花的吸引，崔护不知不觉来到那户人家前。

他轻轻敲敲虚掩的木门，只听里面有一个清脆悦耳的女子的声音问道：“谁呀？”崔护恭敬地答道：“过路之人，实在干渴，妄求讨口水喝。”就听见里面那位女子沉吟了片刻，才说：“稍等一下。”不久，木门吱呀一声打开了，只见一个荆钗布裙的女子端着一个粗瓷碗站在门里。崔护赶忙深深一揖，表示感谢。姑娘只是笑着把碗递过去。这时，崔护才看清楚姑娘的容貌，尽管是布衣粗服，却丝毫不能掩住姑娘的姿容。院子周围怒放的桃花这时也在这女子面前失去了颜色，反倒在姑娘容颜的映衬下更有娇美之姿了。崔护不敢无礼多视，赶紧埋头喝水，然后还了姑娘的瓷碗，匆匆离去，不过那姑娘的容貌却已经深深印在崔护的心里。

时间过得很快，一转眼一年已经过去，又到了清明时节，崔护不禁想起了去年城南那与桃花映衬的女子。他再次来到这家门口，桃花依旧开得繁花似锦，花团锦簇，只是在它们层叠围绕下的院子却家门紧闭，还上着锁，崔护想念的姑娘不知哪里去了。一阵惆怅，崔护在那家门外徘徊了一会儿，就在门上写下了这首诗，然后遗憾地离开了。

过了些天，崔护还是没有放下这件事，再次来到城南。这次，一位老人开门迎接了他。当老人知道他就是在门上题诗的人，立刻像见了救命稻草一样一把抓住崔护，说："先生，前些日子，我和女儿走远亲回来，一看到这首诗，就脸色大变，没出一天就病倒在床。我请了好些大夫，怎么吃药也不见好。最后，大夫们说，药石无效就是心病了，他们医不了的。可女儿的病还是一日重似一日，这眼见着……眼见着就快不行了啊！"

崔护一听，立即冲进屋里，看到床上气息奄奄的女子，可不就是自己一直念念不忘的人吗，只是现在病得支离形消，不觉心中难过，流下泪来。说来也奇怪，姑娘一见崔护，病竟然奇迹般地好了。

老人高兴极了，就把女儿嫁给了崔护。崔护就这样以诗结下了一段好姻缘。

修身感悟

一见钟情的浪漫，含蓄热烈的诗意表达，这样的浪漫是一种纯真的心态，也是一种生活的热忱。只有当你热烈地付出爱时，它才会翩然而至，这样的浪漫甘若晨露。崔护结下的这段姻缘，犹如《牡丹亭》里杜丽娘那样可以为情而死、为情而生一样的浪漫爱情。

"酸秀才"与欧阳修

欧阳修自幼家道中落，全赖出身书香世家的母亲亲手教导诗书，加上欧阳修自己勤学发愤，很年轻就已经在文坛名声鹊起。后来，他高榜得中，不仅在朝受到仁宗皇帝的赏识，更是成为北宋文坛的执牛耳者。可是，那时欧阳修虽然名声很大，可是毕竟年轻，很多人还是有些不服气，尤其是那些自命才高的人，更是不时的前来找欧阳修"切磋"。

欧阳修一向来者不惧，若是小有文采，他还会十分高兴能以诗文会友。可是，要真是遇到了没什么才学，却自恃很高的人，欧阳修一向很不客气。

一次，欧阳修出城来闲游，觉得天气有些炎热，正好前面有一株十分茂盛的枇杷树，枝叶已经十分繁茂了，还点缀着几朵没有凋落的白色花朵。欧阳修很是高兴，就想过去稍微休息一下。欧阳修兴致很高地走过来，却见树下正有一个书生打扮的人，在那里摇头晃脑地吟出两句诗来："路旁一古树，两朵大丫杈。"欧阳修一听这类似打油诗的两句，不觉笑了起来。欧阳修赶忙忍住，很想听一下这位读书人还会有什么惊人之句。可是没想到，那人吟完了这两句诗，就"江郎才尽"似的，任是怎么样抓耳挠腮也吐不出词来。欧阳修又好笑又无奈，实在觉得这么憋下去，自己都觉得难受，干脆替他续了两句："未结黄金果，先开白玉花。"那人不觉叫好，回头看到欧阳修，连声称赞："哎呀，老兄，接得好啊！看来你也是诗书之人啊。"欧阳修只是拱了拱手，没多说什么，就坐下来休息。没想到那个人也凑过来，和欧阳修攀谈起来。

通过那人滔滔不绝的自我介绍，欧阳修终于知道这个人其实只是个纨绔子弟，却很以"诗才"自居，这次他就是听说欧阳修年纪不大却吟诗做赋如流水一般，他很是不服气，正要进城去找他比个高低。欧阳修想起他刚才的两句半截子诗，心里早就有了个大概，知道这个读书人恐怕就是"酸秀才"一样的人了。只是，欧阳修对这个人很感兴趣，也就没有立时说出自己的身份，两个人就这样结伴上路了。

二人沿湖畔走着，前边有些渔人放养的鹅群。酸秀才一见马上觉得自己又"诗兴大发"了，可以吟出一首好诗好扳回刚才被欧阳修补救续诗丢掉的面子。于是，他吟道："远看一群鹅，一棒打下河。呃……一棒打下河……这个……啊……"没想到他又只想到了两句，然后又没了词，怎么也接不下去了。欧阳修笑着摇了摇头，续道："白翼分清水，红掌踏绿波。"酸秀才不禁大为感慨："哎呀，兄台，看来你也是擅诗赋之人啊！今天能得遇知音真是三生有幸！我看不如这样，你我二人一同去访欧阳修吧。"说完也不理会欧阳修是什么反应，拉着他就往渡口走去。

等他们二人来到渡口，上了小舟，酸秀才觉得此时此景应该吟诵点什么，又吟咏道："诗人同登舟，去访欧阳修。"看着酸秀才洋洋自得的样子，欧阳修实在忍不住哈哈大笑起来，对道："修已知道你，你还不知羞。"

修身感悟

人贵有自知之明，就算是自恃甚高，也要有自恃的资本，否则闹出笑话来，还会全然不知。酸秀才显然就是无自知之明。令人赞叹的是欧阳修以充满智慧和机趣的诗句旁敲侧击，试图点醒酸秀才。这种信手拈来，运用自如的才学凸现了诗人超凡的诗才，让人回味无穷。

苏轼茶联讽老道

苏轼因上书论新法的不合理和缺陷，触怒了权贵，由开封府推官而调任杭州通判。不过苏轼一向心胸开阔，对宦海沉浮并不放在心上。一边处理好政务，然后政事之余，常纵情于山水，以遣愁怀。听说杭州西北100余里的莫干山风景秀丽，他决定亲往一游。

这时正好春天时节，桃李盛开，惠风和暖。这天，苏轼游兴勃发，信步登山，但见林木蔽天，山涧飞瀑，小道曲折，景色清幽，不觉心旷神怡。他满山游转，兴致越来越高。转过山弯，突然发现一座飞檐红墙的道观，掩映在苍松翠柏之间，别有一番气势。他走得也有些困乏，便到观内客房休息。

道观的主持是个老道，他见苏轼葛巾芒鞋，衣着简朴，以为只是山野村夫来道观瞻仰，便指着一个圆凳冷淡地说："坐！"又对道童说："茶！"

苏轼见老道对自己态度轻慢，也不在意。他取过道童放在桌上的茶，呷了一口，觉得味道苦涩，便不再饮，转身同老道攀谈，询问道观的来历。老道一一告知。

通过交谈，老道方知来客精通庄老之学，谈诗论文，头头是道，不类凡夫俗子，颇为惊异。此时苏轼已站起身来，走到窗前观景，老道便指着旁边的黑漆木椅说："请坐！"又吩咐道童说："敬茶！"道童一听观主吩咐敬茶，便知来客不凡，忙把苦涩的茶倒了，重沏一杯菊花茶奉上。苏轼正谈得口渴，也没客气，一饮而尽。老道见苏轼态度从容，谈吐不凡，有心结识，待他饮完茶，便彬彬有礼地问道："适听高论，妙语如珠，使小道大开茅塞，获益匪浅。不知先生仙乡何处，尊姓大名？尚望明告。"苏轼回答说："在下苏轼，西蜀眉州（今四川眉山）人氏。"老道一听，方知这个葛巾芒鞋，衣着简朴的游山者，就是文才盖世、大名鼎鼎的苏学士，连忙躬身赔礼："适才不知学士驾到，小道有眼无珠，诸多简慢，尚乞恕罪。"说完，亲自端了一把日常坐的雕花金镂红木椅放在上首，恭敬地说道："请上坐！"又连声吩咐道童说："敬香茶！"苏轼见老道前倨后恭，知他是势利之人，也不谦让，端然上坐。道童见观主对苏轼如此敬重，连命自己敬香茶，便赶到书房，取出观主去年云游杭州时带回的龙井茶，重新沏上，恭恭敬敬捧给苏轼。苏轼才呷了一口，就觉得沁人心脾，不由精神一爽，谈兴更浓，从孔子问礼于老子，谈到三教源流，旁征博引，鞭辟入里，老道随声附和，哪敢再执一词。

这时，红日衔山，雀鸟归林，苏轼见天色不早，便欲起身告辞。老道苦留不住，便命道童马上铺纸磨墨，然后对苏轼说："学士文才书法，海内尊仰。今日得识尊颜，实是三生有幸。乞请大笔一挥，手书一联，则山门增辉、功德无量矣！"苏轼见纸已铺好，不便推辞。他想到老道先冷后热，前倨后恭，皆因自己薄有微名，如为山野村夫，怕是断然不会如此。觉得看破红尘的世外之人，竟然如此势利，未免有些可笑，决定借此机会，开导一下。他向来文思敏捷，略一凝思，便把老道对自己和道童说的三句话，缀成一联，写在红纸上：坐，请坐，请上坐；茶，敬茶，敬香茶。

老道见苏轼在联中隐含讽喻，批评自己不该以势利眼光看人，不由满面通红，又是惭愧，又是感动，便恭敬地对苏轼说："学士开导，语重情长。小道不才，今后再不敢以衣冠取人了！"苏轼也自谦了一番，然后拱手一礼，告辞下山。

修身感悟

劝诫别人，可以用很多种方法，不过，劝也好、谏也好，总归是点出人的毛病，说些让人不会舒服的话来。要是能将这些听来刺耳的话用风趣幽默的方式表现出来，即便是难以接受的话，也会在情不自禁的一笑之下，变得可以理解吧。

能用调侃幽默来调剂生活，恐怕一直是苏轼经历几多官场风雨之后还能豁达开朗，走出一个丰富、多姿而又生意盎然的人生的秘诀之一吧。对于势力的道士，他能就地取材，恰如其分地写下一联，既点明了道士以衣冠取人的毛病，也暗含风趣使道士欣然接受。

苏小妹三难新郎

宋代著名的文学家苏洵，他的两个儿子苏轼、苏辙，也都才华横溢、文采出众，在诗词文赋上成就非凡，所以世人称他们为"三苏"。一时间，"苏门"才学为天下文人所倾慕，享有很高的声望。苏洵还有一个女儿，名叫苏小妹，更是天资聪颖，才智过人，诗词歌赋无不精通，就连苏轼也常常慨叹小妹之才华更胜须眉。苏洵更是视小妹如珍似宝，决心为她挑选一位才学非凡，堪与之相配的夫婿。苏洵再三思量，想出了一个以文选婿的招数。很多青年才俊久闻小妹之才名，纷纷慕名而来，求婚者络绎不绝。

著名的词人秦观也是其中之一，他到了苏府，见到挚友苏东坡后，两人一同去拜见苏洵，讲明求婚之意。于是他暂住在苏府，终日与苏东坡吟诗作对。一日，求婚者陆续赶到，集聚苏府，苏洵要求每人做一篇文章。苏洵先过目了一遍，觉得秦观的文章与众不同，十分赏识，便转给女儿批阅。苏小妹批道：今日聪明秀才，他年风流学士。可惜二苏同时，不然横行一世。意思是说秦观的文才，在大苏小苏之间，除却二苏，没人及得。既保全了兄妹的情面，又表达了自己钦慕的心迹。苏洵心知肚明，当下便决定选秦观为婿，就在苏家办婚事。

只是秦观性格孤傲，虽然心中也暗自欣喜，但是不知道苏小妹长得什么模样，决定趁小妹上山拜佛之际，偷偷看上一眼。秦观打扮成游方道人的模样，早早在寺庙中等候。天色黎明，苏小妹的轿子就到了。小妹出轿上殿，秦观在一旁偷偷观看，只见小妹秀丽端庄，举止清雅悠闲，全无俗韵，心中暗暗高兴，但是转念一想，不知道她才学如何，是否真如传闻所说才华横溢、聪慧过人。于是决心试探一下。

秦观算着小妹应该已经焚香完毕，便沿着长廊向前迎去，两人正好在大殿前相遇。秦观走到小妹身边，施礼道："小姐有福有寿，愿发慈悲。"小妹应声答道："道人何德何能，敢求布施！"秦观反应机敏，脱口而出："愿小姐身如药树，百病不生。"小妹一边走，一边从容不迫地回道："随道人口吐莲花，半文无舍。"秦观直跟到轿前，又问道："小娘子一天欢喜，如何撒手宝山？"小妹不假思索地回："疯道人恁地贪痴，那得随身金穴！"小妹说完便向轿子走去。秦观转身时，口中喃喃自语道："'疯道人'得对'小娘子'，只是侥幸。"小妹听了，全不在意。

等到结婚之日，苏小妹才认出新郎原来就是在庙里纠缠自己的疯道士，便想出新婚之夜三难新郎的主意，以回敬他在庙里对自己的不敬，同时也跟他开一个玩笑。

洞房之夜，苏小妹将秦观关在门外，命丫鬟给他三道试题，答出来，才能入洞房。

秦观心想，肯定是小妹不满我在庙中试她，想为难我呢。殿试我都考过了，何惧之有。于是说道："请第一题。"丫环取第一个纸封拆开，请新郎自己看。秦观看到，里面封着一幅花笺，写着四句诗：

铜铁投洪冶，蝼蚁上粉墙。阴阳无二义，天地我中央。

第一句"铜铁投入烘炉中冶炼"，就是"化"的意思。第二句"蝼蚁爬上雪白的粉墙"，含有"沿"的意思，"沿"与"缘"相通。第三句反过来看阴阳中只有一意，那就是"道"。第四句天地宇宙中间的，就只有"人"了。四句合起来就是"化缘道人"。秦观想道："这个题目容易做。我曾经假扮成云游道人，跑去岳庙化缘，试探小妹，看来她是在借诗嘲笑我。"秦观略一沉吟，取笔在题后写道：

化工何意把春催？缘到名园花自开。道是东风原有主，人人不敢上花台。

丫环见诗已经做好，便将第一幅花笺褶做三叠，从窗隙中塞进房中，高叫道："新郎交卷，第一场完。"小妹拿过花笺来读诗，每句第一个字，合起来正好是"化缘道人"四字，微微而笑。

秦观又打开第二封来看，还是一幅花笺，题诗为：

强爷胜祖有施为，凿壁偷光夜读书。缝线路中常忆母，老翁终日倚门间。

秦观见了，略微思考了一下，便提笔一一注明。第一句"强爷胜祖"是孙权，第二句"凿壁偷光"是暗指孔明，第三句由丝缕缝线想到"慈母手中线，游子身上衣。临行密密缝，意恐迟迟归。"自然就是借指"子思"，第四句"老翁整天倚依门间"，自然是"望"，那就是指大公望了。丫环从窗隙递进答案。秦观虽然不动声色，心里却放下心来，他想："前两个题目，对我来说并不难，接下来第三题肯定是对句。我平日里和文友吟诗作对，早已司空见惯，看来不足为难。"于是轻快地拆开第三幅花笺，苏小妹出的上句为：

闭门推出窗前月。

秦观一下子被难住了，急得来回踱步。正好苏东坡从这里经过，听到了苏小妹出的上联，本想提醒妹夫，但又怕伤了他的面子，因此，当秦观踱步到池塘边时，苏东坡捡起一块石子投进池塘。顿时，清澈的池水映着星光、月影四散开去。秦观见此情景，灵机一动吟道：

投石冲开水底天。

苏小妹听罢，知道秦观果然才高八斗，心里暗暗高兴，遂打开房门迎新郎入洞房，共度良宵。

修身感悟

夫妻之间的情趣，总是蕴藏在日常生活中的琐琐碎碎，需要靠人的才情和志趣来点缀丰富。苏氏一门尽皆才俊，苏小妹的才智丝毫不逊色于她的兄长，才思敏捷，机智灵活，博学多才，正因为如此，才能在洞房花烛之夜，以巧妙的问题考验新郎的才情，为生活平添一丝诗意和乐趣。

李清照与夫斗茶

宋代文坛以词最盛，北宋、南宋都有一批著名的词人，在北宋末年，南宋初年，就出现这么一位才学出众的女词人——李清照。她的词清丽婉约，优雅流畅，不论是北宋时期家居小词还是南渡之后，感发之作都写得颇有声色。

李清照是世家出身的才女，自幼习学诗书，加上她天资聪颖，所以不到即笈之年就已经才名在外。赵明诚的父亲身居高位，也一向与李家友善，明诚本身又倾心向学，很得李清照父亲的赏识。于是，两家长辈眼看着一双儿女转眼成人，就想能更加亲近，定下了两人的婚事。开始，李清照并不是十分满意自己的父亲就这样为自己定下终身，虽然对方是自己家的世交，可是碍于礼教，她终究不知道赵明诚究竟是个什么样子，这位博古通今的才女真是心有不甘就这样嫁人。可是，父母之命终究难违，不久，李清照嫁入赵家。

李清照发现自己的丈夫敦厚守礼，是位谦和君子，最重要的是他们两个都有很相似的兴趣。比如嗜书如命，对金石有着极为浓厚的兴趣，等等。夫妻两个总能在茶余饭后找到说不尽的话题，或是谈论近来看书的心得，或是说说今日书市上新有的书籍。最让他们兴奋的还是在古物旧摊上寻到难得的金石篆刻，或是早已经失传的篆刻拓片。虽然赵明诚出身官宦世家，他的父亲更是朝中重臣，可是他本人却总是无心仕途，对朝中政务丝毫没有兴趣，和志趣相投的妻子一起谈诗论赋，研究金石要比宦海沉浮更加快乐。

平日只要是得到一本难得的书籍，夫妻俩就会废寝忘食，一起推敲勘校，再加以整理，最后贴好标签归入他们的收藏中去。要是找到了古画珍玩，他们就更要一起把玩，仔细欣赏，指正瑕疵，鉴定年代，判断真伪，往往会炳烛达旦，不知昼夜。就是在这样的琴瑟相合中，李清照和赵明诚度过了两人最快乐的时光。

后来，北宋灭亡，李清照经历了国破家亡的双重打击。就在夫妻逃难南渡后不久，赵明诚不堪旅途劳苦，最重要的是夫妻俩多年的收藏全部毁于战火，使得他伤心欲绝，终于一病不起，撒手尘寰，只留下李清照时常回忆两人在一起的美好时光。在李清照完成夫妻共著的《金石录》以后，在其后写下了一篇情深意重的后序，其中有回忆当年和丈夫一起斗茶的美好往事。

李清照记忆力很好，他们夫妻吃过饭，回到自己的房中准备煮茶来喝的时候，赵明诚很喜欢做一种游戏来考考妻子。夫妻俩围着茶炉，坐在他们长年收集来的堆积如山的书卷前，然后互相提问，一个人先提出一个典故，另一个就要回答这个典故出自哪本书、哪一卷、哪一行。答对了才能喝茶，错了就只能乖乖受罚，为胜利者煮茶烹茶了。赵明诚总想问倒妻子，可是博闻强记的李清照几乎是常胜将军，每每明诚发问，她都可以又快又准地回答出来。可是赵明诚就没那么幸运了，几个回合下来，他常常会被问得张口结舌，只好自认输家。看着丈夫窘迫无奈却又不服的表情，李清照端着丈夫递过的茶开怀大笑，以至将茶水都撒在自己的怀里，没办法喝了。

这是多美好的闺中行乐图啊！伉俪情深的融洽情景实实在在地跃然纸上，可见李清照夫妇平素生活的雅致情趣。

修身感悟

生活的真相永远是苍白底色的平淡，能够给这平淡涂抹色彩的，才是多彩多姿、富有情趣的人生。当你觉得自己的生活开始像没有滋味的开水苍白无力的时候，别去寻找更多的理由，那不过是生活还原了它本真的面目，因为你自己没有力量去维护它的色彩和味道。首先丰富自己的生命，让自己成为一个有生活情趣的人，那么生动鲜活的生活肯定会围绕在你的周围，哪怕是在旁人看来再微小无趣的事情，你也可以魔术般地赋予它无限的情趣和雅致。

李清照典衣买书

北宋女词人李清照十分爱书，常常得到一本好书就可以不食不眠。她从不像其他的女儿家对胭脂水粉兴趣浓厚，反倒每日素面朝天，醉心读书。李清照出府上街，很少买针线首饰，她最爱去的地方是琉璃厂的书市和旧物市场。那里不单可以找到最新刊印的书籍，还能偶然发现一些意想不到的珍宝。

这天，清明刚过不久，初春的明媚阳光，柳枝初发的新芽，春天的气息让人觉得怠惰了一个冬天的心也开始骚动起来。李清照这天的心情也出奇的好，一向不爱衣装的她，突然想到前几天母亲刚刚命人给自己剪裁了一身春装，只是自己一直没有在意，至今还闲置在衣柜里没穿过一次。据说，那是用家在江南的姨母专门寄给家里的最新样式的丝绸制的，是一袭淡淡的鹅黄色裙衫。李清照把那件衫子找出来，在铜镜前试穿一下，果然很适合今天的心境。于是，她就穿着这件新衣出门踏青了。

可是，出门没多久，李清照就又习惯性地来到了大相国寺的琉璃厂。也许是天气的缘故，这天在琉璃厂闲逛的人也格外的多。李清照在一个摊位前仔细翻看着，希望找到自己中意的东西。有趣的东西果真不少，可早就有了鉴赏经验的李清照知道，那大多是赝品或是近几年的物品，货真价实的珍品还是不易发现。

李清照以赏玩的心思慢慢游逛，觉得很有意思。她就这样走到一个不被人注意的小小角落，那里有一位须发皆白的老者，只守着一个包袱皮，上面码着一摞书。老者看起来风度翩然，并不像普通的商贩，更奇怪的是，他并不招徕顾客，像是很安静地等待着。这引起李清照的好奇心，她走过去，还没和老者攀谈，就先被地上的书给吸引住了。只见书皮上以篆字写着《古金石考》。天呐，这不是她早就梦寐以求的古书吗？李清照按捺不住心中的兴奋，先拿起一本来翻看，果然就是她久已闻名却难见庐山真面目的《古金石考》。相传，这部书流落民间几乎失传，没想到今天竟在这里能够见到。李清照雀跃的心情完全表现在脸上，老者捻着胡子，微微笑着，知道遇到识货的人了。

李清照看了好一会儿，越看越着迷，突然才猛醒这是人家要卖的书。她抬起头，看见老者笑眯眯地看着她，只好不好意思地笑了笑，然后急切地问：“老伯，您这套书可是要卖的？”老者点点头：“是啊，这是家传的一部古书，按理讲是绝不能卖的。唉，也是小老儿没用，祖上虽然是诗书世家，到了我这一代，竟然只能做个教书先生，也是时运不济，家遭变故，实在是没有可以救急的物件儿了，只好忍痛将这部书拿来典当啊！”老人说着，声音哽咽。他顿了一下，接着说：“可是，我还是不忍心就这么把它送到当铺，交给那些不知道珍惜的人去糟蹋，所以就在这儿等着，只想等个懂得它的人来，给它个好归宿！姑娘，看得出你是个懂它的人啊！你要能买了它去，也是了了小老儿的一桩心事。”李清照同情地看着老人，问：“老伯，您需要多少钱来应急？”老者说：“唉，应急至少也得

30两吧。可是，姑娘你看着给吧，只要能好好保存它，就是少点也没什么。”

李清照二话没说，把自己随身带的荷包里的钱全部倒出来，仔细查点也不过10两左右，只想出门闲逛怎么也不会多带钱啊。李清照有点着急，她对老者说：“老伯，我今天出门仓促，没有带那么多现钱，你明日可否还在这里？我一定带多于30两来拿书，好吗？”老者很是为难地说：“姑娘，不是我不答应你，我已经在这里等了三天了，才等到你这个有缘人，可是我的盘缠早就用得差不多了，不可能再在这里住上一晚。更何况我和家人已经说好，今天日落，无论这书卖不卖得出去，都要和他们一起出城回家的。”李清照一听，急忙抬头望天，这时已近日暮，就算雇车回家也未必能赶上。

看看老人和他面前的书，李清照突然觉得很是无助，她真的很不想失去这个机会能留下这套书，再帮助一个困顿中的老先生。怎么办，怎么办？看李清照急成那样，老者也有些于心不忍，可是时间不等人，他看看时间，只好安慰李清照，说：“姑娘，你也不用太过着急，唉，就当是你和它没缘吧！也许有一天，你还能再碰上它呢。”李清照听着老人的话，心理很不是滋味，不自觉地攥紧了衣角。这一攥让李清照灵光一现，她立即对老人说：“老伯，您只要再等我一会儿，只一会儿就好！一定要等我啊！”然后转身就跑，留下不知所以的老人站在那里。

没过多久，李清照只穿一件内衬的单衣，跑了回来，手里拿着银两。原来，她把自己的新衣给典当了，换了20多两银子，连同自己原来的十几两银子，一起交到老人手中。老者看着一个年轻姑娘家，竟然为了一套书，不惜当街只穿着单衣薄衫，十分感动。他说什么也只要30两，李清照没有让他再推辞：“老伯，您给我的可是无价之宝啊，若是今日我身边能再有多的银两也会倾囊相赠的。您就不用推辞了。”然后，李清照抱起那套宝贵的《古金石考》，心满意足地回家去了。

修身感悟

过人的才智，需要付出过人的努力，痴迷专著是得到成功的必要条件。唯此才能不为外物所惑，专心致志达到最后的目的。譬如李清照，一代词人才情、智慧兼备，这和她醉心读书，读书成痴有极大的关联。为书她不惜卖掉新装，只着淡薄的衣衫行走街头。即便是后来她和丈夫一起还是对书执着一心，经常为得到一本少见的古书兴奋不已。这才有夫妇两人后来著述的《金石录》这本极有价值的金石篆刻图鉴性质的图书问世。

赵佶评画

宋徽宗赵佶，作为一个政治史上的统治者，他是失败到家、糟糕顶透的，不但弄得国破家亡，最后自己也客死异乡。可是，作为一个书画家、词人，他却足可以在书画史上留下一笔，他不但自己在书法和绘画上造诣很高，而且对这些绘画作品的鉴赏力也很高。

宋徽宗赵佶叫了一些能工巧匠给他盖了一座新颖别致的宫殿，叫龙德宫。宫殿落成以后，为了把宫殿装饰得更为富丽堂皇，他就下旨让画院的画家们在墙壁上、屏风上作画。

画院里的画家们都是经过赵佶亲自挑选的，技艺当然十分高超，因此没几天就完成了所有的工程。

为了查看画家们的作品，一天，赵佶来到了龙德宫。画家们都希望这个有很高的艺术鉴赏力的皇帝能对自己的作品表示赞赏，就都跟在徽宗后面。赵佶进宫后一幅一幅地把画看过去，始终没有对哪一幅画表示赞赏，只是到了壶中殿前面的柱廊拱眼下，才望着画上的一枝月季花问："这是谁画的？"画家们被问的有些莫名其妙，因为这支月季花是一个刚进画院的少年画的，而且照他们看来，这支月季也没什么奇特巧妙之处。但是皇上问起来了，还是恭敬地回答了。赵佶点点头说："百花之中，只有月季花自古以来很少有人画它。因为这种花每月只开一次，而且一年四季以及在黄昏和清晨，它的花瓣、花蕊、花叶的形状和颜色都会发生变化。因此，画月季花是很难掌握好的。这位少年知难而进，敢于画这种花，而且画的是春季正午时分盛开的月季，那娇美的形态，红中带紫的色调和真花相一致，我很喜欢他有这种胆识和技能，所以要特别地赏赐他。"听了赵佶这番话，在场的画家们都觉得在理，这才对这画和画的作者表示敬服。

又有一年，宣和殿前栽的荔枝树，以它的繁密、透红的果实召来了一只孔雀。开屏的孔雀和红颜的荔枝配在一起，构成一幅优美的图画。赵佶此时正好在宣和殿，见到这样的情景，就赶忙把画院的画师们召集过来，让他们把这难得的景致画下来。

画师们赶来了，正忙着铺笔调墨，待他们正要着笔时，那只不解人意的孔雀却收屏起飞了。因此画家们只画下了孔雀在荔枝树下翩然起飞的那一瞬间的神态。最后，赵佶把所有的画都拿过来看，以便选出其中最出色的作品加以表彰。但是，他失望了，没有一幅画能看中。后来他的近臣问他，是不是不喜欢画孔雀起飞时的形状，他说："不是的，是他们没有一个画像了的。孔雀这鸟飞起时总是先起脚，一般时先举左足，而他们都画成了先举右足，非常荒谬。"

修身感悟

评点需要相当深厚的功力，要想评得一针见血，声色并备，那就更得见识卓著，知识丰富。因为评点不但是和作品的作者一样要了解作品，还要站得比作者还高远，看得出其中的瑕疵和欠缺。

赵佶可谓是画中高手，他不但自己的画画得极为独到，在中国书画史上占有一席之地，更能独到地鉴赏画之优劣。尤其是能见人之所不见，查人之所不查，可谓高矣。

林逋"梅妻鹤子"

林逋，字君复，杭州钱塘人，是宋代著名的隐士。他从小失去父母，家境贫寒，有时连饭都吃不上。但他发愤读书，好学上进，最终成就一代名士。

只不过林逋性情恬淡好古，虽然才高却不慕名利，他讨厌世人阿谀奉承、追逐名利的陋习。于是，终身没有应试科举，年轻的时候游历于江、淮之间，至中晚年归居杭州，在西湖孤山结庐隐居，20多年没有进城。真宗皇帝闻其贤名，赐他粟帛，诏命地方长官须"岁时劳问"。

林逋脾气很怪，既不娶妻，更不要子，但却酷爱梅花、仙鹤。他常常四处寻访，但遇佳奇品种，便用重金购来，置于住所四周。相传，林逋在山上种了365棵梅树。平日除草，施肥辛勤劳作。待到梅子熟时，就有成群小贩前来买他的梅子。他卖梅子不是按斤论两，而是根据每树梅子多少判断，估价公道。所以商贩们都喜欢买他的梅子，他还准备365个竹筒，把每棵树卖下的钱分别装入竹筒里编上号。不管有客人、无客人或是客人多、客人少。一天用一竹筒梅子的钱过生活，绝不多用一文。

闲暇之际，他能书善文，尤长于诗赋，他的诗词澄浃峭特，跌宕回环，常不待思索，挥毫而就。但他每次写完，略一吟咏，即随手撕掉。有人问他："何不抄录下来，留给后人呢？"林逋说道："我在山林壑谷中隐居，现在尚且不想以诗出名，哪还希图名扬后世呢？"不过，对于梅的偏爱，还是让他留下了有关梅的传世名句。"疏影横斜水清浅，暗香浮动月黄昏"就是他的咏梅名句。

他的另一最大的爱好就是养仙鹤。他养了两只白鹤，其中一只，取名"鸣皋"。每逢客人来访，林逋不在，童子便开笼放"鸣皋"翔云报信。诗人见鹤，即回家会客。要是家里没有足够招待客人的饮食，林逋就打个忽哨，白鹤立刻飞来，站在他面前。他把钱和纸条装在一只袋里，挂到白鹤颈上，让白鹤飞往市里买鱼肉酒菜。那些商贩见白鹤飞来，知道先生来了客人，就按纸条所开货物收钱付货，交白鹤带回。他一个人的时候就会和仙鹤们一起玩耍，自得其乐。

林逋如此喜爱梅花仙鹤，人们就说他"梅妻鹤子"（以梅为妻，以鹤为子），看来这并非夸大。后来，他的这个名声传播出去也成为传世趣闻。

林逋闲居无事时，尝在茅草屋旁自筑墓穴。临终之前，曾遗诗后人，其中有"茂陵他日求遗稿，犹喜曾不封禅书"之句。自喜一生不为天命君权所苦，隐居生活飘逸自乐。他死后，真宗皇帝还赐号"和靖先生"。至今，在孤山北麓，仍立一小亭，人称"放鹤亭"。这是元朝人为纪念林逋而修造的。亭内置有清朝康熙皇帝临明朝书法家董其昌写的《舞鹤赋》。冬末春初，登亭远眺：各色梅花争奇斗艳，竞相怒放，蔚然可观。鉴赏家们认为，孤山放鹤亭一带，是西湖赏梅胜地，梅花盛世历千年而不衰，也许是托福于林逋对待"梅妻"的深厚情意吧。

修身感悟

幸福快乐，每个人的标准全然不同。因为只有自己最为清楚什么才是自己想要的幸福。有人喜欢世间沉浮，拥有财富声名是他最大的快乐；有人却性好老庄，淡泊名利，自由自在地遨游天地，自给自足不为世事所困，虽然清寒却享其自由不羁的快乐。

林逋就属于后者，而且做得完全彻底，不和尘俗扯上一丝一毫的关涉。悠悠于山林，与"梅妻"伉俪情深，和"鹤子"天伦共乐，自得其乐，情趣卓然。

唐伯虎妙改诗句

明朝大诗人唐伯虎与祝枝山前去游鹳雀楼。鹳雀楼临河而建，位于黄河东岸，它与武昌黄鹤楼、洞庭湖畔岳阳楼、南昌滕王阁齐名，被誉为我国古代四大名楼。登上顶搂就可以看到滔滔黄河汹涌东流的恢弘气势。

可是年过花甲、身肥体胖的祝枝山刚刚爬上二层就气喘吁吁，不想向上爬了。唐伯虎游兴正浓，也想鼓励好友活动一下筋骨，他灵机一动想起了和这鹳雀楼很有关系的王之涣的著名诗句。于是他故意找到台柱上留下的《登鹳雀楼》的名句：

欲穷千里目，

更上一层楼。

祝枝山这时候已经精疲力竭，心中虽然明白唐伯虎的意思，可是身体的疲惫让他着实没有心情继续往上登。于是，他无奈又俏皮地在诗句上加上两个字，改成：

到此已穷千里目，

何必更上一层楼？

唐伯虎对于祝枝山不好活动还找借口搪塞，甚为不满，干脆再改动二字，点醒一下祝枝山：

到此已穷千里目，

谁知才上一层楼！

祝枝山心悦诚服，也为好友关心自己感到快慰，一个台阶一个台阶地爬上顶层。

修身感悟

亲密无间的朋友相聚一起，倾谈闲聊或是相约出游，间或互相开一下善意的玩笑，无不为生活增添情趣快乐。尤其是恰当的时间地点，偶尔幽上一默，鼓励一下，取笑一下，怎会不为朋友之间的情意更增添一份情趣？

唐伯虎和祝枝山的一唱一对之间，虽然只是一首名诗的几字改动，却情致毕显，风趣尽得，既使得祝枝山明白唐伯虎的心意，又显示了两个挚交好友间的默契。

李调元解困对妻联

李调元是乾隆皇帝时的御史大夫，为人刚正清廉，又很有才学，颇受当时很多人的推崇，一向爱才的乾隆皇帝也很满意这个尽忠职守的臣属。李调元的妻子冯氏，也出身于书香官宦世家，自从过门，夫妻两个就琴瑟相合，相敬如宾，成为京官中难得的恩爱夫妻。冯氏诗书俱佳，尤为擅对，每逢春节或是什么节日，她都会出些对联来难为一下夫婿，以此为乐。这也成了李调元夫妻之间的闺中情趣。

后来，乾隆一味宠信和珅，使他的权势遍及朝野上下，京城内外，多数大臣都只是看在眼里气在心里，敢怒不敢言。可是看着和珅日益嚣张下去，势力越来越庞大，李调元觉得自己身为御史大夫，不可以就这样放任权臣危害朝野，就仗义执言，上书皇上力陈和珅的种种越权越制的不法行为，希望能引起皇上的重视，好将其法办。

可是，乾隆非但对李调元的奏折不闻不问，反而轻信和珅多方网罗捏造的罪证，最后将李调元充军伊犁。在此期间，冯氏因为和丈夫险些生离死别，痛苦万分。后来，李调元经多方营救，终于澄清事实，得赦回京。

冯氏见丈夫平安归来，喜出望外。等李调元回到家中，她备下美味酒莱，为丈夫接风。在畅饮时，冯氏出一上联，

月圆月缺，月缺月圆，年年岁岁，暮暮朝朝，黑夜尽头方见日。

李调元听罢，颇有感触，想了想，然后对道：

花开花落，花落花开，夏夏秋秋，暑暑凉凉，严冬过后始逢春。

这一副叠字联，对得情深意切，离别分合之苦，重新相聚之乐尽在其中。大妻二人相视而笑，陶醉在团聚的幸福之中。

修身感悟

人生总难免风浪波折，但是总不能因为前途的曲折坎坷，而就此止步不前，那么面对已经有过的苦难，要以轻松的笑容面对。用愉悦的方式来调解生活，才会使生活更为平和、生动、幸福。

就像李调元九死一生从流放地伊犁回来，冯氏夫人没有痛陈夫妻分离的伤心，而是以夫妻都熟悉的对联的方式，告诉丈夫，苦难已经过去，生活再次回到原本幸福的轨道，用颇具情趣的方法慰藉丈夫。

郑板桥吟诗送贼

清代书画家郑板桥年轻时家里很穷。虽然他勤学苦练，诗书满腹，书画超绝，但是到底因为无名无势，就算字画再好，也卖不出什么好价钱。他自己一个人住，属于一人温饱全家饿不着的单身汉，可是再怎么辛苦卖字画，也只能刚刚保全自己的吃穿，家里什么值钱的东西都没有置办过。

又像往常一样，郑板桥忙碌了一天。他把没卖掉的画和晚上刚刚画好的画都收拾好，准备明天起个大早，希望能占到好些的铺位。不知不觉间，已经起更了，郑板桥看已经这么晚了，就草草收拾好自己躺在床上。没想到，他还没睡得安稳，就听见自己简陋的小屋外竟有唏唏嗦嗦的人轻轻走动的声音。他睁开眼睛，就看见窗纸上映出一个鬼鬼祟祟的人影，郑板桥心理先是一惊，想：遭了，一定是小偷光临了！可是转念一想，连自己也不禁苦笑一下，还同情起小偷来：我家有什么值得你拿呢？

可是又不能就这么着放着即将破门而入的梁上君子不管吧。郑板桥灵机一动，想出一个让小偷自己明白这家没什么好偷的高招来。然后，郑板桥便高声吟起诗来：

大风起兮月正昏，有劳君子到寒门！

诗书腹内藏千卷，钱串床头没半根。

小偷听了，就知道今天实在是点儿背，竟然摸到了一个穷酸书生家里，既然没什么好偷的，还是不要节外生枝，他转身就想溜。

郑板桥一看这小偷还不是朽木不可雕，还是安安生生地把他给送走好了。自己养着黄狗，最好告诉他，别一个不小心把狗给惊起来，那就麻烦了。他就又念了两句诗送行：

出户休惊黄尾犬，越墙莫碍绿花盆。

可是，小偷慌忙越墙逃走，一个不小心把几块墙砖碰落地上，还砸到了郑板桥养的几株花草。郑板桥家的黄狗一下子惊觉起来，一直叫着追住小偷就咬。

郑板桥一听外边动静好像不对，急忙披衣出门，喝住黄狗，还把跌倒的小偷扶起来，一直送到大路上，作了个揖，又吟送了两句诗：

夜深费我披衣送，收拾雄心重作人。

小偷被郑板桥的一番举动弄得无地自容，也忙向郑板桥作了个揖，匆忙消失在夜幕中了。

修身感悟

对于想伤害自己的人，仍然可以豁然大度，吟诗做赋加以劝诫，当真是修身养性到了通脱的境界。想必再大的风浪，也应该可以平心静气的安然度过。

郑板桥面对盗贼，非但不胆怯，反倒好言相劝，风趣之中还有大度和刚正。

翁方纲、刘石庵“一笔为谁”

清代乾隆嘉庆年间，在北京有两个潜心书法的书痴，这两个书法家醉心书法到了迷醉其中的地步。他们一个叫翁方纲，一个叫刘石庵。这两个书痴虽然都是同道中人，可是在欣赏和研习书法的方式、方法乃至观念上完全不同，甚至是相左的。

翁方纲一生研究书法，最喜欢收集各类有名的碑帖，为此他不惜游历全国，只要是有先人墨迹的地方必定会留下他的足迹。国内很多碑帖基本上都经过了他的题跋。翁方纲十分讲究“笔笔有来历”，他最佩服虞世南、欧阳询的书法，对他们的字帖更是精心钻研，潜心修炼，写起楷书来，处处以虞世南、欧阳询做典范。他最爱向人说的一个例子，就是当年东晋大书法家王羲之练字的例子。据说王羲之年轻时练字很用功，几乎上是时时刻刻都在想着怎样结构运笔，即便是走在路上，也会不自觉地按照先前看过的书帖用手指模画起来。他有时太过专著，总会在自己的衣袍上划来划去，这样几个月下来，一件新穿的衣服就让他硬生生给划破了。翁方纲总是教导他的徒弟、子侄们说：“知道王羲之为什么会有如此成就吗？关键就在于他那时对各家各体，孜孜不倦，摹练不止啊！你们要想有点成就，就好好临摹吧！”

刘石庵却与之完全不同，他并不喜欢固定地临摹一家两家，而是要创造出属于自己的书体，最终他糅和自己的特点，练就了很有自己独特风格的书体，他的书体颇具个性，是一种丰腴厚重的书体。刘石庵很是以此为豪，认为自己就算是不超越古人大家的名家，至少也可以自成一体。就算难以留名于史，至少自己也算别有风格。很巧的是，尽管他和翁方纲意见完全相左，但是他最爱讲的一个例子竟然也是王羲之。据说，王羲之一直很醉心于临摹各家书体，即便是新婚燕尔也没有忘记时时临摹，以至于在一次，他在被子上划着划着，竟然划到睡在旁边的妻子身上。夫人又嗔又怪，觉得自己的丈夫真是练书成痴，就生气地说："你怎么划到人家身上了呢？自家体呢？难不成没了？"王羲之一听到"自家体"立时坐了起来，颇有感悟，他终于意识到写字不可以只一味临摹别人的书体，必须要有自己的风格，创造自己的书体才行。于是此后，王羲之就开始潜心研究各家之长，最终创造出以妍美俊逸著称的王体。刘石庵总是说："研习，临摹前人大家是很有必要，但是练习书法的人最重要的是要有自家的特色风范。"

就因为此，翁方纲和刘石庵总是互相鄙薄。

翁方纲有一个女婿是刘石庵的学生，有一次，这个女婿问起岳父对自己老师的书法有怎样的评价。翁方纲说："问你师傅哪一笔是古人？"这个女婿不是很明白这话里的揶揄意味，当真去问老师刘石庵。刘石庵一听，毫不相让，告诉学生说："问你岳翁哪一笔是他自己的？"

其实，翁方纲最终也是在虞世南和欧阳询的影响下有了自己的风格，他和刘石庵都是清代书法界举足轻重的人物。

修身感悟

文人执拗，对于自己认同的风格观念往往比较执著，对于不同的观念往往保有偏见，认为自己的总是最为正确的，会为了观念的不同发生风趣可笑的争执。翁方纲和刘石庵的"一笔为谁"之争，可以说是这样的文人之争的典型。

颜回穷居陋室，安于贫困

颜回是孔子最得意的学生，比孔子小30岁。在孔子的学生中，颜回一心向学，安贫乐道，视富贵如浮云。因此，深得孔子厚爱。一次，当着众弟子的面，孔子赞美颜回道："多贤达的颜回呀！一箪食，一瓢饮，在陋巷，人不堪其忧，回也不改其乐。多贤达的颜回啊！”

颜回的贤达旷远在孔门弟子中确实是出了名的。颜回住在简陋而破烂的小巷子里，环境嘈杂而肮脏；每餐饮食，他只要一小筐粗糙的米饭，一瓢冷水，就满足了。这种简朴寒碜的生活对于别人来说简直就是受罪，是无法忍受的！可是颜回却安之若素，不以为苦，一如既往地乐在其中，始终不改其求学的决心，笃诚励志，不改其节。颜回安贫乐道的品德成为人们茶余饭后教育后辈的典范。

孔子还特别赏识颜回的求学精神及处世态度。颜回因对某事不满而发脾气的时候，他发怒从不过分，而是适可而止；每当他知道自己犯了错误，就会立即改正，而且以后永不再犯相同的错误！每次听孔子讲学时，他总是来得最早，坐在最前面，竖耳倾听，对孔子的教诲总是一句不漏地铭记在心，回到家后，便以孔子所教的学识和要求与自己的品行进行对照，然后找出存在的不足，再以仁义为标准修正自己的行为，指导自己的思想。所以，孔子不只一次在其他弟子面前夸颜回说：“吾见其进也，未见其止也。”颜回的学识总是不断进步，而非止步不前。

其实，孔子本人也能安贫乐道，故能在学问上有大成就。他把真理视得比生命还重要。孔子曾满怀期望，想让颜回成为他学说的继承人。

颜回所“乐”的道，是他的老师孔子的儒家学说。颜回为人极其聪明，他对于孔子所讲的道理总是一听就懂，因此，他以他的聪明也获得孔子的赞誉。孔子说颜回不是善于帮助自己的人，而是对于自己的话没有不理解的人。

可惜，颜回早死，死时年方29。颜回待孔子如父亲，孔子视颜回如子女，故颜回死时，孔子哭得很伤心，说：“噫！天丧啊！天丧啊！”在孔子七十二高徒中，颜回品德与学识位居首位，后人朝拜孔子时，每每把颜回和孔子并列而拜。

修身感悟

颜回何以能够在别人无法忍受的生活环境中生活得无忧无虑，让人敬仰呢？关键在于心中有一个“道”字。只有安贫，才能乐道；只有乐道，才能安贫。

每个人都应该有自己的信仰和追求，为了心中的理想而执著奋斗，理解生活，感恩生命。当遇到困难和挫折的时候，能够胸襟坦荡，以开放的心态看待问题，隐忍克制，不怨天尤人，也不胡乱发泄。

晏婴行俭辅佐齐景公

晏婴是齐国的名相。齐灵公、庄公、景公三朝，他都在齐国做官，称得是“三朝元老”，据说晏婴身材矮小，“长不满六尺”，貌不出众，但足智多谋，刚正不阿，廉洁淳朴，尽心竭力辅佐齐国，为齐国的强盛做出了巨大的贡献。

晏婴虽身居高位，然而生活却非常俭朴，甚至到了苛刻的地步。齐王景公多次给他封赏，都被他一一拒绝了。可景公又十分器重晏子，不忍心看他过着平民一样清苦的生活。原来作为相国的晏婴住着低矮的茅草房，齐王景公过意不去，有一回，景公趁晏婴出使晋国不在家的时候，背地里差人给他修建了一所新房。谁知，晏婴回来知道了原委，二话没说差人就把新房子给拆了，并把拆下的木料分给邻居们建房使用，同时把那些因为要修他的房子而被迫迁走的邻居们都给请了回来。景公知道了，虽然有些生气，但仍执意要继续给晏婴建新房，于是把晏婴召进宫里，当面对他说：“你不愿打扰百姓，那么我就替你在宫内建造一所房子，我想和你朝夕相处，行吗？”

晏婴一听，急了，说：“古人说，受宠信的大臣要知道自我收敛。您这样做虽然是想亲近我，但我却因此而整天诚惶诚恐。我一个臣子怎能与君子朝夕相处呢？不要说别人会怎么想怎么看这件事，我自己也感到不妥，如果您一定要这么做，那只会使我与您疏远！”

景公无法强求，只好退一步说：“你的房子靠近闹市，低潮狭窄，整天吵吵闹闹，尘土飞扬，难以居住。我给你换一个干燥高爽、安静一点的地方总可以吧？”

晏子坚决不接受，连忙辞谢，说：“对我的家产，我已经很满足了；而且，这地方靠近街市，早晚出去都能买到我所要的东西，倒也方便，实在不敢再烦扰乡邻而另外再建房子。”

景公听了，笑着抚其背问：“你长期住在街市边，一定知道什么东西贵什么东西贱了？“

那时候，景公喜怒无常，滥施刑罚，常常把犯人的脚砍下来，因此市场上专门有卖假脚的，晏子想趁机劝谏景公，便说：“据我所知，假脚的行情日益上涨，而鞋子却是多得卖不出去了。”

景公满脸通红，突然变得十分严肃，再不作声。事实上，这事对景公触动很大，他思前想后，细细揣摩晏婴的一番话，顿觉自己错了，随即便下令减免刑罚。

晏婴安居陋室，平时自己不讲吃穿、不摆奢华。同时，他还严格要求自己的夫人不穿丝绸衣服，不戴昂贵首饰。晏婴上朝总是“乘弊车驾驽马。”景公知晓，便派人送新车骏马，但连送三趟，晏婴都未接受。景公很不高兴，问为何不收，晏婴言辞恳切地说：“您让我统辖百官，我要求他们节衣缩食，以减轻齐国百姓负担。若君臣奢侈腐化，上行下效，歪风则难禁止。”

后来有个叫有若的人，批评晏婴为了节俭而破坏了礼制，说：“晏婴的一件狐皮袍子穿了30年，也未免过分节俭了些，这么俭省的人哪里懂得礼呢？他为了节俭而破坏礼制，这未免太不像话了吧！”

曾子却称赞晏婴，说：“当国家政治不理想的时候，有修养的君子是不会照搬虚文假套的礼节的。因此，在全国上下都习惯于奢侈和浪费的时候，君子就应该以身作则，做节俭的表率，正确引导大家，从而进一步改善社会风气。晏婴不但有谦恭的外貌、高尚的品德，而且身体力行，真是个非常难得的君子啊！”

修身感悟

晏婴一生崇尚节俭，反对奢华，过着艰苦的生活。他不仅劝告君主要忍奢行俭朴之风，而且还劝告君主应该减免刑罚，真正地为民办实事。他言行一致，赤胆忠心而且智谋超群，因而赢得了景公的尊重和信任。这样他的建议才能够得到采纳。

艰苦奋斗，勤俭治国，不是仅仅停留在会议上、文件上或口头上，更多的是要落实在每个人的日常行动中。

荀息谏晋灵公去奢从俭

春秋时的晋国，自晋文公即位后，发愤图强，使得国家迅速兴盛起来，成为春秋时的一大强国，晋文公也成了一代霸主。可接下来，晋襄公、晋灵公却不思振作，只图享乐，使得晋国逐渐衰落，其霸主地位也不知不觉地就被楚国取代了。

晋灵公喜欢穿戴华贵奇异的服饰，沉溺酒色，常常通宵达旦饮酒作乐。他在位期间，多次修建亭台楼阁。有一年，他竟挖空心思，想要建造一个九层的楼台。如此宏大复杂的工程，要耗费很多人力、物力和财力。可灵公不顾一切，征用了无数的民役，花费巨额的资金，持续建造了几年，也未能完工。楼台动工兴建前，灵公曾明令宣布："有哪个敢提批评意见，劝阻修造九层之台的，处死不赦！"因此，全国上下无不怨声载道，但都敢怒不敢言。

一天，灵公正在宫里和妃子们饮酒作乐，忽然侍从进来禀报，说是大夫荀息前来求见。灵公正在兴头上，于是谎称自己生病了，差人把荀息打发走了。过了不久，侍从又进来禀报，说是荀息有好玩的杂耍，要表演给灵公欣赏。灵公于是才答应召见荀息。但却令卫士张弓以待，只要荀息开口劝阻建造楼台，就可射死荀息。谁知荀息进来后，像是没看见这架势一样，非常轻松自然，笑嘻嘻地对灵公说："我今天特地来表演一套绝技给您看，让大王开开眼界，散散心。"

灵公一下子被他摆的架子吸引住了，很有兴趣地问："什么绝技？别卖关子了，快表演给我看看。"

荀息点了点头，笑着说："我可以把12个棋子一个个叠起来，再在上面加九个鸡蛋，不信，请看。"他边说边真的演示起来。灵公非常紧张地看着，禁不住大声说："这太危险了啊！"

荀息一听灵公这样说，便顺水推舟，趁机进言，说："大王，这算不了什么，还有比这更惊险的呢。"

灵公觉得更加奇怪，因为对他而言，这已经是够刺激的了，怎么还会有更惊险的绝招呢？于是便迫不及待地说："真的吗？赶紧让我一饱眼福！"

这时，只听荀息一字一句，非常悲痛地说："九层之台，造了三年，还没有完工。三年来，男人不能在田里耕种，女人不能在家里纺织，都在这里搬木头、运石块。国库的金子也快花完了。兵士得不到给养，武器没有钱铸造，邻国正在计划乘机侵略我们。这样下去，国家很快就会灭亡。大王，真正危险的事情就在您的身边啊！长此以往，后果将不堪设想啊！"

灵公一听，猛然醒悟，意识到自己干了这么多荒唐的事情，犯了如此严重的错误，于是令卫士将弓收起退下，同时下令，立即停止筑台。

修身感悟

荀息略施小计，就点化了这愚顽不化的昏君，救民于水火之中，救国家于危亡之际。他劝谏灵公废弃奢靡的行为，是他明白作为一个国家，财富再多，也经不起奢侈浪费，而这样做会给人民加重很大负担。统治者如果贪图享乐，一味地追求奢华，那么他的末日就要到了。荀息正是知道奢侈的危害，所以才极力劝谏统治者去奢从俭，以保持国家长治久安。

一个有志于从商的人也应从中吸取这样的教训，积累财富不易，如果不能戒除奢侈，只顾贪图享乐，即使你家财万贯，也经不住这样的挥霍，早晚还是要破产的。

田稷不贪图财物

田稷，战国时期齐国的丞相。他一生廉洁奉公，不贪图财物，他的母亲对其这方面的教育尤其严格，为他今后的发展树立了一面自省之镜。

有一次，田稷的一位家属全家得罪了当地的地霸，全家陷入水深火热之中，处境非常危险。田稷得知此事之后，秉公执法，铲除地霸，合理解决了各种矛盾，使这位下属的全家平安脱险。这位下属为了表达对丞相的感激之情，于深夜拜访田稷。在田稷处，两人谈论了一个多时辰，临走时，下属拿出了闪闪发光的黄金硬要塞给田稷。田稷坚决拒绝了，这位下属非常聪明地说："丞相，这些都是您应该得的啊！您帮了我们家这么大的忙，收下是当之无愧的啊！你要是不收的话，我们全家都会无地自容啊！"田稷说："哪里哪里，这些都是我的职责所在。应该的。"但是那位下属说什么也不走，二人僵持了很久，最后田稷有点心软，想想这的确是靠自己的努力挣来的，无奈之下还是接受了这份厚礼。

第二天，田稷原封不动地将2000两黄金送到了母亲的房间。母亲看到这么多黄澄澄的金子，感到十分奇怪，2000两黄金，不是一笔小数目，田稷任丞相之职还不到三年，怎么有这么多的俸薪，平常又领了不少的薪水，心里非常不安。于是她问道："稷儿，你任职不到三年，俸薪不至于有2000两黄金，这些钱财是哪儿来的呀？"

面对母亲的质问，田稷只好如实相告。母亲听后，脸色马上就沉了下来，她说道："这是不义之财啊！作为一个有知识、有学问的人，应该时刻注意自身的言谈举止。为人处世都不可享受本分以外的好处，是你的就是你的，不是你的不要乱拿啊！如今你竟敢擅用职权接受贿赂，他日你还有什么事情不敢做的呢？你现在是罪不可恕啊！"田稷听了母亲这番话，深知辜负了母亲的一片心意，羞愧难当，连夜带领几个仆人将2000两黄金分文不少地送了回去。

田稷一生洁身自重，兢兢业业辅佐朝政，成为历史上流芳千古、受百姓爱戴的好丞相。

修身感悟

一个人要想培养自己的高风亮节，首先要做到的就是如果不是属于我所有的，即使一毫也不能取。要想做到这一点，关键在于能够安分、安贫、安心，本来应该是怎么样就怎么样，努力做到欲望少、贪得少、求取少。

田稷这样的母亲此应当很自豪了。正是有这样伟大的母亲才成就了他一世的英名，流芳千古。社会上也有很多贤内助，优秀的家人，他（她）们同样具有优秀的品质，他们同样应该受到人们的敬仰。

王充弃官安贫

王充小的时候来到京师，在太学读书和学习，拜班彪为师，爱好博览群书但不喜欢遵守古文的章句。历任县、郡功曹，州从事、治中等职，但是王充做事不考虑上级的看法，坚持己见，数次与上级发生争执，彼此不合，因此，王充心里非常不痛快，僵持了一段时间，与上司的关系仍然没有什么改善，王充愤愤不平，便弃官归里。从此他闭门读书，谢绝一切世俗的礼仪，潜心研究学问。

他一生尽力于反对宗教神秘主义和目的论，捍卫和发展了古代唯物主义。他撰写《论衡》85篇，20余万言，释物类同异，正时俗嫌疑，他认为物质性的“元气”是构成天地万物的基本元素，天地合气而产生万物，不存在有意志的创造者。自然界的“灾异”是“气”变化的结果，与人事无关。人的生命和精神也以“精气”作为物质基础，根本没有脱离物质形态而独立存在的灵魂。他否认天有意志，认为天只是一种自然的存在，打雷下雨是自然现象，用不着大惊小怪，针锋相对地批判了董仲舒“天人相应”的思想，还批判迷信鬼神的思想，驳斥统治者的迷信谎言。

王充家境贫穷。王充在上虞生活的时候贫穷到没有一亩田可以庇身，卑贱到没有斗石的俸禄。王充能安于贫贱，故弃官著作，性情淡泊，不贪图富贵。他担忧的是德行不足，而不是担忧爵位低；感到耻辱的是名声不清白，而不是怨官职得不到提升。他又说：“穷得连蔽身之处没有，心情比王公还舒畅；贱得连斗石的俸禄也没有，而心情有如吃万钟的高俸禄的人一样感到满足。处逸乐却不纵欲，居贫苦仍保持节操。”那么王充孜孜以求的是什么呢？他说：“博览古典书籍，喜听有独立思想的异言；流行世俗之论，多属谬误，于是要深居简出，考论其真伪。”

修身感悟

以现代的眼光来看，王充是与世“格格不入”的。他不愿与上司“同流合污”，宁可放弃爵位，也要坚持自己的原则，虽然仕途不顺，却保住了自己思想和行动的自由。

人们为了某种理想，可以放弃功名利禄。这是一种境界，一种追求。

姚期教子

东汉初年，有一个著名将军名叫姚期。他治军纪律严明，英勇善战，爱军爱民，深得东汉光武皇帝刘秀的宠爱，被封为安成侯。他的封地内有五千户封户，在当时已是富贵之极的赏赐。

由于多年在外南征北战、风餐露宿，姚期积劳成疾，终于患重病卧床不起。老母亲望着病床上奄奄一息的儿子，心里难过之极，又看看两个年龄尚小的孙子，禁不住焦急担忧起来，这以后的日子可怎么过呢？她泪眼朦胧地对姚期哭诉说：“趁你还在，跟皇帝刘秀说说，让两个孩子承袭安成侯爵位可好？这样我们一家也总算有个寄托啊！”

姚期有两个儿子，一个名叫姚舟，一个名叫姚统。两个孩子聪明伶俐，勤奋刻苦，为人正直，作风严谨。姚期对他俩十分爱怜，但家教也更加严格，从不让他们依仗门第任意行事。

姚期听后缓慢而吃力地对母亲说：“这些年来，我们家受朝廷恩待深厚，但为朝廷做事甚少，一想到这些，我就觉得羞愧不已。现在我已经不行了，还在抱恨以后再不能为朝廷出力了，哪里还想到为儿子们的荣华富贵伸手讨要，让他们去承袭什么爵位呢？”说着说着，他激动起来，用力抬起一只手，示意让儿子到他身边。儿子知道父亲临终想要说些什么，便跑过来，握着父亲的手，跪在身旁恭听。

姚期脸都涨红了，歪着头对儿子说："我不行了，你们要自立自重，勤劳节俭，万不能向国家索要什么。伸手讨要是可耻的！"

两个孩子都是知书达理的有志之人，也深知父亲的为人，不愿给父亲丢脸，让父亲难过，非常坚决地说："父亲，您放心吧，我们不会让您失望的。"

姚期听完之后，嘴角泛起了一缕微笑，然后他闭上了眼睛，安然地逝去了。

修身感悟

只有勤俭，才能永葆廉洁；只有冰清玉洁，才能长久处世。守住了勤俭，就足以风范于人间，风范于世道。如果辛勤，就不缺乏财物；如果俭朴，就知道什么是节余；如果劳动，就能够获益；如果节约，就能够常足。这是古人惜福的方法，其中俭朴是首要的。珍惜福分的人，一切事物都要常常思考俭朴的意义。

黄金诚然是宝贵的，但是自立、自重却比黄金更珍贵。提倡节俭，正确地引导孩子在幼小的心灵种下美好的种子，随着年龄的增长，这美好的种子就会开出美丽的花朵。